reinhardt

Curd Michael Hockel • Heinz Jiranek

Coaching lernen

Ziele, Strategien, Interventionen

Ernst Reinhardt Verlag München Basel

Dipl.-Psych. *Curd Michael Hockel*, München, hat sich in freier psychologischer Praxis als Coach und Coaching-Ausbilder spezialisiert (http://www.hockel.net).

Dipl.-Psych. *Heinz Jiranek*, Neufahrn b. München, ist Gründer und Leiter des Instituts für Betriebspsychologie IFB-Jiranek mit den Schwerpunkten Coaching, Konfliktmanagement und Begleitung von unternehmensinternen Gruppenprozessen. Weitere Informationen zum Autor: http://www.jiranek.de.

Bibliografische Information der Deutschen Nationalbibliothek

Die Deutsche Nationalbibliothek verzeichnet diese Publikation in der Deutschen Nationalbibliografie; detaillierte bibliografische Daten sind im Internet über <http://dnb.d-nb.de> abrufbar.
ISBN 978-3-497-02276-2 (Print)
ISBN 978-3-497-60090-8 (E-Book)

Printed in Germany
Covermotiv: © istockphoto.com / Mikahil Kokhanchikov
Satz: Arnold & Domnick, Leipzig

Ernst Reinhardt Verlag, Kemnatenstr. 46, D-80639 München
Net: www.reinhardt-verlag.de E-Mail: info@reinhardt-verlag.de

Inhalt

Vorwort

Vor vielen Jahren trainierten wir gemeinsam Gesprächsführung, Lehrer und Schüler. In den folgenden Jahren verloren wir einander nicht mehr aus den Augen, einerseits ein sesshafter Coach mit einer psychologischen Praxis, andererseits ein weltläufiger Betriebspsychologe mit einem eigenen Institut.

Die hier vorgelegte Darstellung von Coaching als konstruktiver Begleitung bei Höchstleistungen stellt Ergebnisse unserer Coachingforschung dar. Im Verbund des Instituts für Betriebspsychologie – Jiranek hatten wir 1998 begonnen, systematisch unsere bereits laufenden Beratungsprozesse (die damals noch längst nicht alle „Coaching“ genannt wurden, auch wenn sie entwicklungsfördernde Arbeit mit Einzelpersonen darstellten) auszuwerten. Wir stellten einander Video- und Tonbandaufzeichnungen vor, tauschten Prozessbeschreibungen aus, entwickelten einen Evaluationsfragebogen und konnten staunend anerkennen, dass aus unterschiedlichen Orientierungen der Psychologie hervorgegangen eine große Übereinstimmung im Vorgehen zu finden war. Wir nahmen dann die Aufgabe auf uns, die Erfahrungen zusammenzutragen (ifb-Jiranek 2003). Sie wurden damals nur jenem kleinen, aber stets wachsenden Kreis zugeleitet, der sich uns anvertraut hatte, um unser Handwerk ebenfalls zu lernen.

Das vorliegende Buch entstand aus diesem gemeinsam geleisteten Forschungsprojekt. In den Aufzeichnungen unserer Coachings fanden wir die darin wirksamen Interventionskompetenzen. Solche isolierbaren, wirkenden Einzelverhaltensweisen sind strategischen Faktoren zuzuordnen: Wer coacht, muss sich immer selbst prüfen – in dieser Wirklichkeit erkennen wir einen eigenen Wirkfaktor: Selbstprüfung. Durch unsere Berufssozialisation kannten wir weitere Wirkfaktoren: das Annehmen der Personen, die wir coachen, die Einfühlung als wesentliche Beziehungsdimension und das Echtsein als Garant unserer Integrität. Schließlich ist alles Coachen die Förderung von Selbsthilfemöglichkeiten, hier sind wir Kooperationspartner.

Diese fünf Gesichtspunkte bilden ein Raster innerhalb der Gliederung und lassen sich oft auffinden.

Das Netzwerk des ifb-Jiranek umfasst eine größere Zahl von Kolleginnen und Kollegen – einige von Ihnen haben im Rahmen unseres Forschungsprojektes mitgearbeitet, Aufzeichnungen zur Verfügung gestellt, Schwerpunkte gebildet, Strategien geprüft. Wir möchten an dieser Stelle allen beteiligten herzlich danken. Der Dank an die einzelnen Coaching-Klienten – im folgenden Text mit erwählten Namen verfremdet (und teils aus mehreren Fällen komponiert) – wurde im Rahmen der Coachingarbeit geäußert, dennoch wollen wir uns hier nochmals „anonym“ herzlich bedanken.

Einige Ausbildungskandidaten lasen Teile des Manuskriptes und gaben weitere wertvolle Anregungen und Frau Landersdorfer vom Verlag unterstützte uns fördernd und fordernd – wir fühlten uns hier geachtet und geborgen. Auch hierfür herzlichen Dank!

München und Neufahrn bei München, Curd Michael Hockel und Heinz Jiranek

1 Selbstgewisses Coaching

Coaching ist ein Beziehungsgeschehen, in welchem zwei (oder mehr) Menschen die erwartungsvolle Rollenteilung gelten lassen: Der Coaching-Klient (oder dessen Arbeitgeber) ist der Auftraggeber, der Coach der Dienstleister. Beziehungen zwischen Menschen zu gestalten, ist eine lernbare Kunst. In vielen Dienstleistungsberufen ist dies historisch gewachsen und mit Rollenbezeichnungen versehen: Arzt – Patient, Priester – Gläubiger, Offizier – Soldat, Vorgesetzter – Mitarbeiter usw. In unserem Coachingverständnis ist Selbstprüfung eine Kernqualität des Coachenden, sein Können unterliegt dieser Prüfung und kann so ein selbstgewisses Coaching erreichen.

Will man den Prozess „Coaching" erfassen, so muss man jeweils die Komplexität aller Zwischenmenschlichkeit achten, als simpelstes Beispiel mag hier Robinson dienen: Auf seiner Insel begegnete er einerseits einer herausfordernden Natur, die er zum Überleben studierte und nutzte. Zudem fand er an einem Freitag seinen „Freitag", den zum Leben geretteten treuen Bündnispartner seines weiteren Insellebens. Neben diesen situativen, äußeren Unterstützungsmöglichkeiten trug er in sich das ganze Wissen seiner Ausbildung, das ihn befähigte, physikalische Gesetze zu nutzen, und schließlich, als er auch Bücher hatte, sich zu bilden und weiter zu informieren – und einen unzerstörbaren Optimismus in seiner Art zu glauben.

Als Kaminski (1970) den Entwurf eines psychologisch helfenden Handelns am Individuum gestaltete, hob er hervor, dass solches Handeln immer in der Begegnung von zwei kompetenten Problemlösern modelliert werden muss. Heute hat sich hierfür das Denken in Ressourcen eingebürgert: Jeder Mensch hat innere und äußere Ressourcen und ein Coach kann für einen Klienten – der selbst über vielfältige innere und äußere Ressourcen verfügt – eine äußere Ressource werden. Über Coaching zu schreiben, meint also, über zumindest dreierlei zu schreiben:

1. Welches Handeln eines Menschen wird als Coaching benannt?
2. Wie wirkt dies auf/bei jenen/m Menschen, der Beziehungspartner dieses Handelns ist?
3. In welcher Situation bewirkt diese so entfaltete Beziehung was?

1.1 Coaching muss gelernt sein

Coaching basiert für uns auf einer abgeschlossenen Berufsausbildung – jedoch nicht zu einem Beruf des Coaches, sondern als Psychologe, Betriebswirt, Jurist usw. mit jener Berufserfahrung und Fortbildung, die zu sozial kompetenten Führungshandeln befähigt. Das eigentliche Thema eines Coachingbuches ist Verantwortung. Wer dauerhaft Höchstleistungen erbringen will, stellt an sich die Forderung, in diesem

Leisten umsichtig, strategisch klar und langfristig erfolgreich zu sein. Wer Macht ausübt – unabhängig von seiner Moral – wird daran interessiert sein, so zu handeln, dass seine Macht eher weiter wächst, als dass sie beschnitten wird oder „gestürzt". Wer gerne und zielstrebig führt, managt, ein Unternehmen auf- oder ausbaut, der wird kritische Situationen, in welchen er Überblick gewinnen oder Langzeitstrategien prüfen will, als solche erkennen, antizipieren und in seinem Berufshandeln berücksichtigen. Spitzensportler, Mächtige und Manager hatten in den letzten Jahrzehnten die uralten Figuren der visionären Propheten, des weisen Hofnarren, einflüsternden Astrologen, wegweisenden Orakels, ahnungsvollen Hellsehers, mitbestimmenden Magiers oder der steuernden Mätresse weitgehend „unsichtbar" werden lassen.

Wem Gott ein Amt gibt, dem gibt er auch den nötigen Verstand – inzwischen ist diese Binsenweisheit im Zuge der Verwissenschaftlichung sozialer Prozesse kein gültiges Glaubensbekenntnis mehr. Mit Jonas (1979, 391), dem Philosophen der Verantwortung, ist den heutigen Führungseliten bewusst: „Immer muß der Wissende darauf gefaßt sein, später einmal wünschen zu müssen, er hätte nicht oder anders gehandelt." Wem seine berufliche Position ein Verantwortungsfeld eröffnet, der muss auch lernen, Verantwortung zu tragen – hierbei kann ein Coach reflektierend hilfreich sein.

1.2 Coaching ist die Begleitung von verantwortlichen Könnern

Zu Coachen meint, sich zur Verfügung zu stellen bei der Lösung von Problemen, die man selbst irgendwie auch schon kennen gelernt hatte: Voraussetzung ist also eine berufserfahrene, professionelle Identität als erfolgreicher Könner. Denn Coaching ist die Begleitung von verantwortlichen Könnern. Sie ist selbst eine professionelle Kompetenz – ohne ein Basisberuf sein zu können. Diese Sicht ist nicht allgemeingültig, im Gegenteil. Inzwischen hat sich in Personalabteilungen eingeschlichen, Coaching als eine Stütz- oder Entwicklungsmaßnahme dort anzubieten, wo die zu Coachenden nach Auffassung ihrer Beurteiler Probleme zeigen, die sie anscheinend nicht alleine zu lösen vermögen. „Zielorientierung" scheint das magische Wort zu sein und Coaching jenes soziale Unternehmen, das Führungskräften ermöglicht, zielorientiert effektiv zu sein. Die implizite, an altbekannte PE-Maßnahmen anknüpfende Vorstellung für solch ein Coaching scheint – hier nun wieder in anderer Richtung überzeichnet – eine Mischung von Nachhilfe und Anreizsteuerung zu sein. „Machen Sie doch eine Fortbildung!" oder „Gönnen Sie sich doch mal eine Auszeit!" wird umformuliert in „Versuchen Sie es doch mal mit einem Coach(ing)!".

Wir definieren Coaching als jene Dienstleistung für Berufstätige, die deren verantwortliches Handeln in Umsicht so begleitet, dass Leistungslust erhalten bleiben kann. Diesen Anspruch nehmen wir auch dann ernst, wenn wir mit Unternehmenskulturen konfrontiert werden, die „Leistungslust" behaupten, tatsächlich jedoch nur mit immer strengeren Methoden der Manipulation Leistung erzwingen wollen. Eine grauenhafte Illustration dessen, was denkmöglich und vielleicht auch Wirklichkeit in diesem Sinne sein kann ist Mike Bartlett (2008) gelungen mit seinem Theaterstück „Emma in Love" (die deutsche Übersetzung des Stückes, das im Original ‚Contractions' heißt, besorgte Lorenz Langenegger): die Geschichte einer Verkaufsspezialistin und ihrer Personalführerin. Wer sich einen Abend lang von den Möglichkeiten solcher Grausamkeit beeindrucken lassen will, der möge das Stück ansehen oder lesen. Gesellschaftpolitisch gesehen kann dies beispielsweise in einem sozialkritischen Diskurs auch benannt werden: Coaching ist jene Begleitung, die in kapitalistischer Produktionsweise den Verantwortlichen die Möglichkeit gibt, die entfremdete Dimension ihres Handelns mit einer neutralen Person zu reflektieren.

Diese Definition von Coaching beinhaltet eine Verpflichtung: Entfremdete Arbeit darf nicht dauerhaft das Gesicht der Arbeitswelt beherrschen – so gesehen will Coaching auch ein Beitrag zur Humanisierung der Arbeitswelt und zur Weiterentwicklung der Produktionsverhältnisse sein. Coaching kann als eine Funktion des Anwendens psychologischer Erkenntnisse und langfristig wohl auch als ein Teilgebiet angewandter Psychologie gesehen werden (Hockel 1994a/b).

Als klinischer Psychologe mit psychotherapeutischen Zusatzausbildungen hatte ich (CMH) in den Jahren 1976 ff das Ringen um die legale heilkundliche Anwendung von klinisch psychologischem Änderungswissen intensiv verfolgt und dabei in der Debatte um die Professionalisierung der Psychotherapie auch meinungsbildend mitgewirkt (Hockel 1978). Es ging darum, jenen, die Psychologie gelernt hatten, das Handlungsfeld legaler, heilkundlicher Anwendung dieses Wissens zu erschließen.

Die gegenwärtige Debatte um eine Professionalisierung des Coachings scheint ähnlich zu verlaufen und ist doch ganz anders zu verstehen. Als ich für die damalige Bundesanstalt für Arbeit das Blatt zur Berufskunde „Diplompsychologe" (Hockel 1999a) und dasjenige zum „Psychotherapeut" (Hockel 1999b) zu erarbeiten hatte, da war klar, dass die Interessen des Forschungsfaches Psychologie und des angewandten Forschungsfaches Sozialpädagogik bedeutsam waren: Wer klinische Psychologie oder psychotherapeutische Verfahren erlernt hatte, sollte sie auch beruflich anwenden dürfen. Gegenwärtig liegt beim Coaching eine genau umgekehrte Wirklichkeit vor: Eine gesellschaftlich herangewachsene Dienstleistung, die an die Stelle der oben zitierten „Beratervielfalt" (Hofnarren usw.) getreten ist, drängt mit einem seltsam anmutenden Kräftezusammenschluss nach Professionalisierung. Es wird das Interesse der Coachinganbieter als ein gesellschaftliches Interesse an der Kontrolle der Ausbildungsstandards behauptet, als sei die gesellschaftliche Fürsorge für die Dienstleistungsqualität in allen Gesellschaftsfeldern so zu sehen wie in der Gesundheitsversorgung.

Uns erscheint dies Drängen verständlich, jedoch vorschnell. Um es ironisch zuzuspitzen: Wer eine miserable Theateraufführung erlebte, wird nicht auf die Idee kommen eine gesellschaftliche Normierung der daran beteiligten Berufe zu fordern, sondern er wird diesen Veranstaltern künftig seine Wertschätzung vorenthalten und sie nicht mehr aufsuchen. Birgmeier (2011b) versucht, der herangewachsenen Fachlichkeit von Coachingwissen eine Plattform zu bieten (zu beschreiben, wie gutes Theater gemacht wird) und zugleich die Frage aufzugreifen, welche künftige fachliche Verankerung für einen professionalisiert verstandenen Coach zu fordern sei (gesellschaftliche Normierung fordern).

Für mich (CMH) als einem altgedienten Wegbegleiter von Professionalisierungsbemühungen ist seine Ausführung von 2011 so charmant utopisch, wie es 1974 die Formulierung von Reinhart Tausch war.

Tausch sagte auf dem 1. Europäischen Kongress für Gesprächspsychotherapie: „Man nannte unsere verantwortliche psychologische Tätigkeit mit Klienten eine illegale Tätigkeit von Psychologen. Diese Bedrohungen von außen sind mit diesem Kongress dank der Aktivität der Gesellschaft für Gesprächspsychotherapie und der Forschung fast verschwunden." (Tausch 1976, 56).

Birgmeier schrieb: „Dass eine an Wissenschaft und Forschung orientierte Professionsentwicklung im Coaching gelingen kann, haben viele der in diesem Band vertretenen Positionen, Überlegungen und Ansätze eindrucksvoll gezeigt." (Birgmeier 2011, 430)

Die heilkundliche Tätigkeit von Psychologen blieb von 1974 bis 1999 weiter illegal, da diese weder Ärzte noch Heilpraktiker waren. Ob eine Professionsentwicklung zu einem gesellschaftlich definierten Beruf führt, ist Sache der Selbstorganisation der Berufstätigen. Öffentliche Verrechtlichung und öffentliche Anerkennung sind zweierlei. Wenn es gelingt, die Tätigkeit Coaching als eine anspruchsvolle und nur qualifikationsbegründet verantwortbare Tätigkeit zu formalisieren, so ist dies sicher zu begrüßen. Zugleich darf dies jedoch nicht bedeuten, dass in mittelalterlicher Manier sich „zünftige" Coaches zusammentun und vorschreiben wollen, wie man in ihrer Zunft zum Gesellen oder Meister werden kann.

1.3 Coaching ist Beziehungskompetenz

Neben den Coachingsdienstleistungserbringern stehen derzeit die Ausbildungsanbieter. Wir halten es – aufgrund unserer wissenschaftlich reflektierten gemeinsamen Erfahrungen – für unverzichtbar, die Qualifizierung zum Coach als eine Sekundärqualifikation zu betrachten, die Berufserfahrung in einem anderen Grundberuf unverzichtbar voraussetzt. Das „Berufsziel Coach" erscheint uns als eine in vielerlei Hinsicht eher bedrohliche Chimäre.

Denken wir einen akademischen Ausbildungsberuf „Coach", so müssten wir dessen Grundlagenwissenschaft kennen. Im Kontext von positiver Psychologie und einem entstehenden Fachgebiet Coaching Psychologie werden zwar wesentliche handlungsleitende Erkenntnisse zusammengetragen, die anwendungsorientierte Zentralkompetenz wird jedoch weiter die Fertigkeit zum Beziehungsaufbau sein. Und andererseits haben wir die Erfahrung gemacht, dass die spezifische Kompetenz einer personzentrierten Beziehungsgestaltung bei sehr unterschiedlichen Grundberufen dann entfaltet werden kann, wenn die Lernenden ihre Selbstqualifizierung wirklich als „Selbstentfaltung" betreiben – und somit deutlich unvergleichlich werden. Coaching ist es, eine fruchtbare Beziehung anbieten und entfalten zu können; hierbei kann eine „Berufsrolle“ nur wenig hilfreich sein. Kein Coach gleicht dem anderen. Nun könnte man behaupten: In keinem Beruf gleichen die Berufstätigen einander mehr, als sie sich als Individuen aufgrund der menschlichen Einzigartigkeit unterscheiden. Und so kann das Konzept „Beruf“ als eine Durchschnittsqualifikation angezielt werden – für das Konzept „Coach“ lehnen wir solche Durchschnittlichkeit ab, denn sie würde dazu tendieren, jeweils den Beziehungspartner „Coaching-Klient“ auch als eine „Durchschittsfigur“, vielleicht sogar mit standardisierbaren „Problem-Diagnosen“ zu sehen. Wenn ein Lotse ein Schiff betritt und die Wegweisung übernimmt, so ist er nicht zuständig für den technischen Zustand des Schiffes – wenn ein Coach einen Klienten annimmt, so muss er eine so offene Beziehung herstellen, dass auch alle „Zuständlichkeiten“ des Klienten zum Gegenstand der Reflexion werden können.

1.4 Die Integrität des Coaches liegt im Machtverzicht

Pfadfinder als Beruf? Lotse als Beruf? Wegweiser als Beruf? Dies alles verdeutlicht das Problem vielleicht: Dem Pfadfinder kann sowohl eine bestimmte Helferethik als auch eine Lust an der zu lernenden Autonomie bedeutsam sein – aber welche „Arbeit“ würde dieser Beruf leisten? Lotsen sind mit Sicherheit berufstätige Könner mit hoher eigener Verantwortung: Sie sind jedoch gerade jene Spezialisten, denen der Kapitän die Steuerung des Schiffes ganz bewusst überlässt – mancher junge Kompetenzträger träumt sich wohl in solch eine Rolle, wer jedoch einen Coach beansprucht, weiß, dass er gerade dies nicht kann: die Verantwortung an einen anderen abschieben.

Heiler als Beruf? Arzt / Psychotherapeut als Beruf? Seelsorger als Beruf? Ja, von ganzem Herzen, ja: Diese Berufe sind sowohl auf Fachlichkeit als auch auf Beziehungskompetenz angewiesen. Aber der Coach? Seine Beziehungskompetenz ist die Dienstleistung am Selbstbezug des Coaching-Klienten: Er muss mit dem umgehen, was der Coaching-Klient um sich als Problem definiert UND mit dem, wie der Coaching-Klient in seiner Haut und seinem Leben „steckt“. Insofern kann der Coach die Funktion eines Heilers oder präventiven Heilers für Burn-out haben, er kann von einer beruflichen Kompetenz als Arzt oder Psychotherapeut profitieren, da er mit diesem Berufshintergrund über ein vielfältiges Rüstzeug zur Beziehungsgestaltung verfügt. Er kann als Seelsorger das spirituelle Bedürfnis seines Gemeindemitgliedes kennen und achtsam unterstützen. Aber der Coach hat weder in dem körperlichen noch dem seelischen oder spirituellen Heil seiner Coachingsklienten seinen Auftrag. Der Coach ist Begleiter für „Veränderungsmächtige“, die in „die Wirklichkeit“ aus- und eingreifend handeln.

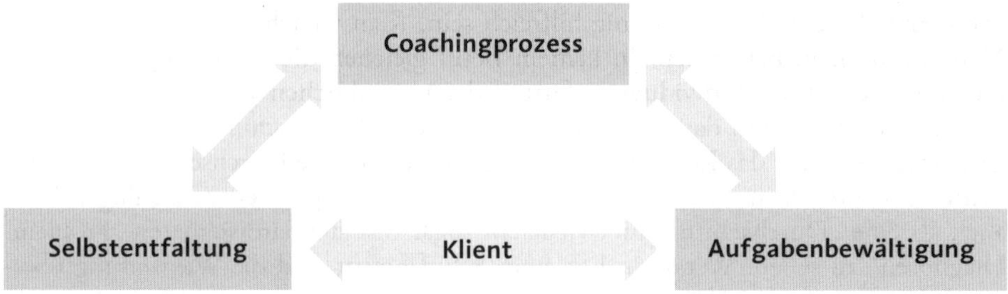

Abbildung 1.1: *Der Coachingprozess als Ort von Selbstentfaltung und Aufgabenbewältigung für den Coaching-Klienten*

Das Dreieck zwischen der Selbstentfaltung des Coaching-Klienten und der Aufgabenbewältigung in dessen sozialer Verantwortung muss vom Coach immer mit geachtet werden.

Coaching ist Machtverzicht – weder Heil, noch Gesundheit, noch Seelenheil wird vom Coach „hergestellt" – er begleitet „Hersteller" in ihrem verantwortlichen Handeln.

1.5 Können induziert Können – Coaching als Beziehungshandwerk

Coaching ist wirksame Hilfe. Auch in unserer Darstellung finden sich hierfür vielfältige Belege. Die Gefahr jedoch, dass Coaching eine leistungssteigernde (zielorientierte), an fraglos von den Dritten (Arbeitgeber, Personalabteilungen, ...) beschriebenen Leistungszielen gemessene Dienstleistung werden könnte, kann gar nicht krass genug beschrieben werden.

Einige Beispiele für Fehlentwicklungen listete ich (Hockel 2008) im Anschluss an die kritische Reflexion von Dagmar Deckstein (2008) auf:

Das Beispiel der Machtgier des Coaches. Der Gecoachte liebte, es zu spüren, dass nun alles gut ging. Zu zweit waren sie ein unbesiegbares Team, schwärmte er. Ein paar Wochen später kam die Ernüchterung, als ihm klar wurde, dass einige Botschaften des Coaches „Einflüsterungen" gewesen waren: Texte, die er als hilfreiche Instruktionen verstand, die jedoch Eigeninteressen seines Coaches vorantrieben.

Geldgier kommt auch bei Coaches vor: Coaching ist eine gut bezahlte Tätigkeit. Dennoch werden die Gecoachten immer noch besser bezahlt als der Coach. Wenn ein Coach gleich viel verdienen möchte, muss er gleich viel Verantwortung übernehmen – aber dazu reicht (meist) weder seine Fachkenntnis noch seine Motivation. In einem Fall wurde eine Führungskraft fristlos entlassen, da ihr Coach mit offensichtlicher „Insiderinformation" seine privates Aktienpaket gesteuert hatte.

Zu Fordern statt zu fördern ist ebenfalls eine Entgleisung im Coaching: Ein Coaching, das zunächst von Respekt für den Coach geprägt war, führte zu einer Zuspitzung. Offen sichtbar hatte der Coach dem Gecoachten ein Ultimatum gestellt:

„Ich denke, ich werde nicht weiter mit Ihnen arbeiten können, wenn Sie stets im Kreis gehen. Das entspricht nicht meiner Bewegungslogik. Prozesse sind linear. Sie müssen sich entscheiden." Zu Recht brach der Gecoachte den Prozess ab. Er suchte einen neuen Coach mit dem Auftrag: „Ich weiß, dass ich mich im Kreis drehe – helfen Sie mir zu sehen, um welchen geheimen Mittelpunkt, und ich werde mich entscheiden können" (Hockel 2008).

Wer heute führt, muss nicht mehr zur Machtelite gehören, um unter Umständen plötzlich einen Coach von Firmenseite angeboten zu bekommen. Und es muss sich nicht um die Vorbereitung auf eine ethisch problematische Tätigkeit handeln („Herr Müller, unser Personalchef, benötigt doch bestimmt einen Coach, wenn er innerhalb der nächsten 4 Wochen 36 betriebsbedingte Kündigungen aussprechen muss." oder „Frau Meier wirkt jetzt schon sehr angespannt, wenn sie ohne Coach jetzt auch noch die Schließung unseres Zweigwerkes in X durchboxen soll, verfällt sie in ein Burn-out…"). Mit einem Coach zu arbeiten, setzt Können voraus – und induziert Selbstbewusstsein. Dies wiederum kann Beziehungskompetenz fördern, wie wir in Kapitel 5 an mehreren Fallbeispielen illustrieren.

Wer als Coach die Vielfalt seiner förderlichen Anregungen beherrscht, der zeigt ein professionelles Verhalten mit überraschender Vielfalt. Die Fallbeispiele zeigen, wie Können auf der Seite des Coaches jenes Können zu induzieren vermag, das beim Gecoachten meist auch da war, jedoch nicht ausreichend aktualisiert wurde.

1.6 Zusammenfassung

Wenn Sie dieses Buch gelesen haben, werden Sie unser Konzept von Coaching kennen, jedoch nicht können. Diese banale Aussage ist der Kern unserer Kompetenzvorstellung: Können ist nur in handelnder Selbsterprobung zu erwerben, nicht durch Lesen oder Wissen allein. Und sie entspricht unserer gegenwärtigen Stellungnahme zur sogenannten „Professionalisierung": Ein Coach ist jemand, der einen Beruf gelernt hat (Psychologe, Betriebswirt, Jurist, Arzt, Sozialpädagoge, …) und dessen Berufs- und Lebenserfahrung ihn dazu bringt, andere Berufstätige bei deren Aufgabenerfüllung kompetent zu begleiten. Für diese Begleitarbeit benötigt er Kompetenz, jedoch nicht einen „neuen Beruf". Dieses Buch ist ein anschaulicher Bericht von persönlichen Erfahrungen, die wir so zu gruppieren versuchten, dass ein lehr– und lernbarer Erfahrungsschatz beschrieben wird. Nochmals in Thesen: Ein Coach ist ein Mensch,

- der gelernt hat, zu fragen und Fragen zu finden; insofern ist er Wissenschaftler.
- der weiß, dass Handeln immer wertgeleitet ist und daher nur verstanden werden kann, wenn man alle Wertsysteme gelten lassen kann; insofern ist er verpflichtet, als „Weiser" zu wirken.
- der wegweisend tätig sein kann; insofern entspricht er einem Lotsen.
- der so lange an sich selbst gearbeitet hat, dass er sich „schamlos" auch als Modell verfügbar hält und somit tatsächlich auch Vorbild sein kann.

- der förderlich und fordernd sein kann; insofern gehört er zu den helfenden Berufen.

Tatsächlich jedoch ist das Bild des Coaches mit all diesen Aussagen eher verzerrt. Ja, es sind in diesen Bildern die klassischen Fehler der Ausübung von und der Erwartung an Coaching genannt. Coaching als:

- Besserwisserei
- Relativismus
- Opportunismus
- Bevormundung
- Entmündigung

Fünfwertiges Coaching verlangt Selbstprüfung, Wertschätzung, Einfühlung, Echtheit und das Spektrum förderlicher Verhaltenskompetenzen; es ist die berufliche Leistung jener Berufstätigen, die als Coaches …

1. …eine Grundausbildung in psychosozialen Berufen (z.B. Psychologe) bzw. im Management (z.B. Betriebswirt mit MBA) haben, die also die Steuerung ihres Verhaltens nach professionellen Normen gelernt haben und nicht der (machtgierigen) Illusion auf sitzen, der Beruf des Coaches könne ein eigener „Grundberuf" sein.
2. …mehrjährige Berufserfahrung und dokumentierte Erfolge in ihrem Berufsfeld („Profikönnen") mit dem Ehrgeiz verbinden, anderen konstruktive Begleitung anzubieten.
3. …zwischenmenschliche Begegnungen als den Ort ihrer beruflichen Alltagsarbeit schätzen, da sie sich einfühlsam kompetent wissen und derart indirekt zu helfen vermögen.
4. …gelernt haben, ihr Tun als coachende/r integer, als ganzheitliche Person zu verantworten und dabei die internationalen Berufsstandards für Coaching zu erfüllen und zu beachten (International Coach Federation ICF).
5. …einen Handwerkskoffer voll Handlungsmöglichkeiten zur Förderung von Selbstreflexion, Selbsterkenntnis, Selbstgestaltung – aber auch zur Förderung und Steuerung sozialer Prozesse bei sich haben und so direkte Hilfe bieten können.

2 Fünfwertiges Coaching – eine bestimmte Form von Coaching

> Coaching ist die dienstleistend reflexive Begleitung verantwortlicher Berufstätiger, um diesen Übersicht und Leistungslust zu erhalten.

Aus unserer Erfahrung lassen sich die hierfür notwendigen Coachingkompetenzen in fünf Dimensionen beschreiben. *Ein Coach ist jemand, der sich von den in Tab. 2.1 beschriebenen Wegweisern leiten lässt.*

Unsere fünf Grundprinzipien entsprechen den fünf Wirkfaktoren der Psychotherapie. Wir gehen davon aus, dass es Meisterschaft bedeutet, persönliche Erfahrungen ernst zu nehmen. Das Ziel eines qualifizierten Coachings ist weniger, dass eine bestimmte Leistung erbracht, ein erwartetes Verhaltensmuster geleistet, ein Problem gelöst ist. Zentral für qualifiziertes Coaching ist das gelingende Miteinander von Persönlichkeitsentwicklung und Aufgabenbewältigung. Dabei gehen wir davon aus, dass langfristig nur selbstgewählte Aufgaben wirklich erfolgreich bewältigt werden können. Wie alle angewandte Psychologie unterliegt somit auch das Coaching der Vorgabe, dass der Coach ein zentrales Interesse daran hat, seinen Einfluss so schnell wie möglich überflüssig zu machen. An die Stelle der coachenden Begleitung soll die kompetente Leistung des Coaching-Klienten selbst treten, d. h. Aufgabenbewältigung. Coaching ist so gesehen Entfaltungsarbeit am Coaching-Klienten selbst **und** an seinem Selbst **und** an seiner Welt. Coaching entfaltet Selbstbewusstsein, Selbstvertrauen und Selbststeuerung.

Wir sind Psychologen – und dies von Beruf und mit Leidenschaft. Die folgenden Ausführungen sind entstanden, weil wir immer wieder die Erfahrung machten, dass andere Menschen dankbar sind, wenn wir unsere Entdeckungen mit ihnen teilen. Wir gehen von einigen wenigen Erfahrungen aus, die eigentlich jedem zugänglich sind und doch manchmal geleugnet werden. Wir haben versucht, diesen Erfahrungen Prinzipien für einen achtsamen Weltbezug abzulesen, der den persönlichen Sinnhorizont fördern kann. Teilweise finden sich diese Erfahrungen auch in Forschungsergebnissen bestätigt, teilweise entsprechen sie dem Manifest Globales Wirtschaftsethos mit seinen Ansprüchen an Humanität und die Grundwerte: Gewaltlosigkeit und Achtung vor dem Leben, Gerechtigkeit und Solidarität, Wahrhaftigkeit und Toleranz, Gegenseitige Achtung und Partnerschaft. (Meier / Sill 2010, 799 ff).

Fünfwertiges Coaching wurde so benannt, weil ich (CMH) eines Tages auf die Frage eines promovierten Biochemikers „Herr Hockel, ich spüre wie hilfreich unsere Gespräche sind – aber können Sie mir erläutern, was Sie da mit mir machen?“ einen kleinen Vortrag hielt. Wir sind der Auffassung, dass direkte Fragen meist eine direkte Antwort verlangen. Ich erläuterte den Zusammenhang von Selbstreflexion, Offenheit, Einfühlung, Echtheit und der Verantwortung für förderlich / forderndes

Tabelle 2.1: *Wegweiser im fünfwertigen Coaching: Ein Coach ist jemand, der sich von folgenden Wegweisern leiten lässt*

Wegweiser	Sinnvolle Metapher	Irrweg
Selbstprüfung	... der das richtige Fragen kennt (Wissenschaftler)	... der die besseren Entscheidungen findet – Besserwisserei (als kennte die Wissenschaft „die richtigen Antworten")
Annehmen	... der alle Wertesysteme gelten lassen kann (Weiser)	... der keinerlei eigene Wertungen ins Spiel bringt. Relativierendes „anything goes"; als gäbe es nicht in jedem Bereich menschlichen Handelns die Grunderfordernis moralischer Reflexion
Einfühlen	... der sich in der differenzierten Wahrnehmung von Emotionen und emotionsleitenden Systemen ausgebildet hat (Lotse)	... der nach dem Muster „alle machen Fehler" oder „alles verstehen ist alles verzeihen" Emotionen überbewertet. Positionsloses „Es-allen-recht-machen" als Handlungsstrategie, Opportunismus
Echt sein	... der sich selbst so gestaltet hat, dass seine Präsenz immer kongruentes Modell für problemlösendes Dasein ist (Vorbild)	... der „unverschämt" mutig seine persönlichen Ansichten einsetzt. Bevormundendes Verhalten, das „zu Ihrem Besten" sein soll
Fördern und Fordern	... der Strukturen menschlicher Sozialorganisationen (Industrie und Freizeitindustrie, Verwaltung, Gesundheitswesen usw.) so gut kennenlernte, dass er einen reichhaltigen Werkzeugkasten für konstruktive Unterstützungen bei sich hat (Helfer)	... der sofort zupackend seine Ideen anbietet. Problemlösende Einzel-Operationen anstelle von Hinweisen auf problemlösende Strategien der Selbsthilfe. Entmündigendes „Expertentum", das den eigenen Werkzeugkasten nicht zur Verfügung stellt, sondern nur „anwendet"

Handeln. Und mein Coaching-Klient schenkte mir mit einem Lächeln den damit eingeführten Begriff, als er sagte: „Sie gestalten also jede Aussage nach dem Konzept eines fünfwertigen Elementes – jede Valenz muss irgendwie gesättigt werden."

Fünfwertiges Coaching ist durch diese verhaltenssteuernden „Valenzen", durch diese Haltungsaspekte gekennzeichnet. Wir lesen diesen Haltungsaspekten auch wertende Prinzipien ab, wobei wir davon ausgehen, dass orientierende Prinzipien zu falschen Prinzipien werden können, wenn sie verantwortungslos überdehnt oder rücksichtslos inhuman geltend gemacht werden.

2.1 Selbstprüfung – Erkenntnisoptimismus als Wegweiser

„Sich selbst zu erkennen bedeutet keineswegs nur, dass man hinterher ein Bild von sich selbst hat, sondern auch, dass man sich selbst modifizieren kann." (Dörner 2001, 795)

Zwischen Selbsterkenntnis und Selbstveränderung findet fortlaufend jene Selbstprüfung statt, die wir als berufliche Haltung des Coaches fordern und als hilfreiche Haltung dem Coaching-Klienten vermitteln. Das richtige Fragen ist zunächst nach innen gerichtet. Wer Coach sein will, fragt weniger den Coaching-Klienten als sich selbst. Damit werden Fragen beim Gegenüber induziert, statt sie ihm zu stellen. Ein Generalziel qualitätvollen Coachings ist die Entfaltung von Freude an Selbstverantwortung beim Coaching-Klienten. Der Coaching-Klient wird daher so behandelt, dass ihm stets klar ist, dass er nicht dem Coach zu antworten hat, sondern jeweils prüfen kann/soll, ob denn überhaupt eine zu beantwortende Frage vorliegt. Sich selbst in Frage stellen zu können, ist die Grundlage für Selbstverantwortung. Um diese zu entwickeln, kann ihm das Netz von Fragen zu seiner Verantwortung dienen.

Eines Tages hatte ich dem 45-jährigen Abteilungsleiter eines großen Unternehmens in München ein Buch zu lesen empfohlen. Er hatte seit zwei Jahren neben seiner Berufstätigkeit eine Firmengründung vorbereitet. Die Idee eines Luxusproduktes, das er in der Schweiz herstellen lassen würde – er war bei jener Firma, mit welcher er diese Auftragsproduktion plante, angestellt gewesen, bevor er nach München abgeworben worden war. Mich hatte er aufgesucht, „damit Sie mir Gelegenheit geben, den Absprung und den Neubeginn mit Bedacht zu wagen. Die Marktforschung habe ich sorgfältig durch einen Bekannten durchführen lassen, alle Aspekte der betriebswirtschaftlichen Kalkulation bespreche ich mit meinem Bruder. Sie sollen mich bei der Frage ‚Ja oder Nein' coachen, die bei jedem solchen Sprung in die Welt des Unternehmertums letztlich auch wie eine reine Mutfrage aussieht."

Wir hatten uns in unterschiedlichen Zugangsweisen der Entscheidungsvorbereitung genähert. Das Buch das ich ihm zu lesen empfohlen hatte, war Dörners (1989) „Logik des Misslingens". In die vierte Sitzung kam er strahlend und entschlossen.

„Ich danke für die Leseempfehlung. Sehr aufmerksam las ich diese anschauliche Quelle und verstand auch sofort, wieso Sie mir dies empfohlen hatten. Sie sind skeptisch bezüglich meiner Erwartungen an den Absatz meines Produktes, Sie denken, dass ich mir für mein Unternehmen so etwa 6 % Umsatzwachstum einbilde. Und da das eine Exponentialgleichung ergäbe, würde der wirkliche Umsatz notwendig weit hinter meinen Erwartungen bleiben. Aber ich weiß, dass ich 6 % Steigerung denke, meine und vielleicht erreichen kann."

Er hatte Recht. Mein Verdacht war gewesen, dass er in einem selbstbetrügerischen Optimismus gefangen sein könnte. Betrachten wir die „plausible, unserer Vorstellung entsprechende" Verlaufskurve von 3 %, so wird dies meist eine Kurve sein, die die Abbildung von „3 % Steigung" meint: eine langsam, kontinuierlich höher führende Gerade. Wachstum jedoch meint eben Wachstum, und dies entspricht der Zins-Zinseszins-Funktion und somit einer Exponentialgleichung:

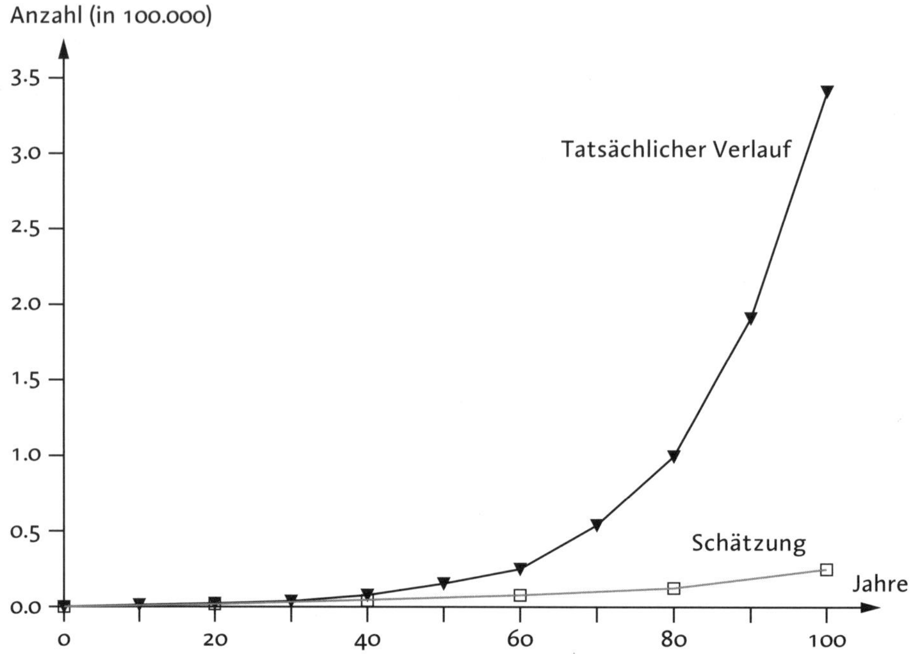

Abbildung 2.1: *Durchschnittliche Schätzung eines Wachstums von sechs Prozent und der tatsächliche Verlauf des entsprechenden Wachstums (Dörner 1989, 168)*

Der falsche Optimismus des „Glaubens" muss bei der Vorbereitung von tragfähigen Entscheidungen durch den Erkenntnisoptimismus ersetzt werden, der sich der Fragwürdigkeit aller Annahmen bewusst ist und daher ausreichend Rückmeldeschleifen in den Projektplan einfügt. Als ich ihn nun damit konfrontieren konnte, woher er denn zu wissen meine, dass die geplante Absatzentwicklung zu erzielen sei, da entfaltete er diesen Aspekt seines Projektes nochmals mit jener Sorgfalt, die auch ein mögliches Misslingen mitbedacht hatte.

„Sie haben mir aber noch in einer anderen Richtung geholfen – ich dachte, ich würde vor allem Mut benötigen, um mich entscheiden zu können – inzwischen ist mir in unseren Gesprächen klar geworden, dass ich mutig genug bin. Ja, ich habe begriffen dass Mut, wie Sie sagen ‚gelebte Wertfülle' ist und mich sowohl der Wert ‚selbständiger Unternehmer sein, Erfolg haben' als auch der Wert ‚zuverlässiger, realistischer Rechner' steuert. Und dass meine Zuversicht eben gerade nicht ein tollkühner Mut, sondern der begründete Optimismus ausreichender strategischer Klärung, Planung und Änderungsbereitschaft ist."

Im alltäglichen zwischenmenschlichen Umgang werden die fünf Prinzipien demjenigen, der sie zu sehen lernte, stets sichtbar: Ernüchternde Fragen, die zur Selbstprüfung eines begeistert „positiv gedachten" Projektentwurfes führen, sind ebenso wichtig wie selbstkritische Reflexionen über die eigene Wert- und Weltwahrnehmung. Selbstprüfung meint nicht ätzenden Skeptizismus und nicht Hamletsche Grübelsucht – jedoch die unverzichtbare Gewissenhaftigkeit jenes Erkenntnisoptimismus, der sich der Kontinuität des Fragens als Wachstumsweg von Erkenntnis und Erfolg bedient.

In der Psychotherapie, ebenso wie im Coaching, konnte ich die Erfahrung machen, dass der falsche Optimismus, ein leichtfertiges „positives Denken“, dazu verführt, Gefahren zu ignorieren. Da Sinn immer gestiftet werden kann, müssen Entscheidungen stets als „fragwürdig“ ausgehalten werden, – und es darf nie vergessen werden, die Effekte der Entscheidungen wirklich zur Kenntnis zu nehmen und als neue Fragestellungen aufzugreifen. Selbstprüfung kann Begeisterung gelten lassen und fördern, indem sie deren nüchterne Wirksamkeit sichtbar macht.

2.2 Annehmen – Weisheit ist die Klärung von Wertesystemen

Ein Coach, der den Eindruck erwecken will, „er wisse überall Bescheid“, ist ebenso problematisch wie jene Figur, die im Volksmund mit „nach allen Seiten offen – kann nicht ganz dicht sein“ beschrieben wird. In der Arbeits- und Lebenswelt des Coaching-Klienten sind Wertentscheidungen vorgegeben und gestaltbar. Sie müssen erkannt und genannt werden, um die Möglichkeiten zur Veränderung sichtbar zu machen. Viele Wertorientierungen von Coaching-Klienten werden erst in der Art, wie der Coach sie achtungsvoll annimmt, deutlich – andere dagegen in derselben Situation fragwürdig und wieder andere zum Gegenstand problemlösender Veränderungsplanung.

Das zweite Prinzip nennen wir Weisheit – dies folgt aus der Vorgabe des bedingungslos wertschätzenden Umganges, den ein Coach unserer Auffassung nach mit dem Coaching-Klienten pflegt. Hierbei wird es gerade darauf ankommen, Opportunismus, eine Mentalität des „anything goes“ oder der Wertebeliebigkeit ebenso zu vermeiden, wie den rechthaberischen Dogmatismus oder gar fanatische Überzeugungsfestigkeit. Wir nennen es „falschen Pessimismus“, wenn uns jemand mit Fakten, Fragen, Nöten, Problemen konfrontiert und dabei eine Grundstimmung aus den beiden genannten Polen mit einbringt: „Es ist alles egal, es lohnt sich nicht, sich anzustrengen.“ Es gibt kein „richtig“ oder „falsch“, keine Wahrheit. Dies ergibt einen ebenso falschen Pessimismus, wie die Brutalität des Gegenteiligen: „Wenn es nicht so geht, dann gar nicht; wenn wir so handeln, geben wir unsere „unique selling proposition“ auf; es darf nicht anders gedacht werden …“

Allerdings kann falscher Pessimismus den Kern der Weisheit in sich tragen. Jede Vereinseitigung ist falsch –insbesondere, wenn sie sich als eine Fixierung herausstellt.

Eines Tages hatte ich eine Coaching-Klientin, ich nenne sie hier Frau Dr. Zögerlich, die ihre großen Erfolge in einem Verlag gerade bestätigt bekommen hatte, mit dem Angebot, eine neue Zielgruppenillustrierte als Chefredakteurin „ganz in ihrem Stil"' auf den Markt zu bringen. Sie suchte mich auf, da sie fürchtete, nun zu scheitern: „Mein Berufsweg hierher war eine einzige Zufallsgeschichte. Als ich noch Germanistik studierte da…" und sie schilderte mir überzeugend, dass alle ihre Erfolge so unwahrscheinlich waren wie jene des Slumdog Millionärs, der eben gerade die Antworten wusste, da ein je entscheidendes Ereignis seines Lebensweges sie ihm quasi ‚eingebrannt' hatte.

In diesem Gespräch konnte ich nicht anders: Ich musste mich selbst öffnend (eine Interventionskompetenz, auf die wir später noch zu sprechen kommen werden) über mich sprechen. Ich erläuterte ihr den folgenden Zusammenhang quasi dozierend: „Psychologie ist nicht ein System glaubbarer Sätze über menschliches Erleben, Verhalten und Werkgestalten, sondern eine Methodologie zur Produktion diesbezüglicher Fragen. Im Statistik-Grundkurs, der das eigentliche Rückgrat einer Psychologie-Ausbildung darstellt, wurde ich gezwungen zu begreifen, dass die Ausbildung in deutscher Klassik einen wesentlichen Grundfehler transportierte: Ich hatte die Ballade vom ‚Ring des Polykrates' von Schiller mit achtungsvollem Schauer zur Kenntnis genommen, als die Illustration einer ‚Wahrheit', nämlich der, dass die Götter unwahrscheinliches Glück neideten. In diesem Kurs nun begriff ich, dass die Götter in Wirklichkeit über das, was wir Sterblichen ‚unwahrscheinliches Glück' nennen, nur kichern können.
Wenn Sie mit einem idealen zehnseitigen Würfel zehnmal würfeln und sich die Ziffernfolge, die Sie erwürfelten, ansehen, so wird es Ihnen sicher nicht besonders glückhaft erscheinen, wenn Sie 3 1 4 1 5 9 2 6 5 3 gewürfelt hätten.

Staunen und erschrecken würden Sie darüber, wenn dieser Würfel plötzlich die Ziffernfolge 6 6 6 6 6 6 6 6 6 6 gezeigt hätte.

Diese Emotionen sind ‚tatsächlich' an dieser Stelle jedoch unangemessen: Vor dem Hintergrund eines universalen Würflers, der unseren idealen Würfel ewig würfeln würde, ist sie gleich wahrscheinlich, wie die erste Ziffernfolge. Dass unser Verstand diese Banalität kaum zu achten vermag, nenne ich das Prinzip des falschen Pessimismus. Sie scheinen daran zu leiden?"

Frau Dr. Zögerlich gehörte zu jenen Menschen, die bei der Ziffernfolge 3141…aufhorchen, neben ihrer Promotion in Germanistik war es ihr Hobby, mathematische Spielereien zu sammeln. Sie hatte die Ziffernfolge erkannt. Die zunächst wie eine Zufallsziffernfolge aussehende erste Zahlenreihe oben ist tatsächlich die Ziffernfolge der Zahl Pi, ohne das Komma nach der ersten 3. Und sie hatte die Botschaft meiner Erzählung verstanden: „Sie meinen es gibt zwar Zufälle, jedoch hängt es von uns ab, was wir damit machen? Sie meinen, es ist nicht kontingent sinnlos, zufällig, dass ich diesen Erfolg habe, sondern ein wenig auch meine Leistung?" Schmunzelnd provozierte ich sie: „Oder zumindest ist die Wahrscheinlichkeit sehr hoch, dass Sie zufälligerweise die richtige Person als Art Director engagieren werden und zufälligerweise auch die richtigen Ideen für die nächsten Themenstränge haben werden und…"

In der weiteren Arbeit lernte Frau Dr. Zögerlich, ihre eigene Kompetenz mehr zu achten und gelten zu lassen – ohne sich abzuwerten oder zu verstecken. Sie konnte die Anerkennung als Verpflichtung annehmen.

Der falsche Pessimismus behauptet gerne und schnell, dass viele Sachverhalte „sinnlos“ seien. Mein (CMH) Philosophielehrer (Heinrich Rombach) jedoch zeigte uns auf, dass dies meist nur eine Faulheit des Denkens ist: Sinn muss in Hochinterpretationen immer erst gestiftet werden, er kommt nämlich in der Natur nicht vor. Erst sinnstiftende Achtsamkeit, denkende Interpretation schafft aus Vorhandenem jene Kopfinhalte, die wir uns vergegenwärtigen. Und erst wenn wir das Vergegenwärtigte mit Rang versehen, bedeutsam gestalten, erhält es auch Sinn. Wir bedeuten ihn, wir erschaffen ihn. Und wir nutzen die Freiheitsgrade unserer Schöpferkraft hier bisher zu wenig. „Es ist nie zu spät für eine glückliche Kindheit“ (Furman 1999) – gilt eben nicht nur für „Kindheit“.

Wer als Coach Höchstleister begleitet, der sollte nicht davon ausgehen, dass es vor allem darum gehen wird, Fehler oder Lösungen zu entdecken, denn Einsteins Grundsatz gilt für uns als zentrales Gebot: „Probleme kann man niemals mit derselben Denkweise *lösen*, durch die sie entstanden sind.“ Problemlösendes Denken folgt heute noch zu oft dem Attraktor „entdecken“, statt in verantwortlicher Sinnstiftung zu „erfinden“. Erfindungen sind nämlich nicht „beliebig“, sondern müssen sich jeweils selbst wieder bewähren.

In der speziellen, personzentrierten Arbeit als Psychotherapeut und Coach geht es meiner Auffassung nach auch meist nicht darum, im Sinne einer „Tiefenpsychologie“ die mögliche Entstehungsgeschichte von Problemen zu rekonstruieren, sondern eher darum, in einer phänomenologischen „Höhenpsychologie“ (Rombach 1987, 259 ff) die Sinnerfahrungen der Klienten anzunehmen und eventuell gemeinsam weiter zu entwickeln.

2.3 Einfühlen – Humanität, die Kernkompetenz des Kontakts

Eines der Schlagworte in Personalbeschreibungen ist „Teamfähigkeit“. Versucht jemand, diese Qualität von kompetenten Managern genauer zu erklären, so wird er zu Attributen gelangen wie „die Fähigkeit, Probleme mit den Augen anderer zu sehen“, „die Bereitschaft, Beiträge anderer als gleichwertig anzuerkennen“, „eigene Ideen durch andere (bessere) befruchten bzw. übertrumpfen lassen zu können“ usw. Die Schlüsselqualifikation in diesem Bereich ist Empathie, die Scharfsichtigkeit der Seele selbst: Nicht nur der brillant analysierende Geist ist gefragt, sondern auch der empathische Blick.

Empathie meint gerade nicht „mitleiden“ in Gefühlsansteckung, es meint jedoch auch nicht das kühl zweckdienliche Denken über vergegenwärtigtes Erleben aus der Perspektive des Anderen. Sowohl Gefühlsansteckung als auch die eiskalte Nutzbarkeit von Perspektivübernahme machen das Umfeld von Einfühlung für kühle Rechner und ehrliche Makler – zwei achtenswerte Selbstkonzepte erfolgreicher Manager – schwierig. Die einen meinen, dass man sich nicht so sehr auf sein Mitgefühl verlassen darf, die anderen haben das (übrigens begründete) Misstrauen, dass mit angeblich „eingefühlten“ Äußerungen auch (unehrlich) manipuliert werden kann.

Einfühlung ist „die Erfahrung, unmittelbar der Gefühlslage oder auch der Intention eines Anderen teilhaftig zu werden und sie dadurch zu verstehen. Trotz dieser Teilhabe bleiben Gefühl bzw. Intention aber anschaulich dem Anderen zugehörig" (Bischof-Köhler 2011, 261).

Dies Können ist es, das uns vor allem unsere Zugehörigkeit zur Gattung erfahrbar macht, die uns fühlen lässt, dass und wie wir einzigartig sind: In unserer Zustimmung und unserer Abneigung dem Handeln und Fühlen der Anderen gegenüber wählen und zeigen wir unsere Werte. Einzigartig sein heißt nicht etwa einsam sein: Humanität setzt gerade dies einzigartige und einfühlende Sein voraus. Als Psychologe habe ich (CMH) aus der sich stets weiter entfaltenden Handlungstheorie eine vereinfachte Sicht entwickelt, die sehr simpel darzustellen ist. Menschliches Handeln ist zumindest auf drei Ebenen, die hierarchisch verbunden sind, zu gliedern: Basis – Fertigkeiten; Mittelbereich – Strategien; Spitze – Ziele. Das Dreieck dieser Handlungstheorie ist auch das Piktogramm für jene Handlungsdimension, die wir als „Fördern und Fordern" beschreiben. Emotionen beinhalten immer auch Richtungsweisung. Diese knappe Handlungstheorie besagt demnach auch, dass auf der mittleren Ebene strategischer Orientierungen in der emotionalen Erfahrung jene Heimat der Menschen ist, die ihr wechselseitiges Verstehen ermöglicht.

Wir können einander nicht auf der Ebene von „Menschenrechten" verstehen, wir müssen in der erlebbaren Wirklichkeit bleiben. Einfühlung setzt voraus, dass der Mitmensch verstehbar ist. Einfühlung in die „Unmenschen", die es nicht gibt, die wir jedoch so nennen, da wir uns in das Grauen ihrer Handlungen nicht einzufühlen vermögen, ist erst möglich, wenn wir deren Handeln nicht nur auf der mittleren, strategisch-emotionalen Ebene betrachten, sondern auch auf den Werte- und Fertigkeitsebenen.

Ich hatte das Glück, dass in meiner bisherigen Berufslaufbahn die anstehenden Entscheidungen derer, die ich coachen sollte, mich nicht wirklich mit den Grenzen des Humanen konfrontierte – wir kommen abschließend auf solche Fragen zurück, wie es wäre, wenn wir – um ein gerade aktuelles Thema anzureißen – einen Staatsmann / General zu coachen hätten, der einen Angriffsbefehl zum präventiven atomaren Erstschlag erwägen muss.

Ich hatte jedoch genau zu jenem Zeitpunkt, als der Film „Up in the air" (2009) das Thema „Kündigungen in großer Serie" brillant aktualisierte, den Personalchef eines Unternehmens zu coachen, der mir schon länger vertraut war und der nun in kurzer Folge 240 betriebsbedingte Kündigungen auszusprechen hatte. Nie zuvor und seither auch noch nicht wurde mir so deutlich, wie Einfühlung als Beziehungspraxis wegweisend sein kann. Wir hatten zwar nicht 240 Vorbesprechungen, jedoch erarbeitete sich mein Coaching-Klient mit mir jene Umgangsweise, die es ihm ermöglichte, in jedem dieser Gespräche die einmalige, persönliche Begegnung durchzustehen und sich nicht hinter der abstrakten Floskel von den wirtschaftlichen Notwendigkeiten zu verstecken. Das dritte Prinzip der „falschen Einzigartigkeit" verdanke ich (CMH) dem ersten Seminar zum Erlernen der Gesprächspsychotherapie. Der Dozent (Tscheulin 1983 / 1992) setzte uns in einem Seminar in einen Kreis und verlangte von uns, auf die von ihm vorgelesenen Äußerungen von Patienten Sätze als Therapeutenantworten auf ein Blatt zu schreiben. Diese Notizen sollten in wörtlicher Rede wiedergeben, was der jeweilige Patient unserer Meinung nach während seiner Äußerung gefühlt habe, welche Emotion ihn augenblicklich bewegte.

Diese klassische Wahrnehmungsübung erlebte der verkopfte Student, der ich damals war, als Wendepunkt. Ich dachte zu Anfang: „Nun werden wir erleben, dass jeder von uns 16 Seminarteilnehmern einem anderen Menschen begegnet ist – Gefühle sind schillernd, uneindeutig, werden je nach eigener Vorgeschichte unterschiedlich wahrgenommen ..." Und so machte ich nach dem ersten verlesenen Patientensatz meine Notiz: „Sie sind im Augenblick sehr traurig?" Und ich war ziemlich betroffen, als ich entdecken musste, dass fast alle dieselbe Emotion genannt hatten („Das macht Sie unglücklich ...", „Da sind Sie gar nicht froh ...", „Im Augenblick bedrückt Sie das ...", „Da trauern Sie heute noch ..." usw.). Einige hatten andere Äußerungen geformt, weil sie statt Einfühlung sinnstiftende Deutungen oder wegweisende Ratschläge anbieten wollten – aber alle, die sich wirklich um Einfühlung bemüht hatten, nahmen dasselbe wahr. Tscheulin hatte vorgelesen, dass der Patient sagte: „Mein Vorgesetzter erinnert mich an meinen Vater, der letztes Jahr gestorben ist. Er fehlt mir – und zu meinem Vorgesetzten bekomme ich auch keinen richtigen Bezug".

Die beängstigend isolierende Vorstellung, ich sei ein einmaliges Wesen, dessen emotionale Differenziertheit doch unvergleichlich sei, die daher keine Brücke sein könnte, wurde aufgebrochen. In der Folge lernte ich nicht nur differenziert das Lexikon der Emotionen, sondern vor allem auch die Ursprache, deren Äußerungen, genau wahrzunehmen.

Verstärkt fand ich das in der Einsicht vom selbstschädigenden Weg der Selbstisolation wieder, des Hochmutes, der falschen Einmaligkeit. Und so benennen wir dies Prinzip als dasjenige der falschen Einzigartigkeit, die gerade die Grundeinsicht des Humanen verletzt: Jeder Mensch ist ein einmaliges Universum, das durch Einfühlung mit jedem anderen verbunden sein kann.

2.4 Echt sein – Identität als gelebte Integrität

Lackierte Leistungsschüler lernen nicht leichter, sie lernen nur Leichtes. Für einen qualifizierten Coach ist sein Coaching-Klient immer schon ausgestattet mit dem nötigen Handwerkszeug (sonst benötigt er keinen Coach, sondern einen Nachhilfelehrer, eine Fortbildung oder eine Umschulung). Die Achtung vor der Kompetenz desjenigen, der Coaching nutzen möchte, um seine vorhandene Kompetenz fruchtbarer zu machen, ist die Grundbedingung. Eine Hierarchie von Lehrendem zu Lernendem ist mit Coaching unvereinbar.

„Gute Führungskräfte wissen, dass sie gut daran tun, sich von guten Wegweisern auf jeden Fall die Haltung des aufrechten Standes abzuschauen. Im Sprachspiel der Psychotherapie wird dies Selbstkongruenz (Carl Rogers) genannt. Die Erfahrung beeindruckender Menschen, die eben überzeugen, weil sie echt sind, (aner-)kennt jeder reife Erwachsene." (Meier/Sill 2010b, 810)

Solche selbstkongruente Identität ist wünschenswerter als falsche Prinzipienfestigkeit. Im Sprachspiel der Philosophie hat sich die „Echtheit" bisher kaum gezeigt, obwohl seit Sokrates das Einstehen für die eigenen Prinzipien mit dem eigenen Leben Tradition hat. Pollmann (2005) hat mit der Kategorie „Integrität" eine „sozialphilosophische Personalie" betrachtet, die dem entspricht, was wir Psychologen Echtsein nennen. Und immer wenn ich die bei Pollmann gegebenen zentralen Bestimmungsstücke für Integrität vor mich bringe, muss ich an einen Coaching-Klienten denken, dessen Echtsein mich beeindruckte. „Selbsttreue, Rechtschaffenheit, Integriertheit und Ganzheit" nennt Pollmann die Bedeutungsdimensionen der Integrität.

Der Mann, an den ich denken muss, kam zu mir (CMH), als er auf der Stufenleiter seines Berufes gerade dabei war, einen entscheidenden Karrieresprung zu machen. Er war Schauspieler und hatte nach einer Vielzahl kleiner Rollen und einer beachtlichen Präsenz in einer Fernsehserie das Angebot einer Hauptrolle in einem Film – der allerdings im Mittelmeerraum gedreht werden würde; und dies zu einer Zeit, in der seine Frau ihr erwartetes drittes Kind entbinden würde. „Coaching in aktueller Konfliktsituation" ist das, was in solch einem Fall auf der Rechnung steht.

Die schlichte Klärung des Konfliktes zwischen der Rolle „präsenter Familienvater" und „erfolgreicher und abwesender Filmschauspieler" wurde für meinen Klienten ein Lehrstück mit erstaunlichem Ausgang. Den ganzen Coachingprozess hier nachzuzeichnen, wäre zu umfangreich, Herr Huber – wie ich ihn nun nenne um deutlich zu machen, dass Ruhmsucht keines der Kennzeichnen dieses Künstlers war – reflektierte seine Werte und entschied, dass es keine „Selbstuntreue" gegenüber seinem Berufskonzept sein würde, wenn er auf dieses Angebot verzichtete, um „in echt" der präsente Vater an der Seite seiner Kinder und Frau zu sein. Am meisten machte es ihm zu schaffen, dass er mit diesem Verzicht auch einen Einkommensverzicht leisten musste; als rechtschaffener Familienvater fühlte er sich verpflichtet, eine andere Einkommensquelle zu finden, die dem, was ihnen so entgehen würde, möglichst entsprach. Als wir die Vielfalt seiner Handlungsmöglichkeiten reflektierten, wurde ihm klar, dass die bereits mehrfach erfolgreich praktizierte Tätigkeit eines Hörbuchsprechers für ihn ausbaufähig sei. Und als er auf einer Flipchart nicht nur das pro und contra der einen und der anderen Perspektive („Filmrolle" versus „Geburtsbegleiter") aufgelistet hatte, sondern auch eine Vielfalt weiterer Handlungsmöglichkeiten notiert hatte, da wurde ihm klar, dass er mit der Berufsrolle Schauspieler nicht seiner personalen Ganzheit gerecht geworden wäre: Er hatte schon lange eine Reihe von eigenen Produktionen bedacht, in welchen er schriftstellernd oder als Sprecher tätig werden wollte.

Kurz gesagt, was wie eine Wahl zwischen zwei Alternativen ausgesehen hatte, wurde zur Neuorientierung: Herr Huber gründete ein Studio und nutzte dies sowohl für Eigenproduktionen als auch als Vermieter. Aus dem erfolgreichen Schauspieler wurde in der Zeit ein erfolgreicher Unternehmer – der inzwischen eine glückliche Familie mit vier Kindern hat.

Die Götter zahlen jedem, der den Mut hat zu tun, was ihn freut, mit einem Glanz um sein Handeln: „Ich tue, was ich kann, und bin, was ich tue" – das Konzept der Echtheit. Ein Mensch, der gelernt hat, sich zu vertrauen, erfährt die Anerkennung, so beschrieben zu werden: „Er ist voller Selbstvertrauen." Ein Mensch, der in seiner (beruflichen) Identität gelernt hat, kreativ und eigenartig zu sein, den bezeichnen wir als entfaltete Persönlichkeit. Persönlichkeit hat aufgrund der Unvergleichlichkeit jeder Mensch; die besondere Qualität einer entfalteten Persönlichkeit zeigt sich in ihrer Integrität: „Er ist ganz er selbst."

2.5 Fördern und Fordern – in Kooperation

Coaches arbeiten an der Effektivierung vorgegebener Prozesse mit, wobei allerdings die Differenzierung der Prozesse selbst innovativ sein kann. Oft wird behauptet, dass Coaching ein Prozess zum (besseren) Erreichen von vorgegebenen Zielen sei. Das ist eine nur sehr beschränkt zutreffende Aussage. Natürlich ist der Coach eines Leistungssportlers vor allem auf die „Performance" eingeschworen; er konzentriert sich auf die sehr konkrete Zielvorstellung seines Klienten, meist in kurzfristigem Wettkampf, eine Höchstleistung zu erbringen. Differenzierte Coaching-Erfahrungen jedoch weisen auf, dass bei unterschiedlichen Sportlerpersönlichkeiten einmalige motivationale Zusammenhänge zu beachten sind: Dasselbe Ziel („Weltmeister in meiner Disziplin") bedeutet für den einen „Lebensziel", für den anderen „Etappensieg". Es ist für den einen der Beweis, dass Vater nicht recht hatte („Ich bin doch kein Versager"), für den anderen der Beweis, dass Vaters guter Glaube eine gesunde Grundlage für Selbstverwirklichung sein kann („Er hat immer an mich geglaubt").

Wir gehen daher davon aus, dass Coaching beides leistet: die Freisetzung von Kapazitäten zum Erreichen vordefinierter Ziele und derjenigen zur differenzierten Weiterentwicklung von Zielen.

„Wissen ist Macht, Besserwissen ist Ohnmacht" – von der Besserwisserei zum katalytischen Anregen muss der Entwicklungsweg des Selbstverständnisses als Coach gehen. Ich (CMH) arbeite mein Berufsleben lang auch als Kinderpsychotherapeut. Das Kind in jedem Erwachsenen ist für den Erwachsenentherapeuten (der ich auch bin) immer Ansprechpartner. Dennoch bin ich als Lehrer für Kinder unfähig. Woran liegt das? Ich kann nur als Lern-Erleichterer handeln, benötige die Gleichmächtigkeit des Gegenübers, muss ihn auf seinen Rang hin fordern können, wenn ich ihn lehren will. Kinder darf man nicht lehren, Kindern muss man das Lernen erleichtern. Natürlich auch Erwachsenen. Diesen kann ich entsprechende Angebote machen.

Als der Inhaber einer Import/Export–Firma, ich nenne ihn Herrn Sadakat – was nicht heißen soll, dass sein Hintergrund unbedingt türkisch gewesen wäre – nach einem Coaching anfragte, hatte er im Sinn, eine multinationale Ladenkette zu übernehmen. Er hatte Gutachten und Berater und war überzeugt, dass er gut beraten sei. „Ich habe noch bei keiner anderen Entscheidung so viel Sorgfalt walten lassen. Sowohl meine Hausbank, mein Steuerberater, die Geschäftsführer in den zwölf Filialen meiner bisherigen Firma, alle habe zu dieser Entscheidung ja gesagt – und ich spüre, dass ich noch eine Klärung in mir finden muss. Als hätte ich Angst."

Zusammenarbeit hieß hier, ihn zu ermutigen, nicht nur jene Ratgeber zu befragen, die sich aus professioneller Verantwortlichkeit zu seiner anstehenden Kaufentscheidung äußern konnten, sondern auch jene, deren intuitive und persönliche Bewertung ihm wichtig waren – obwohl er sich das nicht einzugestehen vermocht hatte. „Ich kann doch nicht meine Schwester über meine geschäftlichen Expansionsüberlegungen entscheiden lassen…" war seine erste Reaktion. Da diese in seiner Firma auch eine tragende Funktion hatte, stimmte ich ihm zu: „Stimmt, das wäre ja auch eine innerbetrieblich–fachliche Stellungnahme. Was sagt denn ihre Frau zu dem Projekt?"

Diese schlichte Frage brachte etwas ins Rollen, was Herr Sadakat später seine „Verwandlung" nannte. Er nahm meine Aufforderung ernst und entdeckte als erstes, dass er unreflektiert davon ausgegangen war, dass sie – wie bei all seinen Geschäftsentscheidungen bisher – in fragloser Zuversicht zu dem, was er tun würde, „ja" sagen werde. Dann begann er sich und mir jedoch einzugestehen: „Das könnte mit meiner Angst zu tun haben. Ich bin jetzt 52 Jahre, die Kinder sind fast groß, meine Frau fragt mich manchmal, wie ich mir unsere Zukunft vorstelle, und ich meine immer, sie fragt mich nach dem nächsten Urlaubsziel. Und jetzt merke ich, dass ich ihr da nicht gerecht werde."

Wenig später fragte er mich: „Kann man in einem Coaching auch mal um eine klärende Gesprächsmoderation bitten? Wenn ich versuche, mit meiner Frau darüber alleine zu sprechen, dann wird sie sich bedroht fühlen – als sei ich plötzlich der Grundlagen unseres Miteinanders nicht mehr sicher."

Selbstverständlich war ich gerne bereit, dem Paar zur Verfügung zu stehen, und so lernte ich die jung wirkende Mutter der drei gemeinsamen großen Kinder kennen. Frau Sadakat war eine schöne und kluge Frau. „Als wir vor dreißig Jahren die kleine Firma seines Vaters übergeben bekamen, da arbeiteten wir fünf Jahre zusammen. Um vier Uhr morgens band ich Blumen im Großmarkt, er setzte das Obst und Gemüse um. Nachmittags kundschaftete er vorteilhafte Posten von Industriegütern aus, die er in die Heimat schickte und dann dafür wieder neue Lebensmittel importierte. Mein Job war in dieser Zeit die Buchführung unseres schnell wachsenden Unternehmens. Nach diesen fünf Jahren waren wir soweit, dass ich mein Leben als Mutter beginnen konnte." Sie schilderte das weitere Wachstum mit liebevoller Konkretheit und schloss mit der Ausführung: „Mein Mann war immer genau so, wie ich ihn wollte – Liebhaber und Vater, Gast in dem von mir geführten Haushalt und vor allem ein 24-Stunden-Arbeiter. Er tat, was er am besten konnte – verkaufen. Jetzt wird es Zeit, dass er sich Zeit nimmt zu leben, er muss jetzt Unternehmer werden."

Herr Sadakat hatte berührt zugehört und gab am Schluss zu erkennen, dass er nicht verstand, was seine Frau sagte: „Aber heißt das, dass du mir zurätst, dass ich die Ladenkette übernehme, das wird doch bedeuten, dass ich noch mehr Verantwortung trage und noch mehr arbeiten werde?" Mit einem unvergleichlichen Lachen antwortete seine Frau: „Nein, das darf es eben nicht heißen, es muss heißen, dass du Unternehmer wirst und arbeiten lässt, während wir leben."

Erst einige Jahre später fand ich diese fraulich intuitiv gegebene Weisheit in der Fachliteratur wieder. Merath (2008) hatte einen Wegweiser zum erfolgreichen Unternehmer geschrieben, der diese Botschaft zentral verdeutlicht: wer sein eigenes Können so schätzt, dass er vor allem diese Dienstleistung verkaufen will, der kann nicht Unternehmer sein, bestenfalls Selbstständiger. Er nennt diese dann auch innerbetrieblich eine Fachkraft und betont: „Die Fachkraft arbeitet im Unternehmen. Manager und Unternehmer arbeiten nicht im, sondern am Unternehmen" (Merath 2008, 37)

Herr Sadakat konnte aus der fröhlich fordernden Wegweisung seiner Frau dieselbe Weisheit ziehen, wie sie der Unternehmercoach Merath später herausarbeitete. Er bat mich um weitere geduldige Begleitung bei seinem Übernahmeprojekt und gab mir dabei die Rolle: „Bitte achten Sie darauf, dass ich arbeiten lasse und lebe – wie meine Frau das wünscht." Als er die neue Firma erstmals für einen Vierwochenurlaub seinen zwei Direktoren überließ, verabschiedete er sich von mir und prägte das Wort von seiner Verwandlung: „Aus einem Verkäufer zum Unternehmer gecoacht, das nenne ich eine Verwandlung durch Zusammenarbeit."

Als Coach ist man immer solidarisch mit den besten Möglichkeiten, unterstützt dabei, die verantwortbar höchste Qualität anzustreben. Coaches sind kooperativ mit den besten Potenzialen, Entwicklungszielen und –schritten des Coaching-Klienten.

2.6 Zusammenfassung: Prinzipien und Interventionskompetenzen

Erkenntnisoptimismus, Weisheit, Humanität, Identität und Kooperativität wurden von uns als Grundprinzipien benannt. Wir sehen sie als die Wertimplikationen jener Handlungskompetenz, die wir als fünfwertiges Coaching bezeichnen; es ist entstanden aus reflektierter Beraterpraxis und es optimiert Beraterpraxis.

Fünf Prinzipien, destilliert aus Erfahrungen, wurden vorgestellt. Erkenntnisoptimismus, die Grunddimension eines konstruktivistischen Zugangs zur Welt als die vertiefte Ausgestaltung des Fragens (Rombach 1988; Reich 1998a / b), setzt den Wegweiser der Selbstprüfung um. Die „Hochinterpretation" (Rombach 1987) schafft Sinn, ist Weisheit und erlaubt es, sowohl „Gut" als auch „Böse" (Neiman 2004) anzunehmen und so bearbeitbar zu machen.

Da jeder Mensch einmalig ist, ist unser Gattungskennzeichen Unvergleichlichkeit. Die wirkliche Humanität zeigt sich in der Achtung vor diesem unvergleichlichen Sein und der Brücke von Mensch zu Mensch, die mit Empathie, mit Einfühlung, gegeben ist.

Da selbst der flexibelste Multitalentmanager sich vor allem dann in seiner Haut wohlfühlt, wenn er spürt, dass in seinem Handeln „Ich tue, was ich kann, und bin, was ich tue" gilt, ist mit der Identität, mit dem Konzept eines entfalteten Selbst, jenes Wertkonzept genannt, das unser authentisches, echtes; eigenartiges und eigenes Handeln kennzeichnet.

Als Coaches sind wir solidarisch, kooperativ mit unseren Coaching-Klienten und deren Herausforderungen und Aufgabenstellungen. Solidarität meint jene Brücke zwischen den Unvergleichlichen, den Einzelmenschen, die ein qualitätvolles, achtungsvolles Miteinander anzielt. Wir arbeiten als Katalysatoren und fördern / fordern unsere Coaching-Klienten auch mit einfachem Handwerkszeug.

Es sind Prinzipien, wie jeder sie aus seinem eigenen Erleben zu gewinnen vermag. Als eine Spiegelung unseres Konzepts des fünfwertigen Coachings sind sie auch als Dimensionen eines Selbstcoachings zu betrachten:

2.6.1 Übersicht: Wegweiser und Prinzipien fünfwertigen Coachings

Die oben hergeleiteten Prinzipien sind falsch, wenn sie als Dogmen erscheinen, als Prinzipien stellen sie zentrale Coachingkompetenzen heraus.

Tabelle 2.2: *Wegweiser und Prinzipien des fünfwertigen Coachings*

Wegweiser	Dogma (Prinzipienreiterei)	Richtiges Prinzip, Coachingkompetenz
Selbstprüfung	Falscher Optimismus, „Positives Denken" statt reflexiver Kritik	Erkenntnisoptimismus: Jede Frage gebiert neue Fragen. Bereitschaft zur Fehlersuche und -analyse
Annehmen	Falscher Pessimismus, „Opportunismus" – anything goes. Wertebeliebigkeit	Weisheit: Menschlich ist auch das Ungeheuerlichste. Bereitschaft zu systematisch gepflegter Phantasie. „Brainstorming" als Alltagskompetenz
Einfühlen	„Individualismus" als Ideologie falscher Einzigartigkeit	Humanität: Jeder Mensch ist ein einmaliges Individuum. Bereitschaft, jeden Mitmenschen als verstehbar und gleichrangig zu achten
Echt sein	Dogmatische Rechthaberei bis hin zum Fanatismus	Identität: „Hier stehe ich, ich kann nicht anders". Bereitschaft, nicht nach „Programmen" zu handeln, sondern entwickelnd, liebevoll – und dabei mit sich selbst stets im Einklang zu bleiben
Fördern / Fordern	Besserwisserei	Kooperativität / Solidarität: Bereitschaft, das eigene Können / Wissen in gemeinsame Dienste einzubringen

Die ersten vier Wegweiser stellen die „Fingerspitzen" des Seelischen dar. Wir fassen mit Selbstprüfung, Annehmen, Einfühlen und Echt-sein spürend zu. Der fünfte Wegweiser, das Fördern und Fordern, ist als einzelner fast so mächtig wie die vier anderen zusammen: Er ist der „Daumen" der wegweisenden Hand. Gattungssolidarität ist im Coachinghandeln spürbar, die humane (einfühlende), annehmende (weise), erkenntnisoptimistische (selbstprüfende), integre (echte) Selbstorganisation des Coaches sichert dessen förderlich-forderndes Handeln als Beitrag zum Wachstum aufgeklärter Menschlichkeit und dieser entsprechender Lebenszusammenhänge. Das ist sicher einer der Gründe für die ungewöhnliche Attraktivität dieses Handlungskonzepts für junge Menschen, die am liebsten ohne den Umweg über einen Basisberuf sogleich Coach werden wollen.

Wir betonen mit unserem Konzept des fünfwertigen Coachings die damit geforderte Multiaspektivität, die weniger als die inzwischen bei Geißler (2011) in einem ähnlichen „Vermessungsprojekt" gewonnenen acht Entscheidungsdimensionen umfasst.

Tabelle 2.3: *Entscheidungsdimensionen für Coachinghandeln nach Geißler (2011)*

	In jedem Moment muss der Coach entscheiden,
A	welche Aktivität er wählt, um seine Beziehung zum Klienten zu gestalten,
B	welche mentalen Aktivitäten er beim Klienten hinsichtlich der Reflexion seiner Problematik bzw. Herausforderung anregen will,
C	welche Anregung er dem Klienten geben will hinsichtlich der Frage, welche Aspekte bzw. Segmente seiner Coachingthematik er momentan in den Vordergrund rücken soll,
D	welche Anregungen er dem Klienten geben will hinsichtlich der Frage, wie er das, was er als Coachingthematik reflektieren will, zeitlich positionieren soll,
E	welche Anregungen er dem Klienten geben will hinsichtlich der Frage, welchen sozialen Betrachtungsstandpunkt er bei der Reflexion seiner Coachingthematik wählen soll,
F	welche Anregungen er dem Klienten geben will hinsichtlich der Frage, welchen zeitlichen Betrachtungsstandpunkt er bei der Reflexion seiner Coachingthematik wählen soll,
G	welche Anregungen er dem Klienten geben will hinsichtlich der Frage, welchen Realitätsstatus (Faktizität versus Kontingenz) er für seine Thematik wählen soll,
H	und welche wertende Rahmung er dem Klienten für das nahelegen soll, was zur Reflexion ansteht.

Diese acht Entscheidungsdimensionen entsprechen einer Vermischung von dem, was wir Interventionskompetenzen nennen, mit dem, was unsere fünf Wirkdimensionen sind. Andererseits konkretisiert Geißler (2011) diese Dimensionen ebenfalls noch weiter und destilliert aus der Vielfalt der sodann gewonnenen Prozessbeschreibungen acht idealtypisch unterschiedene Formen des Coachings, die wir hier nicht weiter verfolgen. Näher an unserem Ansatz ist jedoch dann die nächste Ebene der Betrachtung realer Coachingverläufe in welchen Geißler drei Dimensionen beschreibt.

Tabelle 2.4: *Geißlers dreidimensionales Beschreibungsmodell realer Coachingprozesse im Vergleich mit dem fünfwertigen Coaching*

Geißlers bipolare Dimensionen zur Beschreibung von Coachingprozessen	**Wirkfaktoren des fünfwertigen Coachings**
Direktivität – Nondirektivität	Annehmen
Selbstthematisierung – Kontextthematisierung	Selbstprüfung
Erkenntnisorientierung – Handlungsorientierung	Fördern und Fordern
–	Einfühlen
–	Echtsein

Mit seinem dimensionalen Gefüge kommt Geißler nur zur Beschreibung unterschiedlicher Coachingprozesse, er leitet aus diesen nicht klar her, welches Verhalten vom Coach zu fordern sei. Unsere Fünf Dimensionen dagegen bilden jene Heuristiken, die das Handeln des Coaches in jedem Coaching leiten sollten. Und diese Dimensionalität wird sodann durch die Folgenden einzelnen Interventionskompetenzen umgesetzt, deren Einsatz durch die Wirkfaktoren gesteuert wird.

2.6.2 Übersicht: Interventionskompetenzen

„Wie handelt man, wenn man Euch glaubt?“ (Brechts Prüffrage für die Wissenschaft)

„Immer muss der Wissende darauf gefasst sein, später einmal wünschen zu müssen, er hätte nicht oder anders gehandelt.“ (Jonas 1979, 391)

Der eigentlich fast banale Satz tiefster philosophischer Wahrheit von Jonas (1979) muss ins Stammbuch jedes Managers geschrieben werden. Fünfwertiges Coaching ist trainierbares Verhalten. Es legt Rechenschaft ab über die Vielfalt der Interventionskompetenzen. Weder kann es darum gehen, ein „Leben ohne Fehler“ zu leben, noch darum, in leichtfertiger Manier sich alles zu erlauben, da wir ja „immer mal Fehler machen“ – „anything goes“. Das Prinzip Verantwortung erfordert eine neue Furcht, die mit uralter Ehrfurcht verwandt ist. Allerdings ist nicht die im jüdisch-christlichen Denk-Erbe biblisch beschworene Angst vor einer Urschuld gemeint, die der Unschuld immer schon keine Chance ließ, sondern es ist die berechtigte Furcht angesichts unserer Gattungsmacht erforderlich.

Wir denken, dass Coaching eine Reflexion höchster Verantwortung ist – nicht ein leichtfertiges Steigern irgendwelcher Effektivitäten und schon gar nicht das, was innerbetrieblich als sinnvolle, selbstverständlich zu fordernde verständige Personal- und Mitarbeiterführung bekannt und unverzichtbar gefordert ist. Coaching kann und soll nicht eventuelle Mängel der Personalentwicklung ausgleichen. Insofern ist „Mitarbeiter-Coaching“ mit allen Einschränkungen, so wie von uns definiert (Kap. 3.4), machbar und sinnvoll, es aber nur „Coaching“ zu nennen, wäre – dies sei bewusst noch einmal wiederholt – glatter Etikettenschwindel.

Was tut ein Coach, was muss er können? Da Coaching unter anderem aus der unterstützenden Einflussnahme hochkompetenter Psychotherapeuten entwickelt wurde, ist es sinnvoll, kurz in jenes Kompetenzfeld zu blicken. In der Psychotherapieforschung wurde diese Frage nach dem kompetenten Verhalten in drei historisch unterscheidbaren Anläufen beantwortet:

- Zunächst waren die Erfinder der Tiefenpsychologie der Meinung, dass ein Psychoanalytiker das können müsste, was die nachdenkende Evidenz seines heilenden Tuns ihm zu verantworten aufgibt. Kurz gesagt, es gab keine Psychotherapieforschung, sondern nur mehr oder minder kontrollierte Spekulation über das Hilfreiche.

- Dann traten die Psychologen auf und meinten, dass ein verhaltensändernder Therapeut beim Menschen das anzuwenden habe, was sich im Tierversuch als effektive Maßnahme zur Verhaltensänderung erwiesen habe. Psychotherapieforschung wurde nun zur Effektivitätsforschung angesichts geplanter, konditionierbarer Lehrwege.

- Und schließlich entwickelte eine Forschergruppe um den klinischen Psychologen C.R. Rogers das Forschungsdesign, das heute wohl als überzeugendes Grundmuster der qualitätssichernden Forschung betrachtet wird: Es wurden Tonaufzeichnungen (bei Rogers am Anfang Schellack-Schallplatten) hergestellt und dann die Serien erfolgreicher Gespräche mit jenen weniger erfolgreicher Verläufe verglichen. In dieser empirischen Vergleichsforschung wurden langsam jene Verhaltensweisen deutlich, die in effektiven Beratungsgesprächen überzufällig häufig vorkamen. So wurden erstmals lehr- und erlernbare Verhaltensweisen beschrieben, die in ihrer verhaltensformenden und entwickelnden Funktion ausgewiesen waren und deren Betrachtung im Rückschluss zeigte, dass Menschen andere Wertvorstellungen als Tiere haben (Achtung ist weit wichtiger als Belohnung) und dass das Unbewusste zwar eine bedeutsame Komponente des seelischen Seins darstellt, die Verursachung psychischer Nöte aber keinesfalls immer aus „unbewussten Konflikten“ herzuleiten ist.

Die Vielfalt der Erkenntnisse auf dem Weg der Erforschung hilfreicher Kompetenzen im Umgang mit krankheitswertiger seelischer Not muss selbstverständlicher Wissenshintergrund für den Umgang mit der Förderung seelischer Funktionstüchtigkeit sein. Wir versuchen dies, indem wir die fünf Wirkfaktoren konkretisierend als Interventionskompetenzen in einer Vielzahl von empirisch beschriebenen Verhaltensweisen erfolgreicher Coaches beschreiben. Rauen (2003) erläutert einen Katalog von Verhaltensweisen eines kompetenten Coaches, der auf den ersten Blick von unserer Ergebnisübersicht des Praxisforschungsprojekts nicht weit abweicht. Wir sehen doch einen zentralen Unterschied darin, dass es uns nicht so sehr darauf ankommt, zu unterscheiden, „welche Frageformen“ vorkommen, sondern klar herleiten zu können, wann eine Frage und wann ein im Frageton gesprochenes einfühlendes Verständnisangebot das sinnvolle Verhalten des Coaches sei. So wie es in der Musik auch wenig Sinn macht, zu erklären, welche Töne vorkommen. Das „Coaching-Klavier“ entfaltet erst in der Komposition selbst seine Wirkung. Die Vielfalt der erforschten Verhaltensweisen und insbesondere der positiven, als effektiv ausgewiesenen Verhaltensweisen eines Coaches sind in der Übersicht zusammengefasst. Die beschriebenen Interventionskompetenzen wurden aus der Untersuchung von Beispielen der Coachingpraxis der Ausbildungskandidaten des Primärcurriculums des ifb-Jiranek hergeleitet. Zugleich sind sie weitgehend mit den ebenfalls empirisch gewonnenen Interventionskompetenzen der Psychotherapie deckungsgleich, wie sie zum Beispiel für die Kinderpsychotherapie beschrieben wurden (Hockel 2011).

Tabelle 2.5: *Übersicht der Interventionskompetenzen eines Coaches*

Interventionskompetenz	Wirkung, die den Einsatz begründen kann
Verbalisieren emotionaler Erlebnisinhalte (VEE): Empathie sprechen können	... ist aufs aktuelle emotionale Erleben zentriert und vermittelt so die Erfahrung „verstehbar" zu sein – was Vertrauen als Grundlage für Selbstvertrauen möglich macht
Wärme und Wertschätzung: Achtung zeigen können	... vermittelt die Erfahrung, „angenommen" zu sein, entspannt somit gegenüber allen Rollenanforderungen und Benimmregeln – „Ich darf sein, wie mir zumute ist"
Echt sein und Selbstkongruenz: Authentizität leben können – auch und gerade in beruflicher Tätigkeit	... konfrontiert mit einem mitmenschlichen Modell, allerdings eines professionellen Verhaltens. Unaufdringlich bietet der authentische Coach Orientierung über Zielfindungsprozesse
Nondirektive Beziehungsregulation „Spielprinzipien I" das Anliegen des Coaching-Klienten ist führend; sich Rollen geben lassen	... sorgt dafür, dass dem Coaching-Klienten in jedem Augenblick klar ist, dass „seine Sache", sein Anliegen die Richtung allen Arbeitens bestimmt. Der Coach lässt dem Coaching-Klienten (in der Regel) die inhaltliche Führung und entfaltet damit dessen Gespür für Selbstverantwortung bei der Suche seiner neuen Handlungsmöglichkeiten
Personzentrierte Beziehungsregulation „Spielprinzipien II" Metakommunikation über „Spielregeln"	... geht mit dem Coaching-Klienten den goldenen Mittelweg des Spielens, hält den Schwebezustand des „Als-ob" aufrecht, sorgt dafür, dass keiner zum „Spielverderber" wird
Ruhe und Zuversicht	... strahlt Optimismus aus (ohne Nöte wegzuwischen)
Zusammenarbeit	... hilft fraglos, wenn es die Mikroziele für den Coaching-Klienten sinnvoll sein lassen, andernfalls wird die Selbstverantwortung angemahnt
Grenzen setzen	... schützt den Coaching-Klienten davor, im Prozess mit schlechtem Gewissen oder Unsicherheit über erlaubt / unerlaubt konfrontiert zu sein
Selbstexploration	... gibt ein Modell für entfaltetes, neugieriges und korrekturoffenes Innenleben: „Ich suche in mir ..."

Interventionskompetenz	Wirkung, die den Einsatz begründen kann
Situationsgestaltung	... erlaubt sich, die Entwicklung des Coachingprozesses dort anzureichern, wo die Mikroziele für den Coaching-Klienten dies sinnvoll erscheinen lassen (innerhalb und zwischen den Sitzungen)
Modellgeben	... bereichert auch die erfahrenen Fertigkeiten durch unaufdringliches „Vormachen“
Differenzierungen anregen: ▪ Spezifizieren ▪ Konkretisieren ▪ Generalisieren	... unterstützt kognitive Klärungen und Entwicklungen, gibt als geleistete Denkarbeit weitere in Auftrag
Rollenübernahme anregen	... unterstützt soziales Lernen
Aktualisieren	... intensiviert das Wissen um gerade gegenwärtige Erfahrungen (baut damit jedoch auch innere Distanzierungsmöglichkeit auf)
Strukturieren	... fördert kognitive Klärungen bei erlebtem Konflikt
Inhaltliche Wiedergabe von Verhaltensweisen	... bereichert zunächst das (sprachliche) Verständnis auch von nonverbalen Handlungen, dann jedoch spiegelt es immer differenzierter das Selbstbild als Handelnder, kennzeichnet eigene Aktionsstile und psychomotorische Konzepte („Ich bin eben impulsiv, dynamisch, schnell“, „Ich bin eben bedächtig, ruhig, ausdauernd“)
Anregen von Denk- und Entscheidungsprozessen	... unterstützt kognitive Entwicklungen (bei der Bewältigung von Blockaden)
Nähe	... vermittelt die Erfahrung, respektiert zu werden, ebenso wie die der Geborgenheit, des Schutzes und Trostes
Wachheit	... lässt den Coaching-Klienten seine Wichtigkeit auch in solchen Momenten, in denen „nichts Besonderes“ geschieht, spüren
Momentzentrierung	... vermittelt dem Coaching-Klienten die Erfahrung, dass Kontakt in jedem Augenblick möglich und wichtig sein kann
Selbsteinbringen und Selbstöffnung	... zeigt dem Coaching-Klienten ein Modell emotional stabilen und kongruenten Verhaltens: „Ich vertraue Ihnen an, sage aus mir heraus ...“

Interventionskompetenz	Wirkung, die den Einsatz begründen kann
Insistieren	... ermöglicht es dem Coaching-Klienten, seinen Widerspruchsgeist und Willen zu üben
Verankern	... fördert das Selbstverständnis des Coaching-Klienten, indem es Bilder für wiederkehrende Erfahrungen, Strukturen usw. hervorhebt
Konfrontieren	... zeigt dem Coaching-Klienten seine eigenen Wünsche und/oder Widersprüchlichkeiten und ermöglicht ihm, diese auszuloten
Reflektieren von Problemlöseverhalten	... unterstützt die kognitive Entwicklung, verdeutlicht dem Coaching-Klienten seine kognitiven Kompetenzen (Performance)
Ansprechen und Erfragen von Denk- und Handlungsprozessen zur Zielbestimmung und Zielerreichung	... unterstützt die kognitive Entwicklung, verdeutlicht dem Coaching-Klienten seine kognitiven Kompetenzen (Fertigkeiten zu strategischem Handeln)
Ansprechen und Erfragen von Metawissen	... verdeutlicht dem Coaching-Klienten seine kognitiven Kompetenzen (Wissen)
Sprach- und Sprechförderung	... unterstützt die rhetorischen und inhaltlichen Aspekte der Nutzung von Sprache als Informationsmedium und Entscheidungstransportmittel
Anregen von Handlungen, von Problemlösungen	... bereichert die Skripts und Handlungspläne, wenn die Mikroziele für den Coaching-Klienten dies sinnvoll erscheinen lassen
Provokation	... bietet (meist auf der Grundlage humorigen Einverständnisses) Impulse zur Erweiterung der Handlungsrepertoires
Loben	... anerkennt jene Leistungen, die ihm spontan solches lobendes Verhalten entlocken (authentisch); Lob wird jedoch nicht zur Verhaltenssteuerung eingesetzt
Bewerten	... markiert für den Coaching-Klienten wesentliche Handlungsmöglichkeiten bzw. -normen

Interventionskompetenz	Wirkung, die den Einsatz begründen kann
„Visualisierungen" – Einsatz aller gegenständlicher Medien (Farben, Ton, Plastilin) Kunsttherapie, Gestaltungsangebote, Werken etc.	... macht solche Angebote, wenn diese „aktive" Rolle dem Coaching-Klienten einen Verbündeten für gegenständlichen Selbstausdruck zeigt. Der Ausdrucksverbündete greift auf, was der problemlösende Prozess des Coaching-Klienten als Ausdruckstendenz bietet
Arbeit mit Träumen, Tagträumen, gelenkten Phantasien, Alltagstrancen, Hypnotherapie	... macht solche Angebote als Verbündeter auf der Suche nach unterschiedlichen Selbstdeutungen, wird dem Coaching-Klienten als Deutungsverbündeter erlebbar
Arbeit mit Klang, Musik und Rhythmus (Musiktherapie, Tanztherapie) sowie mit Körperzuständen, Entspannungsmethoden, Meditationstechniken, Körperübungen (Bioenergetik)	... macht solche Angebote als Verbündeter bei der Erprobung unterschiedlicher Arten von Selbsterleben
Arbeit mit sozialen Rollen, (Erinnerungs-) Figuren, Märchengestalten (Psychodrama, Puppenspiel), Symbole als „Spielmaterial"	... ist Bündnispartner bei der Entdeckung und Erprobung neuer Selbstgestaltungen
Ansprechen und Erfragen von Werturteilen	... verdeutlicht, dass es die Vielfalt der Werte gibt, und beschreibt damit die Freiheit der Wahl zielführender Werte. Mit solchen Reflexionen wird der Coach zum Verbündeten für Selbstverantwortung (diese Dimension des Verhaltens wird in der Psychotherapie weit weniger genutzt)

Die Möglichkeiten, diese reiche Palette übersichtlicher zu gestalten, sind vielfältig. Eine der Gliederungen für einen Teil der Interventionskompetenzen kann es sein, zwischen solchen Interventionen zu unterscheiden, die *Verhalten beschreiben*, anderen, die *Verhalten reflektieren*, und schließlich jenen, die *Verhalten anregen*.

Ein Coach ist grundsätzlich als Verbündeter tätig – er ist Förderer von Selbstausdruck, Selbstdeutung, Selbsterleben und Selbstgestaltung. Im Unterschied zum Psychotherapeuten muss der Coach sich darauf verlassen, dass der Anspruch des Coaching-Klienten, ein seelisch gesunder, funktionstüchtiger Erwachsener zu sein, sich darin bewährt, dass er als Coach Verbündeter bei der Entfaltung der Freiheit des Coaching-Klienten sein kann. Die Freiheit ist das entscheidende Geheimnis, das gutes von mittelmäßigem, anpassendem oder seinen Namen nicht verdienendem Coaching unterscheidet. Coaching muss die Anzahl der Wahlmöglichkeiten des Coaching-Klienten und damit die Vielfalt seiner Handlungsmöglichkeiten entwickeln und vervielfältigen. Wir nennen diese Freiheit mit Jonas (1979) Verantwortung und beschreiben so den Coach als einen Verbündeten bei der Ausgestaltung von Selbstverantwortung. Wie eingangs bereits gesagt: Coaching ist die dienstleistend reflexive Begleitung verantwortlicher Berufstätiger, um diesen Übersicht und Leistungslust zu erhalten.

3 Bereiche und Beziehungssettings des Coachings

Unter Bereichen des Coachings werden meist Anwendungsfelder (Industrie, Verwaltung, Sport…) betrachtet. Damit wird jeweils die Berufssituation des Coaching-Klienten als Besonderheit in den Vordergrund gestellt; und der Coach versucht, damit zu brillieren, dass er in der einen oder anderen Fachlichkeit dort „mitklären" könnte.

Wir halten dies für einen Irrweg. Was ein Coaching-Klient für seine Berufsaufgabe zu lernen hatte, hat er gelernt (oder seine Lücken erkannt und lässt sich lehren – solche Erkenntnis kann natürlich Zwischenergebnis eines Coaching-Prozesses sein; siehe unten an dem Beispiel des Marketingleiters). Die unbefangene Sprache desjenigen, der einem Firmenjargon, einer Fachlichkeit fremd gegenüber steht, wird manchmal als Problem behauptet. Seltsamerweise haben wir dies nie von Coaching-Klienten, sehr wohl jedoch in Konferenzen zur Darstellung (und oder zum Vertrieb von) Coachingausbildungen gehört. Wir sehen in der Expertise des Außenstehenden einen entscheidenden Vorteil – besonders, weil sie zwingt, im Zweifelsfall nachzufragen, was es meint, wenn ein Regisseur sagt, „am Set sind alle unter Hochspannung" oder ein Firmeninhaber sagt, „das alles haben wir ganz ohne Businessplan geschaffen".

Wir nennen als Bereiche des Coachings: die Arbeit an Motivation, Identität, Wertewelt (Humanität), unverstellter Wahrnehmung und leidenschaftlicher Erkenntnisproduktivität. Wer Coaching verstehen können möchte, der will wissen, wie die Selbstmächtigkeit und optimale Funktionstüchtigkeit von Einzelpersonen gefördert werden kann. Dieser Blick reserviert den Begriff Coaching für eine hoch spezialisierte Tätigkeit mit jeweils einer problemlösende Unterstützung und Selbstveränderung wünschenden Einzelperson. Die darum herumliegenden Begriffe der Organisationsberatung und -entwicklung, der Unternehmensberatung, der Personalentwicklung anhand vielfältiger Strategien (von Fortbildung bis Job-Enrichment usw.), bleiben so in differenzierter Distanz zum Coaching. Keinen alten Wein in neue Schläuche, keinen Etikettenschwindel, kein „im Kielwasser segeln".

Neben der Klärung der Arbeit an / in diesen Bereichen ist auch zu bedenken, in welcher Beziehungssituation der Coach zum Coaching-Klienten arbeitet. Auf das Coaching innerhalb einer dienstlichen Beziehung, insbesondere das Coaching von Mitarbeitern durch Vorgesetzte kommen wir weiter unten zurück.

3.1 Motivation – Können – Fertigkeiten

Eine seriöse Studie (Gallup 2011) stellte die begründete These auf, dass die deutsche Volkswirtschaft einen jährlichen Schaden von rund 125 Milliarden Euro dadurch hat, dass über die Hälfte der Deutschen („59 % schließen nicht aus, dass sie ihrem

Arbeitgeber in den nächsten 12 Monaten den Rücken kehren") ihre Arbeit unmotiviert leistet, mit der Haltung innerer Gleichgültigkeit, „Dienst nach Vorschrift" oder gar der inneren Kündigung.

Der Coach erscheint zunächst dem Auftraggeber verpflichtet: Ein Unternehmen, das einem seiner Mitarbeiter einen Coach zur Seite stellt, will diesem dabei helfen, seine ganze Kompetenz, seinen ganzen Einsatz „zu bringen". Dass dieser ganze Einsatz niemals zu Lasten einer der beiden Interessierten alleine (Firma frisst Mensch versus Mensch missbraucht Firma) erfolgen darf und dass die von wirklich qualitätvollem Coaching Gebrauch machenden Firmen immer gewahr sind, dass das Ergebnis eines Coachingprozesses auch eine Trennung sein kann, werden wir noch genauer betrachten. Kommt eine Beauftragung zu Stande, so ist der Coachende jedoch immer dem Coaching-Klienten verpflichtet, auch wenn die Dienstleistung von der Firma bezahlt oder gar vom Vorgesetzten erbracht wird (siehe unten). Bleiben wir jedoch zunächst bei der freiwilligen, selbst gewählten Verpflichtung des Mitarbeiters zu seinem Unternehmen:

Beispiel „Machtgier"

Ein Spitzenmann in einem Konzern der Energiewirtschaft hatte dort durch kompetente Beratung und konsequente Führung einer Stabsstelle so viel Ansehen gefunden, dass er „unaufhaltsam" in höhere und zahlreichere Führungsaufgaben umfassende Funktionen „gedrängt" wurde. Er suchte von sich aus einen Coach auf, da er seine Ambivalenz gegenüber den attraktiven Karrierechancen nicht verstand und sich „gelähmt" fühlte. Die Arbeit an dieser „Blockade" spitzte sich auf eine Selbsterforschung der Motive zu. Und plötzlich stellte sich der Coaching-Klient der vom Coach induzierten Frage: „Will ich denn Macht ausüben?" Er stellte sich diese Frage in der Form: „Darf ich denn Macht ausüben?" Wiederum angeregt durch den Coach, erlaubte sich der Coaching-Klient eine Phantasiereise ins Reich seiner Machtmöglichkeiten – und weinend gestand sich der erfolgreiche Mann, dass er bisher geglaubt hatte, er müsse es jedenfalls vermeiden, mächtig zu sein, da er sich selbst tief misstrauisch gegenüberstände.

Jedem in der Arbeit mit Seelen vertrauten Profi ist diese gesellschaftlich geprägte Unsicherheit bekannt. Das Richtige aus den falschen Motiven zu tun, heißt, das Falsche zu tun – diese seltsame Wertungslogik phantastisch antizipierter „jüngster Gerichte" entsteht beiläufig (und fast unvermeidlich) in einer Variante christlicher Erziehung. Für den verantwortungsvollen Umgang mit Macht stellt sie die Geburt der irrationalen Annahme „ich werde Macht missbrauchen" dar.

Comelli und von Rosenstiel (1995) beschreiben in ihrem sehr anregungsreichen Wegweiser, wie man Mitarbeiter für Organisationsziele zu gewinnen vermag. Sie beschreiben die Kunst, durch Motivation zu führen. Diese Kunst kennen und können zu lernen, ist Weiterbildung, Managementschulung. Coaching ist jener Prozess, in welchem eine Person, welche die Kunst zu motivieren bereits lernte und verstand, dabei begleitet wird, das Gelernte auch mit vollem Einsatz anzuwenden: vom Kennen über das Üben des Könnens zum schwungvollen Handeln – freigesetzt durch Coaching.

3.2 Identität – Authentizität – Coaching abgrenzen von anderen Beziehungen

Coaching ist eine partnerschaftlich gleichberechtigte, vertrauensvolle Helferbeziehung. Es macht Sinn, diese Beziehung von anderen ähnlichen Beziehungen abzugrenzen.

Coaching ist ein Prozess, der immer die lebensgeschichtliche „Siegermentalität" des Coaching-Klienten als Orientierung hat: Es soll dem Coaching-Klienten möglich werden, eine gestellte Aufgabe erfolgreich zu bewältigen; es soll ihm gelingen, eine Blockade aufzulösen, eine neue Vision zu übernehmen, einen Beitrag zum Gelingen durch Einsatz aller seiner ganz persönlichen Fertigkeiten zu bringen. Solche Dynamik des Erfolges ist dem Coaching-Klienten bekannt und entspricht implizit immer und meist auch explizit dem, was sich ein Nutznießer von Coaching erhofft.

Was meist übersehen wird: Jeder Coaching-Klient betrachtet seine Arbeits- und Allgemeinbiografie als ein Gesamtskript, in welches die einzelnen Leistungsschritte, Erfolge und Entwicklungsschritte einzutragen sind. Coaching-Erfolge sind persönliche Siege der Coaching-Klienten. Auftraggeber sind meist jene Firmen, die (meist zu Recht) in den persönlichen Potenzialen desjenigen, dem Coaching gewährt wird, solche Entwicklungschancen annehmen; sie gehen demnach in der Regel davon aus, dass sich das Investment lohnen wird. Soweit die Entfaltung persönlicher Potenziale, das Bereinigen von irrationalen Annahmen, das Beseitigen blockierender „Fehlziele" (und was dergleichen qualitätsmindernde Leistungseinschränkungen noch sein können) übereinstimmen, soweit ist Coaching ein neutrales Geschehen, das sowohl betriebliche Interessen als auch persönliche Karriereentfaltung widerspruchsfrei vereinen kann. Die Siege gehören dem Coaching-Klienten und Unternehmen gleichermaßen (selbst der Coach freut sich noch am Glanz der Siege „seiner" Coaching-Klienten). Die Verantwortung des Coaches bleibt es, den Entwicklungszielen des Coaching-Klienten selbst zu dienen. Wir lehnten schon Coachingaufträge ab, die den Grundtenor „den coachen wir uns schon noch zurecht" hatten. Persönliche Siege des Coaching-Klienten sind dann auch Siege seines Unternehmens, seiner Entsender. Und diese Siege sind häufig erst durch Selbsterziehung erreichbar. Dieser Aspekt der Abgrenzung zu früher erlebten erzieherischen Einflüssen wird meist ausgeklammert, weil es die herrschende Oberflächenideologie heute als unpopulär ansieht, Spitzenkräfte der Wirtschaft als „ungezogen" zu betrachten. Tatsächlich sind viele Probleme von Coaching-Klienten auch eher durch zu viel und zu einseitige Erziehung verursacht. Fünfwertiges Coaching ist insofern auch als Begleitung bei jener Selbsterziehung zu verstehen, die der Coaching-Klient als seine persönliche „Erziehung zur Freiheit" zu entwickeln gedenkt. In unserem Konzept gibt es fünf Orientierungsdimensionen, die zu Recht auch als die vier Dimensionen der Bewegung in der Fläche (links / rechts, vor / zurück bzw. in Himmelsrichtungen) plus der Höhendimension der steigernden Herausforderung beschrieben werden können. ***Fünfwertiges Coaching ist ein Kompass für Wanderer des Selbstmanagements.*** Dementsprechend grenzen wir Coaching von anderen Helferbeziehungen nicht durch die Vielfalt von „Gemeinsamkeiten / Unterschieden" (Rauen 2003) ab, sondern jeweils durch den phänomenalen Kern.

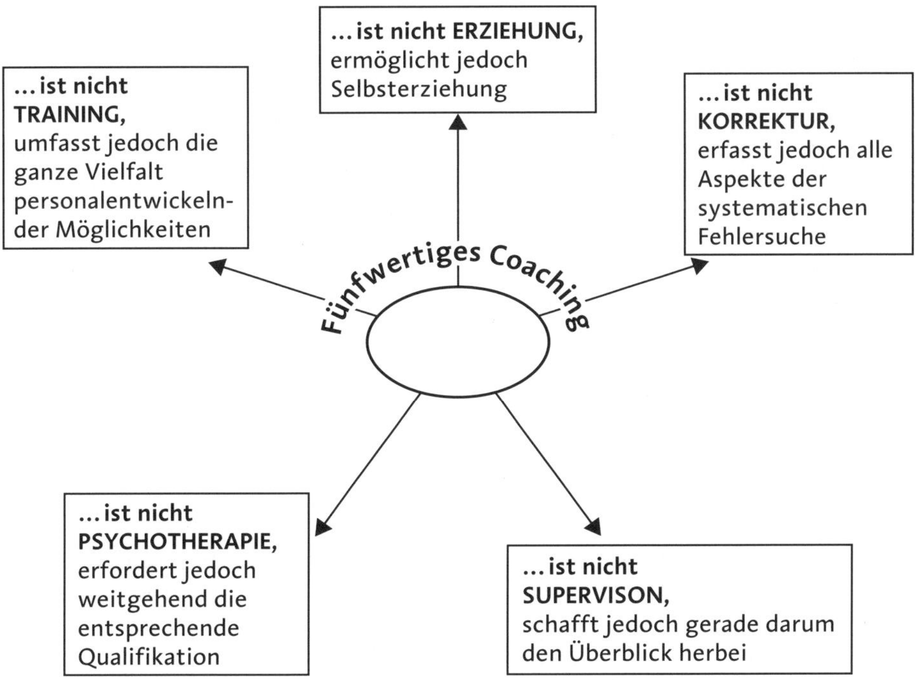

Abbildung 3.1: *Coaching in Abgrenzung zu anderen Helferbeziehungen*

Coaching ist nicht Training; jedoch wird in fast jedem Coaching mit vielfältigen Methoden der Personalentwicklung gearbeitet. So werden Rollenspiele mit Videofeedback ebenso eingesetzt wie Einzelmethoden der Wertreflexion oder differenzierte Übungen.

Coaching ist nicht Erziehung, da der mündige (meist hochkompetente) Erwachsene schon lange genug „Opfer" von Erziehung gewesen ist. Zugleich sehen wir jedoch im Coaching jenen befreienden Königsweg, der mittels Selbsterziehung die Möglichkeit schafft, zu tun, was man kann, und zu sein, was man tut.

Coaching ist nicht Korrektur, da das Wissen des Coaches niemals „Besserwissen" sein kann – im personzentrierten Ansatz des fünfwertigen Coaching wird der Coaching-Klient jedoch bei einer vorurteilsfreien Fehlersuche begleitet, die immer beschämungsfrei bleibt und bleiben muss.

Coaching ist nicht Psychotherapie, da sie gesunden, funktionstüchtigen Spezialisten die Möglichkeit bietet, ihre Potenziale zu optimieren. Nicht jeder Psychotherapeut kann mit Menschen dann hilfreich umgehen, wenn die entscheidende Bedingung für Psychotherapie – die krankheitswertige Störung des Hilfesuchenden – entfällt. Der Einsatz des Methodenarsenals eines Psychotherapeuten ist beim Erkrankten fachkundliche Verpflichtung – welche methodische Anregung aus diesem Arsenal einem Coaching-Klienten angeboten wird, bedarf jeweils der Zustimmung des Coaching-Klienten. Da Krisen und Blockaden jedoch auch in persönlichen Nöten (teils auch krankheitswertigen Störungen) begründet sein können, halten wir es für unverzichtbar, dass psychodiagnostische Basiskompetenz und Kooperation mit psychotherapeutisch qualifizierten Co-Coaches gesichert ist.

Coaching ist nicht Supervision, da das Anliegen persönlicher Karriereoptimierung, das in Supervisionen meist zu relativierender „Narzissmus" wäre, hier legitimer Grundbestand der Beziehung ist. Ein Coach ist Parteigänger der optimalen Entfaltung des Coaching-Klienten, ein Supervisor ist grundsätzlich zur Neutralität gegenüber dem Gesamtprozess, dem Gesamtteam verpflichtet.

Coaching ist die Begleitung mündiger Erwachsener bei der weiteren Entfaltung ihrer Identität in Freiheit, meist ein Prozess differenzierender Selbsterziehung.

3.3 Wertewelt

"We invest 5 Billion USD a year in factories to build a product that is non-existent for a non-existent market. That is the stuff of junk bonds." (Andy Grove, Chairman von Intel, zit. n. Müller-Stewens/Lechner 2003, 207)

Um diese Handlungsperspektive geht es beim Coaching: Wie kann eine Person im Gefüge solcher Entscheidungen ihren Weg finden, ohne sich stets „abzusichern" oder „größenwahnsinnig" zu werden? Entscheidungen dieser Struktur werden nicht von Einzelnen erarbeitet und doch müssen sie dann irgendwann gefällt werden. Und dieses Entscheiden ist wegweisend.

Mit dem Begriff „Coaching" wird heute mehr an Sehnsucht und Wunsch verbunden als sinnvoll ist. Führungskräfte sollen ihre Mitarbeiter nicht nur führen, sondern auch „coachen" – in diesem Gedanken gipfelt die leichtfertige Inflation des Begriffs. Erst eine sorgfältige Rollenklärung vermag innerbetriebliches Coaching durch Führungskräfte zu sichern (Kap. 3.4). Drei Ebenen menschlichen Handelns verlangen Coachingkompetenzen:

- das Können des Coaching-Klienten zu erweitern,
- seine Identität als innerste strategische Orientierung („Selbstverwirklichung") anreichernd zu entfalten und
- in Achtung vor der möglichen Vielfalt menschlicher Wertsetzungen dazu beizutragen, dass es letztlich diese bleiben, die das gewünschte Verhalten leiten.

Führungskräfte müssen führen können. Dort, wo Mängel in der Führungsqualität auftauchen, dort ist Coaching angesagt, jedoch nur in seltenen Fällen innerbetrieblich (Kap. 3.4).

Wir wissen, dass das Etikett „Coaching“ als Kompetenz höchst attraktiv ist.

Wir sind berufserfahrene Coaches – und zum Teil berufserfahrene Psychotherapeuten, Unternehmensberater, Betriebswirtschaftler usw. Was wir unter Coaching verstehen, ist in dieser kleinen Schrift zusammengefasst – eine Dienstleistung, die im Kern nur die Zweierbeziehung umfasst, die jedoch bei Berücksichtigung aller gruppendynamischen („familientherapeutischen“) Kenntnisse auch qualifiziert auf Teams bzw. Gruppen ausgedehnt werden kann. Fünfwertiges Coaching ist methodisch immer ein Begegnungsprozess zwischen freien Menschen. Wobei frei bedeutet, dass die, die sich da begegnen, in einem Dienstleistungsverhältnis stehen, in welchem der Coach bewusst und sichernd daran arbeitet, dass tendenziell mögliche Entwicklungen hin zu einem Abhängigkeitsverhältnis rechtzeitig erkannt und aufgelöst werden.

Wenn ein Coachingauftrag auf eine Gruppe, ein Team, eine Abteilung zielen soll, gehen wir davon aus, dass in der Regel Coaching für jede solche betriebliche Systemkomponente von außen kommen muss, da die innerbetriebliche Rollenklärung zwischen einem Vorgesetzten und mehreren Mitarbeitern zugleich selten in der Form möglich ist, wie wir es für innerbetriebliches Coaching fordern (Kap. 3.4). Zwei Ausnahmen sind denkbar und bei sorgfältiger Prüfung aller Rahmenbedingungen auch machbar:

- Der Begriff „innerbetriebliches Coaching“ kann nur dann verwandt werden, wenn ein Betrieb die Größenordnung erreicht hat, dass er eine Stabsstelle eingerichtet hat, die „freigestellt“ ist, um die Funktion des innerbetrieblichen Coaches auszufüllen. Dieser Stabscoach kommt dann für jede zu coachende Person oder jedes Team, jedes Projekt, jede Gruppe ebenfalls „von außen“. Die Freiwilligkeit der Coaching-Klienten muss hier oberstes Gebot sein.
- Wir kennen auch Beispiele von Unternehmen, in denen Mitarbeiter a) eine fundierte Coaching-Ausbildung nachweisen können und b) in der Rolle eines vertrauensvollen Coaches für bestimmte Themen akzeptiert sind. Dies kommt selten vor, meist handelt es sich dann um Mitarbeiter, die in der Personalentwicklung arbeiten und den Hintergrund eines sozialwissenschaftliches Studiums einbringen können. (In einem Fall ist es sogar eine Vorstandsassistentin, die ab und zu für ein Coaching angefragt wird. Man kann sich vorstellen, dass es sich um eine äußerst integre Persönlichkeit handelt, die ihre Rollen sehr bewusst und klar zu balancieren vermag.)

Für das, was ein Vorgesetzter zu tun hat, lehnen wir den Begriff „Coaching“ ab. Dennoch kann der Vorgesetzte in klar umgrenzten Einstellungs- und Verhaltensbereichen dem Mitarbeiter als non-direktiver (!) Sparringspartner zur Verfügung stehen. Wir schlagen hierfür den Begriff **„Mitarbeiter-Coaching“** vor. Während die zentrale Qualität von Coaching in der lebensgeschichtlichen, existenziellen Entscheidungsbegleitung und in Freiheit gründet, kann „Mitarbeiter-Coaching“ diesen Anspruch keinesfalls erfüllen! Es hat demnach eine ganz andere Funktion und einen völlig anderen

Geltungsbereich, auch wenn die hier beschriebenen „Skills“ vollkommen vergleichbar und daher Voraussetzung sind (Kap. 3.4).

Coachen ist ein zielstrebiger, aber ergebnisoffener Prozess, dessen Ziele meist betrieblich vorgegeben erscheinen – tatsächlich jedoch sind es fast immer innovative Zieländerungen, die gelungene Coaching-Prozesse mit sich bringen. Müller-Stewens und Lechner (2003) beschreiben unter den Stichworten „Vision, Mission, Leitbild“ jene Aussagen und Prozess steuernden Qualitäten, die im strategischen Management gegenwärtig bedacht werden. Sie betonen:

„Die deskriptive Zielforschung hat gezeigt, dass erstens die Gewinnmaximierung weder das einzige noch das dominante Ziel der meisten Unternehmen ist, und dass zweitens das Entscheidungsverhalten von Führungskräften nur ‚begrenzt rational‘ ist. Zur ethischen Unterlegung eines Stakeholder-Ansatzes bedarf es einer Offenheit gegenüber legitimen Ansprüchen aller Anspruchsgruppen.“ (Müller-Stewens/Lechner 2003, 251)

Es ist klar, dass die Zugkraft von Zielen hoher ethischer Legitimität und großer Übereinstimmung mit persönlich-emotionalen Wertungen weit motivierender ist als eine rational hergeleitete und sachlich sinnvolle (jedoch ethisch fragwürdige) Zielformulierung.

Jedes Coaching wird vom Coaching-Klienten (zu Recht) als Begleitung bei einer existenziellen Entscheidung gesehen. Und immer muss solches Entscheiden auch den Rang, das Recht haben zur existenziellen Neuentscheidung. Freiheit ist nicht portionierbar – so wenig wie „Schwangerschaft“. Wer einem Mitarbeiter einen Coach anbietet, der erwartet, dass dies fruchtet. Was jedoch die Frucht sein wird, ist nur in begrenztem Umfang vorherzubestimmen. Schon deshalb kann und darf ein Vorgesetzter sich nicht als der Coach seiner Mitarbeiter ausgeben, kann jedoch dennoch eine Coachingbeziehung zu diesem eingehen – wenn die speziellen Anforderungen hierfür erfüllt sind. Betrachten wir diesen Aspekt genauer.

3.4. Mitarbeiter-Coaching: Der Vorgesetzte als Coach?

Wir betrachteten oben (Kap. 2.6) die Prinzipen und Interventionskompetenzen im fünfwertigen Coaching. Coaching ist immer ein personaler Beziehungsprozess. Die beiden Pole: Coach und Coaching-Klient sind einander zuzuordnen als verantwortliche Handlungsdimension auf der Seite des Coaches (Prinzipien und Interventionskompetenzen ergeben der verantwortlich gestalteten Coachingprozess) und auf der Seite des Coaching-Klienten, wo erkennbar und offen gelegt sein muss, welchem Identitätsaspekt des Coaching-Klienten der Prozess dienen soll. Die Gesamtübersicht ist in Tab. 3.1 dargestellt.

Tabelle 3.1: *Facetten des fünfwertigen Coachings*

Facette des fünfwertigen Coachings	Prozessaspekt, den der Coach zu beachten hat	Identitätsaspekt des Coaching-Klienten, der gefördert wird
Selbstprüfung, Selbstreflexion	Reflexionsmethoden, die Prozess- und Zielreflexion so möglich machen, dass der Coaching-Klient seine Persönlichkeit voll entfalten kann	Selbstdeutung
Offenheit, Wärme und Wertschätzung	Diagnostischer Umgang (insbesondere mit der subjektiven Problemdarstellung durch den Coaching-Klienten, dessen Sicht in ihrer Konstruktion durchleuchtet werden muss.)	Selbsterleben
Empathie und Bezogenheit	Gestaltung der Vertrauensbeziehung Coach – Coaching-Klient als Basisbeziehung der Coachingarbeit	Selbstausdruck
Echtheit	Der Coach muss innerhalb der Coaching-Beziehung die Möglichkeit haben, unbefangen alle seine Ideen, seine Anregungen anbieten zu können – und dies zu verantworten. Gerade damit gibt er ein Modell für Selbstverantwortung des Coaching-Klienten.	Selbstverantwortung
Fördernder und fordernder Umgang mit dem Coaching-Klienten	Entfaltung einer ressourcenorientierten, „handwerklichen“ Problemsicht, die den Coaching-Klienten als Akteur betrachtet	Selbstgestaltung

Die fünf Facetten des fünfwertigen Coachings entsprechen somit auch einem anderen Aspekt der Gliederung von Coaching-Kompetenz. Das Geheimnis der fünfwertigen Coaching-Praxis ist es jedoch gerade, dass in jeder Phase alle fünf Orientierungen das Handeln des Coaches gleichzeitig bestimmen müssen. Analog zu jedem Beratungsprozess und zu jeder psychotherapeutischen Hilfestellung können die folgenden Prozessschritte unterschieden werden:

- Beziehungsaufbau mit Eingangsdiagnose und „Leidensdruck“, meist verbunden mit der „Übersetzung der Frage an den Psychologen in eine psychologische Frage“.
- Differenzialdiagnose: Entwicklung einer Problemlandkarte mittels Tests und anderen Datenbeschaffungsmaßnahmen, die genauer beschreibt, was „behandelt“ werden soll / muss. Indirekt definiert die Differenzialdiagnose immer das mit, was direkt als Ziel des Coachings, als sogenanntes Interventionsziel, verabredet wird.

- Interventionsprozessphase Probehandeln („erste Halbzeit"): Mit vielfältigen Methoden werden neue Zugänge, Wege, Handlungsperspektiven entwickelt und deren Einsatzmöglichkeit im „Trockenschwimmen" der Coaching-Beziehung erarbeitet.
- Interventionsprozessphase innovatives Handeln („zweite Halbzeit"): Mit der Vielfalt von dokumentierenden und reflektierenden Möglichkeiten begleitet, meist in längeren Zeittakten, handelt der Coaching-Klient entsprechend seinen neuen Plänen.
- Evaluationsphase: In differenzierten Rückblicken wird (methodisch gesichert) überprüft, ob oder inwieweit das Coaching fruchtete.

Für unsere Darstellung der vielfältigen Erfahrungen bei dem Einsatz einzelner Coaching-Kompetenzen wählten wir die fünf in der Therapieforschung bewährten Wirkfaktoren, die mit den eingangs beschriebenen Erfahrungen und daraus hergeleiteten Prinzipien zusammenschwingen. Zunächst jedoch erscheint es uns zentral, einen Gesichtspunkt zu klären, der in den letzten stürmischen Jahren der Coachingverbreitung verunklart wurde. Wie stehen externe Coaches zu den internen Führungskräften, ist der Chef als Coach denkbar oder findet hier eine verunklarende Vermischung statt?

Studiert man die Weiterbildungsangebote von Unternehmen, dann wird man – so oder anders betitelt – inzwischen immer auch Veranstaltungen finden, die Vorgesetzten das Handwerkszeug des Coachings vermitteln wollen: „Die Führungskraft als Coach!"

„Kann Führung Coaching sein?" Katrin Quappen (2008) zeigt, dass Coaching mittlerweile als Alternativ-Begriff für Führungsstile und Führungsaufgaben verwendet wird. Man redet also von Coaching und meint Führung. Sie empfiehlt daher eine sorgfältigere Unterscheidung. Der selbstironische Kommentar eines Vorgesetzten mag diese semantische Unschärfe illustrieren, wenn er bezüglich eines Mitarbeiters meinte: „Den coachen wir uns schon zurecht."

Unser eigenes Literaturstudium stieß auf unterschiedliche Leitbilder: Coaching sei selbstverständlich eine Führungsaufgabe (Raddatz 2008) versus der Auffassung, Führung und Coaching schlössen sich geradezu aus, eine Führungskraft könne niemals der Coach seiner Mitarbeiter sein (Schreyögg 1995). Nun zeigt das einerseits eine große Willfährigkeit des Begriffs „Coaching" gegenüber Definitionsversuchen (man kann sich „Coaching" offensichtlich zurecht-definieren); auf der anderen Seite haben wir einen dadurch begründbaren, interessanten Zusammenhang gefunden: Autoren, deren Broterwerb durch Seminare mit Führungskräften mitfinanziert wird, treten vehement dafür ein, Coaching als Führungsaufgabe zu definieren, während solche, die vor allem therapeutisch oder als Coach einzelner Personen auftreten, entschieden gegen eine Vermischung der Begriffe und Handlungsfelder angehen. Es wäre nicht das erste Mal, dass sich Definitionen den jeweils dahinter stehenden Interessen beugen. Und natürlich sind wir als Autoren auch nicht davon freizusprechen, unsere Begründungen solchen Interessen folgend aufzubauen, wobei uns jedoch die dialektische Spannung zwischen den Autoren als wirkungsvolles Korrektiv dient (CMH: Therapeutische Herkunft, KHJ: Business Coach).

3.4.1 *„Bitte kommen Sie morgen Nachmittag zum Coaching!"*

Demnach gilt es zu prüfen: Wie ließe sich Coaching im Kontext hierarchischer Beziehungen denken? Unternehmen wollen gesteuert werden; dafür haben sie sich in Hierarchien organisiert. Auf der einen Seite bringt dies Struktur und Effizienz in das System und nur so wird die Anzahl möglicher Kontakte und Interaktionen überschaubar, derer es für Kommunikation und Steuerung innerhalb und zwischen den verschiedenen Kompetenzfeldern bedarf. Auf der anderen Seite führen Hierarchien (griechisch: die Herrschaft der Heiligen) immer auch Machtprozesse in Unternehmen ein. Es gibt welche, die das Sagen haben, und andere, die „berichten". Somit ist alle Kommunikation im Umfeld von Hierarchien machtkontaminiert. „Nehmen Sie schon mal Platz und berichten Sie mir vom Projekt XY; ich darf Sie bitten, dabei auch ganz selbstkritisch zu reflektieren, was noch nicht so gut läuft!" Das kann der Chef zum Mitarbeiter sagen, aber eben nicht umgekehrt. Mitarbeiter zu seinem Chef: „Nehmen Sie schon mal Platz und berichten Sie mir vom Projekt XY; ich darf Sie bitten, dabei auch ganz selbstkritisch zu reflektieren, was noch nicht so gut läuft!" Fast unvorstellbar. Ob Macht im Spiel ist, lässt sich mit diesem Reversibilitätstest elegant entlarven. Meist sind Macht-Phänomene so selbstverständlich, dass wir sie gar nicht mehr wahrnehmen. Klar, der Chef kann schon mal einen Mitarbeiter in seinem Redefluss unterbrechen – klar aber auch, dass „man" das umgekehrt eben nicht tut. Klar ist, der Chef kann auch mal zu spät kommen, aber man selbst als Mitarbeiter? Klar, der Vorgesetzte gibt einem Feedback, aber umgekehrt?

Wenn wir nun über die Führungskraft als Coach reden, dann setzen wir doch einfach einmal die beiden Protagonisten ins so beschriebene Milieu. „Könnten Sie morgen Nachmittag mal zum Coaching vorbeikommen?" Wie müsste man sich das vorstellen? Wer initiiert Coaching? Wie wären die Rahmenbedingungen? Welche Inhalte oder Anliegen ließen sich besprechen? Welche nicht? Schon diese Handvoll Fragen zeigt, dass Coaching im Führungskontext offensichtlich vollkommen anders läuft als das Coaching eines externen Coaches. So ist ein externer Coach qua Rolle offener für das Themenspektrum des Coaching-Klienten. Allerdings ist kritisch zu diskutieren, ob nicht auch der Industrie-Coach Gefahr läuft, als verlängertes Führungsinstrument zu fungieren. „Ich schicke Ihnen mal Herrn Bartel, damit er in seinem Auftreten weniger aneckt." Ist ein solcher Auftrag an einen externen Coach annehmbar? Wir werden speziell diese Frage am Ende dieses Kapitels prüfen. Doch nun zurück zum Vorgesetzten als Coach. Dazu ein kleines Gedankenexperiment:

Ein Mitarbeiter stellt bei sich selbst eine zunehmende Lustlosigkeit fest, was seinen Arbeitseinsatz betrifft. Er weiß nicht so recht, woran das liegt, aber er spürt, dass er nicht mehr gerne in sein Unternehmen geht und immer öfter bemerkt, dass er dem Ende des jeweiligen Arbeitstages entgegenfiebert. Er trägt sich mit dem Gedanken, das Unternehmen zu wechseln; andererseits fühlt er sich seiner Firma gegenüber zur Loyalität verpflichtet, und auch sein Chef hat viel für ihn getan. Die Spannung zwischen Motivationslosigkeit und Loyalitätsgefühlen wächst

und trägt so ihrerseits zur inneren Anspannung des Mitarbeiters bei. Er fühlt: Irgendwie bin ich reif für ein Coaching.

In diesem Beispiel gehen wir von einem entspannten Verhältnis zwischen dem Mitarbeiter und seinem Chef aus. Dennoch ergibt sich eine Fülle von Ambivalenzen. Aus der Sicht des Mitarbeiters:

- Kann ich ihm sagen, dass es mit meiner Motivation nicht zum Besten steht?
- Kann ich offen darüber reden, dass ich auch daran denke, die Firma zu verlassen? Wo er doch so viel für mich getan hat?
- Falls ich mich ihm offenbare: Wird er wohl gekränkt sein? Wird er mich eher behalten wollen? Wird er mich eher ziehen lassen wollen?
- Mein Chef hat ohnehin genug um die Ohren. Kann ich ihn da mit meinem Kram noch zusätzlich belasten?

Aus der Sicht des Vorgesetzten, falls sich der Mitarbeiter wirklich mitgeteilt hätte:

- Als Mensch verstehe ich ihn, aber als Chef muss ich mich jetzt erst mal darum kümmern, dass seine Leistung wieder stimmt. Das kann ich ihm nicht durchgehen lassen. – Wie bekomme ich denn unter diesen Voraussetzungen die Fülle unserer Projekte gestemmt?
- Ich muss ihn unbedingt halten. Er hat immer einen exzellenten Job gemacht. Versus: Ich muss ihn „ziehen lassen“ und möglichst schnell einen Ersatz finden. Oder ist es vielleicht das Beste, ihn erst mal aus dem Kernprojekt rauszunehmen? Oder soll ich ihm mehr Verantwortung geben, in der Hoffnung, das könnte dann schon wieder alles ins Lot bringen? Oder soll ich ihm ein Sabbatical verschaffen, damit er sich wieder sortieren kann?
- Das ist ja toll. Erst setze ich mich jahrelang für ihn ein und das ist dann der Dank! Soll er doch bleiben, wo der Pfeffer wächst.

Es ist wohl leicht zu sehen, dass ein solcher Austausch inhaltlich, emotional und auch führungstechnisch mit so vielen Wenns und Abers durchsetzt wäre, dass der Vorgesetzte wohl „nicht wirklich“ seine Rolle als Coach würde finden können. Ein externer Coach hingegen hätte hier nicht das geringste Problem, er wäre genau in seiner Domäne, und auch der Coaching-Klient müsste sich mit keiner einzigen der oben aufgeführten Überlegungen quälen. Stellt man sich nun noch vor, dass es sich um eine belastete, vielleicht sogar konfliktäre Beziehung Vorgesetzter – Mitarbeiter handelte, dann wäre ein Gespräch, das die Überschrift „Coaching“ verdiente, völlig undenkbar (und welcher einigermaßen klar denkende Mitarbeiter würde sich in eine solche Situation begeben!).

Wir sind also bei der Erkenntnis angekommen, dass das mögliche Feld für Coaching im hierarchischen Umfeld zumindest anders aussieht als bei einem externen Coaching. Es fühlt sich anders an, es hat ein ganz anderes „G‘schmäckle“, es unterliegt deutlich wahrnehmbaren Restriktionen; und offensichtlich ist sein Aktionsradius merklich kleiner. Natürlich hängt die Richtigkeit dieser Aussage direkt von der

Definition dessen ab, was wir unter Coaching verstehen. Zwar erschließt sich dieses Verständnis aus den Beschreibungen des Coaching-Klaviers, aber um die Abgrenzung des Begriffes möglichst scharf zu zeichnen, seien im Folgenden noch einmal die Grenzsteine gesetzt.

3.4.2 Die Rolle als Nagelprobe oder das „Colosseum in Paris"?

Fritz B. Simon (2005) empfiehlt, bei schwierigen Definitionsvorhaben einen aus der Systemtheorie ableitbaren Bestimmungsprozess vorzunehmen. Wolle man beispielsweise definieren, was Rom sei, so könne man sich mit zwei einfachen Fragen helfen: 1) Woran erkennt man, dass etwas keinesfalls Rom sein kann (beispielsweise, indem man eine Stadt mit Eiffelturm vor sich sieht) und 2) was kann man alles weglassen, aber ist sich trotzdem sicher, dass es sich noch um Rom handelt (da käme es wohl auf ein paar Gebäude, Vorstädte, Verkehrsmittel, Ladenstraßen usw. nicht an). Wenden wir diesen Ansatz auf Coaching an: ***Woran erkennt man, dass etwas keineswegs Coaching sein kann?*** Dazu gehört wohl fast (?) das ganze Spektrum der Führungsaufgaben: Mitarbeitergespräche, Organisation und Moderation von Meetings, Strategieentwicklung, Gehaltsfindung und Leistungsbeurteilung mit der dazugehörenden Rückmeldung an den Mitarbeiter, die Definition von Zielen und alles, was sich als „Management by xy" beschreiben lässt, disziplinarische Maßnahmen, Einstellungsgespräche, Projektüberwachung und so fort. Das alles kann nicht Coaching sein, und wenn doch, so hätte es keinen eigenen Begriffs bedurft.

> Alle hierarchisch initiierten Interventionen, die ein bestimmtes Verhalten des oder der Mitarbeiter zum Wohle des Unternehmens oder des jeweiligen hierarchischen Systems zum Ziel haben, können nicht Coaching genannt werden.

Das heißt natürlich keineswegs, dass Coachingprozesse nicht einen immensen Nutzen für das jeweilige Unternehmen stiften können! Im Fokus des Coaching steht der Mensch mit all seinen Wachstumschancen und nicht das Unternehmen mit seinen wirtschaftlichen Interessen. (Daher haben wir im vorliegenden Buch mehrfach begründet, warum verhaltenssteuerndes Lob kein Element professionellen Coachings ist.) Damit ist aber auch klar zum Ausdruck gebracht, dass Führungsarbeit – die in fast allen Definitionen als „zielgerichtete" Intervention beschrieben wird – und Coaching sich dem Menschen von völlig unterschiedlichen Richtungen aus nähern. Dies wird schnell klar, wenn man sich die Führungstriade (Neuberger 2002) vor Augen führt. Immer sind die Aufgabe und die damit verbundenen Erfolge im Blick des Vorgesetzten und sie haben es auch zu sein. Die Ziele, von denen hier die Rede ist, sind durch das System „Unternehmen" vorgegeben. Mithin ist Coaching, das sich in einem hierarchischen Abhängigkeitsverhältnis ansiedelt, mit einem Rom vergleichbar, das von sich behauptete, die Alhambra, die Golden Gate Bridge und der Kreml gehörten zu seinen Wahrzeichen.

Nun zur zweiten Frage (Was kann man alles weglassen, aber es ist immer noch Coaching?) wollen wir in ihr Gegenteil verwandeln: ***Was kann man beim Coaching keinesfalls weglassen, weil es sonst nicht mehr Coaching wäre?*** Hier liegen die Antworten auf der Hand:

- Eine Beziehung, die auf Vertrauen gründet
- eine Begegnung auf Augenhöhe
- die Eigenmotivation des Coaching-Klienten, an sich zu arbeiten
- die Offenheit des Coaches für die Themen des Coaching-Klienten
- die Neutralität des Coaches
- Diskretion
- eine nachweisbar fundierte Ausbildung, die die hier beschriebenen Bestimmungsstücke des Coaching-Klaviers vermittelt und trainiert hat.

Welche Definitionsversuche man auch immer anstellt: Coaching als Führungsinstrument, das will nicht so recht zusammenpassen, so als versuche man zwei sich abstoßende Magneten zusammenzudrücken. Quappen (2008) hat demnach den Punkt getroffen: Es tun sich viele definitorischen Unschärfen auf, wenn man von Coaching in verschiedenen Kontexten spricht.

Da wir es für ausgesprochen wünschenswert halten, dass Vorgesetzte es vermögen, sich ihren Mitarbeitern auch in einer nicht durch Ziele und Aufgaben vordefinierten Weise nähern zu können und ihnen als Pate, als Mitdenker, als Beistand, als Reflexions-Sparrings-Partner zur Verfügung stehen, müssen wir auf die Suche nach einem Begriff gehen, der diese Verhaltenskompetenzen beschreibt. Phänomenologisch wären die hier gedachten Verhaltensweisen tatsächlich von einem „normalen“ Coaching kaum zu unterscheiden. Es wären auch genau die im vorliegenden Buch beschriebenen Kompetenzen, die hier zielführend wären. Aber die strukturelle Umgebung wäre eben eine andere und damit auch das Feld, das ein Vorgesetzter hier bestellen kann. In diesem Zusammenhang geistert der Begriff „Vorgesetzten-Coaching“ durch die Szene. Doch dieser scheint uns semantisch ungeeignet, da im Deutschen Komposita gewöhnlich im ersten Wortteil das Objekt und im zweiten das Subjekt nennen (Hausbesitzer, Altenpfleger, Rasendünger). Es ist aber nicht der Vorgesetzte, der sich einem Coaching unterzieht, sondern der Mitarbeiter. Wir verwenden daher den Begriff ***Mitarbeiter-Coaching.***

Die Nagelprobe für das Mitarbeiter-Coaching besteht darin, ob der Vorgesetzte die Rolle des Coaches vom Mitarbeiter zugewiesen bekommt; damit ist nicht eine Umkehrung der Hierarchie gemeint. Die Unterscheidung zwischen Rolle und Position wird wohl selten so deutlich wie bei der Frage des Mitarbeiter-Coachings. Wir erinnern uns: Mit Position wird hierarchisch und inhaltlich definiert, wo und mit welchem Verantwortungsbereich ein Mitarbeiter / Vorgesetzter in einer Organisation „aufgehängt“ wird. In Unternehmen wäre die Position mit dem Kästchen im Organigramm identisch. Diese Koordinaten geben aber noch keine Auskunft über die Rolle. Denn sie erwacht erst dadurch zum Leben, dass die Menschen im organisatorischen Umfeld den Betreffenden auch in der entsprechenden Rolle wahrnehmen. Und nicht: „Er leitet zwar die Forschung, hat aber recht wenig Ahnung von dem, was wir hier tun.“

Eine Rolle ist ein sozial definiertes Verhaltensmuster, das von einer Person, die eine bestimmte Funktion in einer Gruppe hat, erwartet wird. (Zimbardo 1988)

Rollen lassen sich daher nicht oder nur ungenügend über die Position definieren, sondern sind Ergebnis der Erwartungen an eine Person. Rollen lassen sich auch nicht nehmen: „Ab morgen bin ich euer Coach!" Sagen kann man das schon, aber die entscheidende Frage ist, ob die Mitarbeiter ihrem Chef ein Mitarbeiter-Coaching zutrauen.

Beschreibt man das Fundament des Mitarbeiter-Coachings im Vergleich zu einem externen Coaching auf dem Hintergrund zugetrauter Rollen, so ergeben sich die in Tabelle 3.2 beschriebenen Trennlinien.

Tabelle 3.2: *Kennzeichen von Coaching und von Mitarbeiter-Coaching*

Coaching	Mitarbeiter-Coaching
Vertrauensvolle Beziehung zum Coach	Vertrauensvolle Beziehung zum Coach
Freiwilligkeit (sie ist hier selbstverständlich)	Freiwilligkeit (letztlich schwer zu prüfen, da man den hierarchischen Kontext eines wie auch immer gearteten Coaching-Angebots des Vorgesetzten nicht subtrahieren kann)
Der Coaching-Klient bestimmt seine Anliegen, seine Ziele	Der Coaching-Klient bestimmt seine Anliegen, seine Ziele *innerhalb eines Einstellungs- oder Verhaltensbereiches, der in sich ergebnisoffen bearbeitet werden kann und nicht durch Unternehmens- oder Vorgesetztenziele vordefiniert ist.*
Diskretion	Der Vorgesetzte ist Repräsentant des Unternehmens, er kann und sollte die Diskretion innerhalb der Dyade Coach – Coaching-Klient wahren. Es sind aber auch Ausnahmen denkbar, wenn durch das, was der Vorgesetzte erfährt, der Unternehmenserfolg in irgendeiner Weise gefährdet wird.
Möglichst große Offenheit, möglichst wenig Zensur	Der Mitarbeiter wird das, was er von sich mitteilt, immer zensieren. Das ist natürlich und sogar hilfreich, weil es den im Mitarbeiter-Coaching bearbeitbaren Bereich mit definieren hilft. („Wer ganz offen ist, ist nicht ganz dicht!", persönliche Mitteilung Fritz B. Simon)

Coaching	Mitarbeiter-Coaching
Eine fundierte Ausbildung im Sinne des fünfwertigen Coachings ist unabdingbar. (Damit meinen wir ausdrücklich nicht, dass nur unsere Ausbildung diese Qualifizierung leisten kann!)	Dito! Mit besonderer Berücksichtigung der speziellen Konstellation und deren Konsequenzen im hierarchischen Kontext. Diesem Thema muss eine eigene Sequenz in der Ausbildung gewidmet sein – alles andere wäre Etikettenschwindel.

3.4.3 Ein Beispiel: Coaching eines Vertriebsmitarbeiters

Um Mitarbeiter-Coaching in seinem praktischen Umfeld zu skizzieren, sei hier ein Beispiel eingebracht: Wir befinden uns im Vertrieb. Dort ist es ohnehin üblich, dass der Regional- / Gebietsleiter in gewissen Zeitabständen zusammen mit seinem Mitarbeiter den Kunden besucht. Danach besprechen beide, wie sie den Kunden erlebt haben und wie sie das Beratungs- oder Verkaufsgespräch beurteilen. Hier hat sich Mitarbeiter-Coaching enorm bewährt. Während vor der Ausbildung und Implementierung des Mitarbeiter-Coachings viele dieser Gespräche wenig über ein „Sie sollten im Einstieg mehr auf den Kunden eingehen!“ hinauskamen, ermöglicht die Coaching-Kompetenz eines Vorgesetzten nun ein wesentlich offeneres und effektiveres Verhalten. (Außerdem mindert es die Gefahr, dass der Chef seine eigenen Vorstellungen, was gute Beratung denn sei, dem Mitarbeiter „aufs Auge drücken“ will.) Was die Gesprächsführung beim Kunden selbst betrifft, streben es Vorgesetzter und Mitarbeiter an, dass der Mitarbeiter dort, wo es passt, die Hauptrolle dem Kunden gegenüber spielt, und der Vorgesetzte als stiller Beobachter dem Gespräch beiwohnt – was sich in der Regel sehr gut organisieren lässt. Direkt im Anschluss an das Gespräch (oft im Auto, in einer Hotel-Lobby, in einem ruhigen Café) beginnt dann das Mitarbeiter-Coaching. Dabei operiert der Vorgesetzte ausdrücklich nicht mit dem Ziel, dem Mitarbeiter bestimmte Verhaltensweisen geschickt zu verkaufen! ***In seiner Coaching-Funktion agiert er vollkommen ergebnisoffen!*** Hier ein paar Beispielfragen aus der Praxis:

- Wie haben Sie das Gespräch ganz allgemein erlebt?
- Was haben Sie für ein Grundgefühl zum Gespräch, dem Kunden gegenüber?
- Was war aus Ihrer Sicht die beste Stelle im Gespräch? Warum? Was genau haben Sie da gemacht? Wie hat der Kunde darauf reagiert? Wie deuten Sie das?
- Welche Ziele haben Sie am besten erreicht?
- Wie zufrieden gehen Sie aus dem Gespräch?
- Wenn es bei diesem Kunden nach Ihrer Vorstellung vollkommen ideal gelaufen wäre, was wäre dann anders gewesen?
- Wenn Sie eine Verlaufskurve des Gespräches zeichnen würden: Wann waren Sie am dichtesten am Kunden dran? Wann weniger? Woran könnte das aus Ihrer Sicht gelegen haben? Was haben Sie beim Kunden bemerkt?
- Ich würde Sie gerne zu einem Gedankenexperiment einladen. Okay? Sie, Herr Müller, versetzen sich in den Kunden, und ich stelle Ihnen in dieser Rolle einfach

ein paar Fragen. (Der MA stimmt zu.) Herr Kunde, wie ist er denn so der Herr Müller? Was schätzen Sie an ihm besonders? Wie finden Sie die Gespräche mit Herrn Müller? u.s.w.

- Wir haben das Gespräch jetzt mal aus verschiedenen Perspektiven beleuchtet. Was sind Ihre zentralen Schlüsse aus dieser gemeinsamen Betrachtung? Was hieße das für das nächste Gespräch bei diesem Kunden? Bei unserem nächsten Kunden?

Natürlich ist diese Fragensammlung hier sehr komprimiert aufgelistet. Sie dient als Beispiel und wird in dieser Dichte im beruflichen Alltag nicht vorkommen. Zudem würden sich die entsprechenden Gesprächslinien aus dem Verlauf des Mitarbeiter-Coachings selbst ergeben. Die Kernbestimmung des Mitarbeiter-Coachings sei an dieser Stelle noch einmal wiederholt:

> Der Coaching-Klient bestimmt seine Anliegen, seine Ziele innerhalb eines Einstellungs- oder Verhaltensbereiches, der in sich ergebnisoffen bearbeitet werden kann und nicht durch Unternehmens- oder Vorgesetztenziele vordefiniert ist.

Innerhalb des Spielfeldes „Beratung eines Kunden“ hilft der Mitarbeiter-Coach dem Mitarbeiter, seine Einstellungen, Gefühle und Verhaltensweisen zu reflektieren. Und innerhalb dieser Domäne geht es um kein vorspezifiziertes Verhaltensziel, außer vielleicht der Tatsache, dass ein Vertriebsmitarbeiter seine Verkaufsgespräche reflektieren sollte – aber das ist selbstverständlich. Wenn immer das Ergebnis eines solchen Gespräches nicht offen ist, dann wäre das Colosseum in Paris. Daher ist es auch enorm wichtig, dass der Vorgesetzte den Coaching-Zeitraum und -inhalt unmissverständlich deklariert. (Einer unserer Trainingsteilnehmer hat sich zu diesem Zweck eine Krawatten-Nadel mit einem eingearbeiteten „C“ zugelegt. Diese trägt er ausschließlich während des Mitarbeiter-Coachings. Er nimmt sie sofort ab, wenn er aus seiner Vorgesetzten-Rolle heraus agiert: „Das hilft auch mir, hier nichts durcheinander zu bringen.“)

Als Unterscheidungskriterium für Themen und Inhalte des Mitarbeiter-Coachings mag folgende Überlegung helfen. Es ließen sich Interventionen erster und zweiter Ordnung unterscheiden. Interventionen erster Ordnung wären unmittelbar und beträfen in direkter Weise die Interessen des Unternehmens. Damit wäre alles erfasst, was sich in der eigentlichen Führungsaufgabe des Vorgesetzten und in der Stellenbeschreibung des Mitarbeiters findet. All dies hätte im Mitarbeiter-Coaching nichts zu suchen. Durch Interventionen zweiter Ordnung hingegen wäre das inhaltliche Feld des Mitarbeiter-Coachings definierbar. Dies wären alle Interventionen, die nicht direkt den Unternehmensauftrag abbilden. Sie ließen sich daran erkennen, dass sie sich von Unternehmen zu Unternehmen nicht unterscheiden. Wäre man Beobachter eines Mitarbeiter-Coachings, so könnte man nicht herausfinden, in welcher Branche man sich befände und oft könnte man auch die Aufgabe des Mitarbeiters kaum erschließen. „Ich weiß nicht so recht, wie ich mit aggressiven Gesprächspartnern umgehen soll." Spricht hier der Gruppenleiter eines Versicherungsunternehmens? Der Controller eines Finanzdienstleisters? Der Außendienstmitarbeiter eines pharmazeutischen Unternehmens? Die Kundenbetreuerin eines Reisebüros? Der Meister einer Autoreparaturwerkstatt? Immer, wenn wir darauf keine Antwort finden, können wir ziemlich sicher sein, dass es sich um ein Anliegen handelt, das trefflich in einem Mitarbeiter-Coaching seinen Platz finden könnte.

Eine andere, wichtige Frage zum Mitarbeiter-Coaching lautet wie folgt: „Darf man denn als Vorgesetzter, der ja viel Erfahrung mitbringt und der ja gerade durch die Beobachtung einiges sieht, was der Mitarbeiter nicht sieht, – darf man denn da gar kein Feedback geben?"

Sofern dem Vorgesetzten in seiner Coaching-Rolle klar ist, dass sein „Feedback" im Coaching-Kontext die authentische Reflexion seines eigenen Bewertungssystems darstellt, und er dies ebenso klar seinem Coaching-Klienten vermitteln kann, braucht er wohl mit seinen Ansichten nicht hinter dem Berg zu halten. Im Mitarbeiter-Coaching bleiben diese Aussagen jedoch auf der Ebene der „zweiten Meinung", der anderen Perspektive und der Ausnutzung der manchmal dialektischen Spannung zwischen Außensicht und Innensicht. Mit „richtig" oder „falsch", mit „erwünscht" und „unerwünscht" haben solche Statements jedoch nichts zu tun. Da man die Position des Vorgesetzten, wie schon gesagt, nicht einfach aus dem Geschehen ausblenden kann, bleibt der Umgang mit Feedbacks immer eine Gratwanderung; der Umgang mit Feedback ist im Mitarbeiter-Coaching ungleich schwerer als im „normalen" Coaching mit einem externen Coach. Und wenn überhaupt, so müssen diese Rückmeldungen sehr sparsam eingesetzt werden und ausschließlich gegen Ende einer gemeinsamen Reflexion des fraglichen Coaching-Inhalts.

3.4.4 *Mitarbeiter-Coaching als mögliches internes Coaching durch Vorgesetzte*

Wie in den Überlegungen dieses Buches schon angedeutet, lässt es sich auch denken, dass andere unternehmensinterne Personen im Mitarbeiter-Coaching fungieren (beispielsweise Mitarbeiter der Personalabteilung/-entwicklung mit dem Hintergrund eines sozialwissenschaftlichen Studiums). Oder einfach Menschen, die in den Augen der Mitarbeiter dafür „ein Händchen" haben. Somit entfiele hier die Verquickung der Rolle des Coaches mit der des disziplinarischen Vorgesetzten – trotzdem bliebe aber zumindest das Gefühl oder der Verdacht eines Abhängigkeitsverhältnisses bestehen. Auch hier halten wir es für besser, den Begriff „Coaching" für diese Form der Beratung nicht „herzugeben". Auch hier schlagen wir das Etikett „Mitarbeiter-Coaching" vor. In vielleicht dezent milderem Maße gilt alles das, was wir zum Vorgesetzten als Coach seiner Mitarbeiter diskutiert haben, auch für diese Form der Intervention. Die wirkliche Freiwilligkeit, das Angebot anzunehmen, die Akzeptanz des Mitarbeiter-Coaches durch den Coaching-Klienten und eine grundlegende Ausbildung halten wir auch hier für eine conditio sine qua non.

Zum Ende dieser Betrachtungen möchten wir uns noch einmal dem externen Coach zuwenden. Da er in der Regel seinen Coaching-Auftrag „vom Unternehmen" erhält, und dieses schließlich auch seine Rechnung bezahlt, kann man auch hier nicht so tun, als sei der Externe in seinem Handeln nicht durch das leistungsorientierte Grundverständnis seines Auftraggebers tangiert.

> Wir halten es für unabdingbar notwendig, dass ein externer Coach seinem Auftraggeber klar macht, dass er keinen Coaching-Auftrag des Unternehmens annimmt.

Ja, Sie haben richtig gelesen! Ein „Können Sie Herrn Bartels mal dahin coachen, dass er …", in dieser oder subtilerer Form, ist inakzeptabel. In diesem Sinne ist der „Kunde" des Coaches immer der Coaching-Klient und niemals das Unternehmen, obwohl dieses die Kosten übernimmt. Daher ist es für die meisten Coachings sinnvoll, in einem Dreiergespräch (Initiator des Coachings, Coaching-Klient und Coach) diese Klärung rückhaltlos herzustellen. Dem Auftraggeber muss klar sein, dass sich ein professioneller Coach nicht für die Ziele des Unternehmens „kaufen" lässt. Hier muss immer mit offenen Karten gespielt werden. Im besten Fall ist die Schnittmenge der Interessen des Coaching-Klienten und des Initiators groß. Sie muss es aber nicht sein. ***Das Unternehmen muss also darauf hoffen, dass eine persönliche, reflektierte Weiterentwicklung des Coaching-Klienten letztlich doch einen Return On Investment darstellt***, selbst dann, wenn diese sich einer unmittelbaren Zielvorgabe entzieht. Als professionelle Coaches meinen wir: ***nur dann***, wenn es sich einer unmittelbaren Zielvorgabe entzieht.

Als nur ein Beispiel seien hier Coachings genannt, in denen Mitarbeiter – ähnlich dem zuvor zitierten Fall – unter ihrem eigenen Motivationsdefizit leiden. (Ohne Motivation arbeiten zu müssen, ist eine entsetzliche und grausame Tortur, sieht aber mit den Augen des Vorgesetzten oft nach Schlamperei oder Faulheit aus – aber das nur am Rande.) Dass durch Coaching die eigene Antriebskraft wiederentdeckt werden und aktiviert werden kann, das wäre ja noch interessengemäß, aber es kann auch anders ausgehen: Der Coaching-Klient wird sich klarer und klarer, dass er im falschen Setting, im falschen Tätigkeitsumfeld oder gar in der falschen Firma arbeitet. So kann ein von Unternehmen A bezahltes Coaching dazu führen, dass ein Mitarbeiter beim Unternehmen B anheuert. Ungeheuerlich? Vor diesem Coach sollte man sich in Acht nehmen? Missbrauch von Unternehmensmitteln? Wir meinen: Nein. Auch wenn sich das schwer nachrechnen lässt, aber auch nach langer Diskussion ähnlicher Fälle ist uns kein Beispiel dafür eingefallen, dass dem Unternehmen A durch diesen inhaltlich offenen Ansatz Schaden zugefügt wurde. Im Gegenteil: Zumindest drei Coachings kamen uns sofort in den Sinn, wo ohne Coaching vermutlich die übliche Maschinerie (1. Abmahnung, 2. Abmahnung, usf. – oder noch teuerer: Abfindungsgelder) angelaufen wäre, mit all der Unruhe, den Konflikten und den Kosten. So aber konnte jeder erhobenen Hauptes die Trennung vollziehen.

3.4.5 Zusammenfassung

Allzu leichtfertig wurde Coaching als Begriff und als Verfahren zum Führungsinstrument gekürt, sodass Coaching und Führung bisweilen bis zur Unkenntlichkeit vermengt und nicht mehr differenzierbar daherkamen. Externes Coaching und Coaching durch den Vorgesetzten sind aber – trotz vergleichbarer Methoden – grundverschieden. Denn Hierarchie ist im Unternehmenskontext allgegenwärtig und lässt sich aus keiner hierarchischen Interaktion ausblenden, auch wenn diese Coaching heißt. Dennoch kann der Vorgesetzte als Sparringspartner für Selbstreflexion und Selbstentwicklung eines Mitarbeiters zur Verfügung stehen. Um Klarheit herzustellen, schlagen wir dafür den Begriff „Mitarbeiter-Coaching" vor. Mitarbeiter-Coaching kann jedoch nur dann funktionieren, wenn der Vorgesetzte in seiner Coaching-Rolle volle Akzeptanz erfährt und wenn das inhaltliche Arbeitsfeld klar umgrenzt ist. Innerhalb dieser Grenzen muss Coaching ergebnisoffen gestaltet sein. Der externe Coach arbeitet zwar nicht in einem hierarchisch-disziplinarischen Kontext, befindet sich aber in einem Abhängigkeitsverhältnis, sodass auch er seinem Auftraggeber gegenüber klare Grenzen setzen muss, um frei und effektiv mit seinem Coaching-Klienten arbeiten zu können.

4 Erfahrungen mit den Interventionskompetenzen

Im Folgenden werden alle uns bedeutsamen „Tasten" des „Coachingklaviers" noch einmal einzeln beschrieben. Es wird angedeutet, welche „Tastenkombinationen", welche „Akkorde"; wann zu spielen sind. Die Beispiele sollen deutlich machen, was unserer Erfahrung nach alles dazugehört, einem Menschen als Coach zur Verfügung zu stehen. Wann was wie getan wird – das bleibt die Verantwortung des jeweiligen Coaches – auf welchem Klavier er spielt, das kann hier betrachtet werden.

Dabei folgen wir in der Darstellung der Gliederung nach den eingangs beschriebenen fünf Faktoren, die das Konzept des Fünfwertigen ausmachen.

4.1 Selbstprüfung

„Nichts darf uns davon abhalten, die Wendung der Beobachtung auf unser eigenes Wesen und die Verwendung des Denkens zu seiner eigenen Kritik gutzuheißen." (Freud 1952, 356f)

Selbstprüfung ist die erste der fünf lehr- und lernbaren Haltungsdimensionen, die im fünfwertigen Coaching ihre Wirkung entfalten.

4.1.1 Selbstexploration

Um 1900 war eine der wichtigen Techniken psychologischer Forschung das „laute Denken" – Versuchspersonen wurden gebeten, während unterschiedlicher Leistungen (z. B. dem Lösen mathematischer Probleme) ununterbrochen in Sprache zu übersetzen, was in ihrem Kopf jeweils gerade ablief. Auf diesem Weg wurden wesentliche Präzisierungen in der Beschreibung von Denkprozessen gewonnen, beispielsweise wurde so dokumentiert, dass das Entstehen neuer Einfälle / Lösungen letztlich immer einen Qualitätssprung aus dem suchenden Denken ins Denken über eine blitzartig aufgetauchte Lösungsvision umfasst. Die Unmöglichkeit das Entstehens neuer Einfälle vorweg zu nehmen und der damit gegebene Rang der Intuition wurde so empirisch erhärtet.

Das konstruktive „Selbstgespräch", das unser problemlösendes Denken uns selbst hörbar macht, ist jedem vertraut. Der eine ist peinlich berührt, wenn er bei einer schwierigen Arbeit sich selbst plötzlich laut sagen hört, wieso diese Schraube nicht aufgeht, der andere erlaubt sich gerade solches Beschreiben seiner Schwierigkeiten in einem ununterbrochenen Gemurmel während des Handelns. Lautes Denken und Selbstgespräche sind sinnvolle Handwerkszeuge, die Interventionskompetenz eines

Coaches, die mit dem Begriff Selbstexploration benannt ist, gehört zu diesen Handwerkszeugen hinzu:

> Selbstexploration ist das laute Denken über gegenwärtiges eigenes Befinden und somit ein zum Belauschen frei gegebenes Selbstgespräch.

Wann und wieso sollte ein Coach sich so zeigen? Die gesprochene Selbstexploration kann ein Modell geben (vergleiche mit dieser Interventionskompetenz) für entfaltetes, neugieriges und Korrektur-offenes Innenleben. In diesem Sinne kann es keine „Auslöserregel" für solches Modellverhalten geben. In der Coaching-Ausbildung wird sehr viel Selbstexploration gefordert und geübt, da die Transparenz des Handelns eines Coaches für diesen und seine Ausbilder eine wesentliche Grundvoraussetzung ist. Mit solcher Selbstexploration wird auch ein Modell für neugieriges und korrekturoffenes Innenleben angeboten.

4.1.2 Ruhe und Zuversicht

Die Karikatur des Psychotherapeuten beschreibt einen Menschen, der angesichts unendlicher Leidens-Beschreibungen seines Patienten immer nur „hmmm ..." sagt. Ein Coach, der die Vielfalt seines Denk- und Sprechhandwerkszeuges einschließlich seiner (möglichst) modellhaften Rhetorik beherrscht, sagt er auch „hmmm ..."?

Unsere Tonbänder und Videos bestätigen, dass Coaches das ruhige, nicht als Text identifizierbare, aber als „Schnurren" hörbare „Hmmm ..." wohl ebenso oft gebrauchen wie Psychotherapeuten. Es lohnt sich also, angesichts eines banalen Stimmfühlungslautes, darüber nachzudenken, was Coaches tun, wenn sie „hmmm ..." sagen.

Greifen wir dazu auf eine andere Karikatur zurück. Ich (CMH) verdeutliche in meinen einschlägigen Lehraufträgen die Entwicklung schulenunabhängiger Psychotherapie durch folgendes Bild:

Stellen Sie sich vor, ein Patient sagte mit tiefer Verzweiflung und spürbarerer Empörung: „Mein Vater zeigte mir nie, dass er mich liebt ..." Und stellen Sie sich nun drei verschiedene Psychotherapeuten vor, die alle im tiefen Glauben an die Wirksamkeit *ihrer* speziellen Schule spezialisierte Äußerungen machen. Also sagt da zunächst der Psychoanalytiker: „Hmmm ... Die Liebe Ihres Vaters fehlt Ihnen sehr?" Und es spricht der Verhaltenstherapeut: „Hmmm ... Wie lange achten Sie schon darauf, ob die Handlungen Ihres Vaters Ihnen seine Liebe zu offenbaren vermögen?" Und einfühlsam klingt es vom Gesprächspsychotherapeuten: „Hmmm ... Sie sehnen sich sehr nach dieser Anerkennung?"

Nun sind wir inzwischen überzeugt, dass alle drei Äußerungen deshalb gute Psychotherapie sind, weil sowohl die Deutung als auch die Explorationsfrage aber auch die personzentrierte Einfühlung dem Klienten durch das ruhige zuversichtliche davor gebrummelte „Hmmm ..." eine grundsätzliche Haltung signalisieren: „Als Ihr Begleiter erregt mich diese Mitteilung nicht sehr. Da Sie diesen beklagten Mangel an väterlichen Liebesbeweisen überlebten, ihn sich selbst als nachzuholendes Desiderat bewusst machten und da sich Ihnen aktuell in unserer Begegnung eine Gelegenheit zu dessen Aufarbeitung bietet, bin ich ruhig und zuversichtlich, dass Sie tatsächlich damit fertig werden." Kurz gesagt glauben wir, dass das „Hmmm..." der „Psychos" die Haupterscheinungsform ihrer Ruhe und Zuversicht ist.

Und dass Ruhe und Zuversicht eine der wesentlichsten Wirkvariablen erfolgreichen Coachings ist, entnahmen wir den Evaluationsuntersuchungen: In den freien Beschreibungen zur Frage „Was am Verhalten Ihres Coaches hat Ihnen am meisten geholfen?" fanden wir überzufällig oft Äußerungen wie die folgende: „Dass er Ruhe und den Optimismus eines Lösungsweges ausstrahlte", „Sein Optimismus", „Die Art, wie er mich spüren ließ, dass ich das Zeug dazu habe, die Probleme zu lösen."

Wie „macht" ein Coach nun aber Ruhe und Zuversicht? Sollten sie sich wirklich allein in der oben gegebenen, dann zur Karikatur entartenden Beschreibung eines wiederholten, väterlich grummelnden „Hmmm..." begründen? Tatsächlich liegt in dieser Interventionskompetenz einer der Prüfsteine für wirkliche Qualität. Authentisch stillhalten können, präsent bleiben in der Not einer Übererregung, begleitend bleiben bei der Geisterbahnfahrt einer gefürchteten Fehlentwicklung, achtsam offen sein für jede Verzweiflung, Selbstunsicherheit und fast jede Aggression – das bezeugt die Ruhe und Zuversicht eines Coaches. Er strahlt Optimismus aus. Und dies ist das Mindeste, was von einem Coach erwartet werden darf.

4.1.3 Grenzen setzen

Coaching ist die ranghöchste Dienstleistung im psychosozialen Feld. Olympiateilnehmer und Vorstandsvorsitzende, Hochadel und Großaktionäre – Menschen unterschiedlicher Spitzenverantwortungen beanspruchen Coaches nach ihrem Gutdünken. Und es dünkt inzwischen vielen gut, sich einem Coach anzuvertrauen. Unter Coaches kursieren demgemäß kleine Scherze wie jener, der besagt, dass die Coaches die neuzeitliche Variante der griechischen Philosophen im römischen Herrschaftsgefüge seien, „nur fressen uns nicht die Löwen, sondern die Steuerbehörden".

Die Vertrauensbeziehung zwischen dem Coach und seinem Coaching-Klienten wird oft dadurch in ihrer Hierarchie gemindert, dass im Dreieck „Coach – Coaching-Klient – Kostenträger" der Kostenträger selbst nochmals als eine übergeordnete oder unpersönliche Instanz implizit oder explizit wirksam wird. Im Allgemeinen bleibt die Arbeit des Coaches eine Dienstleistung für einen Höchstleister, dessen Handlungsmöglichkeiten die des Coaches meist weit übersteigen; er kann weder so schnell laufen, noch zittern so viele Konkurrenten vor seinen Plänen zur „feindlichen Übernahme"; er hat weder Verwandte, die bereits Karl den Großen begleiteten, noch könnte er von seiner Couponschneiderei leben. Mittlerweile hat Coaching den Olymp der oberen Führungsebenen glücklicherweise verlassen. Auch Gruppenleitern oder Mitarbeitern auf unteren Hierarchieebenen wird der Zugang zu Coaching-Maßnahmen immer öfter gewährt. Denn auch und oft gerade hier sitzen Höchstleister – und dies wird den Unternehmen mehr und mehr bewusst. Insofern ist die Ideologie mancher Coaches, dass ihre Beziehungen zum Coaching-Klienten „kollegial", „gleichrangig" usw. sei, nur realistisch, als die Achtung, die ranghohe Personen selbst wieder ranghoher Leistung erweisen, dem Coach gegenüber durch dessen Leistung entsteht. Coachen ist kompetente Handwerkskunst, und ein Coaching-Klient, der dies am eigenen Leibe erfährt, wird seinen Coach als gleichrangig achten.

Tatsächlich kommt es recht selten zu Grenzverletzungen der abwertenden Art. Die meisten Grenzverletzungen, die für die Praxis eines Coaches zu bedenken sind, liegen auf der anderen Seite: eine zu große Nähe, eine entstehende „Freundschaftsbeziehung", „spontan entdeckte gemeinsame Projekte" usw. Die Kompetenz eines Coaches im Setzen von Grenzen muss jedoch sowohl für den Schutz der Selbstachtung als auch für das Zurückweisen von „Verführungen" ausgebildet sein.

Grenzen zu setzen ist in jeder Kooperationsbeziehung eine unverzichtbare Basiskompetenz. Das Verhalten eines Coaches, der wahrnimmt, dass eine Grenzverletzung droht, wird nach dem folgenden Schema gestaltet:

1. **Trennen:** Trennung zwischen Absicht und Tat: Der Coach nimmt eine grenzverletzende Intention wahr und spricht diese ungeniert in konjunktivischer Form und mit fragendem Tonfall an:

   „Sie würden gerne wissen, ob der Herr, mit dem Sie mich vorhin im Gespräch sahen, wirklich der ist, für den Sie ihn halten?"

   „Sie würden mir gerne Ihre Anerkennung durch eine kleine Gabe ausdrücken?"

   Sowohl die indiskrete Frage als auch das grenzverletzende „Mitbringsel" werden so zurückgewiesen, ohne dass mehr als die Akzeptanz der grenzverletzenden Absicht im Raum ist.

   Die meisten drohenden Grenzverletzungen werden mit diesem indirekten Stoppsignal bereinigt – ein Vorgehen, das vielen Vätern und Müttern mit ihren Kindern ganz vertraut ist: „Am liebsten würdest Du den ganzen Abend bei uns bleiben …"

2. **Nennen:** Klare Nennung der von Verletzung bedrohten Grenze: Erwachsene respektieren meist die in dem soeben genannten ersten und indirekten Schritt der Grenzsetzung beinhaltete Nennung der Grenze. Manchmal jedoch, spontan oder aus penetranter Hartnäckigkeit, kann die genannte Absicht erst recht aufrecht erhalten sein. Es wird etwa gesagt:

   „Ja, genau, ich weiß doch, das war Herr Dr. … – oder?"

   „Ach lassen Sie nur, das Mitbringsel ist doch nicht der Rede wert, das können Sie schon annehmen!"

   In solchen Fällen ist es dann unvermeidlich, die von Verletzung bedrohte Grenze klar auszusprechen:

   „Sie schätzen doch meine Diskretion – ich werde Ihre Vermutungen nicht bestätigen oder widerlegen. Ich bitte Sie zu respektieren, dass ich grundsätzlich keine Namen nenne."

   „Natürlich freue ich mich über die Anerkennung und das freundliche ‚an mich denken', das Ihr Mitbringsel dokumentiert. Aber ich nehme grundsätzlich keine Geschenke im Rahmen beruflicher Beziehungen an."

   Sehr selten kommt es in beruflichen Beziehungen zwischen Erwachsenen zur weiteren Eskalation. „Man" hat schließlich gelernt, sich zu benehmen und eine einmal eindeutig ausgesprochene Grenze muss respektiert werden. Dennoch kann es dazu kommen, dass die grenzüberschreitende Absicht bleibt:

„Wenn Sie nicht zugeben, dass das Herr Dr.... war, dann habe ich kein Vertrauen mehr zu Ihnen!"

Die kleine Gabe wird erst mal beiseitegelegt und soll dann am Ende der Begegnung vom Mitbringenden einfach nicht wieder mitgenommen werden.

In beiden Fällen – und selbstverständlich erst recht bei noch problematischeren Grenzverletzungen – ist es Hauptaufgabe des Coaches, dafür zu sorgen, dass eine Grenzverletzung, wenn irgend möglich, vermieden wird. Ein Coach wird den Coaching-Klienten nicht in die peinliche Situation bringen, dass ihm seine Grenzverletzung gelang und er sich mit dem Coach dann über das schlechte Gewissen, das der Coach ihm nun zu machen hätte, unterhalten soll.

Der dritte Schritt des allgemeinen Schemas zu Setzung von Grenzen heißt daher:

3. **Verhindern:** Wenn irgend möglich, Grenzverletzung verhindern: Ein bereits gesprochenes Wort kann nicht zurückgenommen werden. Insofern beginnen manche – insbesondere die besonders unerfreulichen Grenzsetzungen – erst jenseits der Grenzverletzungen. Aber bei unseren beiden Beispielen kann das Stattfinden der Grenzverletzung deshalb verhindert werden, weil der Coach mit seinem Verhalten darüber entscheidet, ob es zur Grenzverletzung kommt. Wenn er beispielsweise nun ablenkend ein anderes Thema anbietet bzw. abschließend das „Mitbringsel" zur Seite legt mit der Anmerkung „das nehmen Sie bitte nachher wieder mit", dann kann davon ausgegangen werden, dass die Grenzverletzung gestoppt ist.

   Sollte eine Grenzverletzung stattfinden oder jenseits der mit dem dritten Schritt – dem Versuch ihr Stattfinden zu verhindern – weiter betrieben werden, so muss der Coach sich gewärtig sein, dass nur solche Grenzen haltbar sind, die bewehrt sind. Die „Wehrmacht" des Coaches sind die Konsequenzen einer Grenzverletzung, die er nun ins Feld führt.

4. **Drohende Konsequenzen:** Bei weiter drohender grenzverletzender Absicht sind die Konsequenzen solchen Verhaltens zu nennen: Hatte eine Grenzverletzung bereits stattgefunden – wurde beispielsweise eine für den Coach inakzeptable Bewertung eines ihm in anderer Bewertung bedeutsamen Sachverhaltes bereits ausgesprochen (ein „Wort, das nicht zurückgenommen werden kann") – so muss der Coach seine drohenden Konsequenzen nennen. Dabei ist klar, dass die Vielfalt solcher Konsequenzen hier nicht aufgezählt werden kann. Zugleich jedoch gibt es auf einer Abstraktionsebene darüber einen gemeinsamen Nenner solcher drohender Konsequenzen:

   „Wenn Sie darauf beharren, dass... sind wir uns in einem Grundwert uneinig, und es stellt sich die Frage danach, ob es noch Sinn macht, dass Sie sich weiter meiner Begleitung anvertrauen."

   Die Konsequenzen nicht mehr zu vermeidender (und etwa wiederholter) Grenzverletzungen stellen die Beziehungsqualität und damit schließlich die Beziehung in Frage. Kein Coach darf sich Abwertungen bieten lassen bzw. Aufwertungen annehmen, die die Prinzipien seiner Arbeit betreffen, da er sonst in die Situation käme, als unglaubwürdiger Propagandist von Wertentscheidungen gesehen zu werden. Tatsächlich würden schlimmstenfalls die beiden banalen Beispiele von oben auf eine angedrohte Trennung in dieser aktuellen Situation hinauslaufen:

„Wenn Sie nur noch darauf beharren, von mir eine Bestätigung über die Identität des Gesprächspartners, mit dem Sie mich zufällig beobachteten, zu erhalten, dann kann unsere Arbeit heute nicht fortgesetzt werden."

„Wenn Sie darauf bestehen, dass ich Ihnen zusage, Ihr Mitbringsel anzunehmen, dann kann unsere Arbeit erst fortgesetzt werden, wenn Sie das Mitbringsel wieder mitgenommen haben und wir in gereinigter Luft wieder beisammen sind."

Die angedrohte Konsequenz ist hier die Unterbrechung der Beziehung bis zu einem neuen Arbeitstermin. Falls damit die grenzverletzende Absicht gestoppt werden kann, dann ist damit das Thema Grenzverletzung erledigt und es kann weiter gearbeitet werden (eventuell allerdings erst in einer neuen Sitzung). Gelingt es damit jedoch nicht, den Respekt vor der genannten und bewehrten Grenze zu erreichen, so bleibt nichts anderes übrig als …

5. **Konsequentes Handeln:** Durchführung der Konsequenz: Andere drohende Grenzverletzungen können mit anderen Konsequenzen bewehrt werden. Beziehungsabbruch und damit Auftragsbeendigung ohne Erfolg ist sicher die schlimmste Konsequenz, die ein Coach angesichts von Fehlverhalten des Coaching-Klienten wählen kann – sie muss jedoch sowohl bedacht als auch (manchmal) praktiziert werden.

Im Miteinander von Coach und Coaching-Klienten gibt es eine Vielzahl von Grenzen, die bedacht sein wollen und die vor allem auch eingehalten werden müssen. Insgesamt 17 Grenzen werden in der Gesamtübersicht in Tab. 4.1 aufgeführt.

Tabelle 4.1: *Liste von Grenzen in der Arbeitsbeziehung Coach – Coaching-Klient (Beispiele)*

NR	NENNUNG	Veranschaulichung
1	ZEIT	Beginn der Sitzung, Pünktlichkeit, keine Termine ausfallen lassen, Ende der Sitzung.
2	RAUM	Verbleib im definierten Aktionsraum (meist dem Arbeitszimmer des Coaches, einem Konferenzraum, einem ruhigen Arbeitsraum in der Firma des Gecoachten usw). „Sie können jetzt nicht einfach wegrennen."

NR	NENNUNG	Veranschaulichung
3	GEWALT (gegen Personen und/oder Sachen)	Im Umgang mit selbstgesteuerten Erwachsenen scheint Gewaltfreiheit selbstverständlich zu sein. Einige Coaching-Richtungen sehen im „cooling down", dem entemotionalisierenden Versachlichen einen Königsweg der Beratung. Wir sind erfahrungsoffener und meinen dennoch/deshalb, die Grenze klar nennen zu müssen: keine Selbstverletzung/Selbstquälerei (Schmerz, Enge etc.), keine absichtliche Verletzung des Coaches, keine mutwillige Beschädigung von Übungsmaterial, Raum, Kleidung etc.
4	(SEXUELLE) INTEGRITÄT	Die Coaching-Beziehung ist eine „intime" Beziehung, sie beinhaltet ein „Anvertrauen", das erotisch gefärbt wahrgenommen werden kann. Daher ist es uns wichtig zu betonen ▪ keine sexuellen Kontakte zwischen Coach und Gecoachtem ▪ den Gecoachten nicht für eigene Bedürfnisse des Coach Funktionalisieren (z. B. eigene Größenphantasien, Vorstellungen von Machtausübung sublimieren)
5	SICHERHEIT	Erfahrungsoffenes Lernen realisiert oft ungewöhnliche Settings. Der Coach ist voll verantwortlich für die Sicherheit des Gecoachten und/oder sich selbst, wenn er eventuell anbietet: „Gehen Sie bitte mit verbundenen Augen frei im Raum umher." ▪ gefährliche Tätigkeiten dürfen nicht „tollkühn" gewählt werden ▪ Kontrollmöglichkeit für den Coach muss erhalten bleiben (sich nicht so fesseln lassen, dass keine Befreiung mehr möglich ist, kein völliges Verdunkeln des Zimmers).
6	GESUNDHEIT/ HYGIENE	Coachingklienten haben ihre Selbstverantwortung im Bereich ihrer Gesundheitspflege. Dort wo Selbstgefährdungen (z. B. durch Nikotin) zu den Gewohnheiten gehören, kann der Coach sich vor diesen schützen: „Rauchen Sie bitte nur in Pausen."
7	MITBRINGEN	Siehe Beispiel „Mitbringsel". Das Mitbringen von Dokumenten/Illustrationen zur Arbeit kann selbstverständlich sogar als „Hausaufgabe" genutzt werden.
8	SCHWEIGEPFLICHT/ GEHEIMNISSE	Was dem Coach in der Arbeit anvertraut wird, bleibt bei ihm.
9	EXKLUSIVE SITUATION	Die Firma/Bezugspersonen bleiben für die Zeit der Coachingkontakte „draußen" – die Situation ist ein exklusiver Lernort, der keine Handys und keine E-mail verträgt.

NR	NENNUNG	Veranschaulichung
10	SITUATION „Reizkontrolle“	In der Regel bestimmt der Coach den Ort der Begegnung. In manchen Fällen wollen Auftraggeber das Coaching am Arbeitsplatz, in einem Konferenzzimmer eines Hotels usw. angesiedelt sehen. Auch dann hat der Coach die Mitverantwortung für die Gestaltung dieser Situation. Bei bestimmten Klientenwünschen kann flexibel durch Situationsgestaltung Material eingebracht werden, das vorher nicht da war, der Coach organisiert ein Demonstrationsobjekt usw.
11	UNTERLASSENE HILFELEISTUNG	Wenn dem Coach bekannt wird, dass der Gecoachte in einer rechtlich unzulässigen Zwangslage gehalten wird, muss er angemessene Wege finden, um einzuschreiten.
12	VERTRAULICHKEIT	Siehe obiges Beispiel des beobachteten Gesprächspartners
13	SPRACHGEBRAUCH	Schimpfworte, Obszönitäten, zotige/chauvinistische Texte können vom Coach abgelehnt werden – in der Regel jedoch sollte KEINE SPRECHZENSUR geübt werden, stattdessen eher der emotionale Ausdruck gefördert werden (lieber ein Schimpfspiel als eine Grenzsetzung)
14	NÄHE	In der Regel wird Körperkontakt in der Coach-Gecoachten-Beziehung keine Rolle spielen. Bei einigen erfahrungsorientierten Übungen, z.B. der „Ja/Nein“-Übung mit gegeneinander gepressten Händen, gehört Körperkontakt zum Übungsablauf. Dabei muss immer sowohl das Einverständnis des Gecoachten, als auch die Intimitätsgrenze des Coach geachtet werden.
15	ERREGUNG	Es hat sich erwiesen, dass effektive Lernprozesse mit schwankender emotionaler Anspannung (statt mit „Gleichmut“) verbunden sind. Ein Coach wird daher gezielt die „Erregungskurve im Arbeitsablauf“ zu steuern unternehmen – und dies dem Gecoachten auch offen legen. Hierbei gilt es jedoch auch Grenzen zu achten: ▪ Aufregung/Erregung nicht ungesteuert lassen ▪ Aggression nicht blind austoben lassen ▪ Trancezustände/Dissoziationen nicht „unbeachtet“ ablaufen lassen
16	LAUTSTÄRKE	Falls der Raum der Begegnung nicht schallisoliert ist, bzw. die Lärmempfindlichkeit des Coaches es verlangt, kann hier eine Grenze gesetzt werden, wenn der Gecoachte „ausufernd agieren“ möchte.

NR	NENNUNG	Veranschaulichung
17	BERUFSETHIK	Viele der oben genannten Grenzen für das Verhalten eines Coaches sind Konkretisierungen dessen, was als Berufsethik in anderen Berufen z. B. dem des Psychotherapeuten, gefordert werden muss. Eine solche Berufsethik des Coaches ist erst langsam im Entstehen und wird sicher weitere und andere Konkretisierungen umfassen wie beispielsweise: Keine erotischen, sexuellen, privaten Beziehungen zu den Angehörigen des Gecoachten. Keine wirtschaftlichen Vorteile durch Informationen aus dem Coachingprozess (Börsen-Insiderinfos, Marktentwicklungen, Firmenentwicklungen usw.).

Hierbei geht es weder um persönliche „Empfindlichkeiten“ noch um Beliebiges, sondern um „richtig oder falsch“, auch wenn persönliche Stilelemente einen Spielraum eröffnen.

Durch das klare Setzen von Grenzen schützt der Coach den Coaching-Klienten davor, im Prozess mit schlechtem Gewissen oder Unsicherheit über erlaubt/unerlaubt konfrontiert zu sein.

4.1.4 Anregen von Denk- und Entscheidungsprozessen

Ein Direktor einer großen Werkzeugfabrik, den ich längere Zeit begleitete, sagte eines Tages – etwa in der zwanzigsten Minute einer Sitzung: „Na, jetzt ziehen Sie gleich wieder den Stöpsel raus, nicht wahr ...“ Ich blickte ihn nur fragend an, und lachend erläuterte er:

„Die Sitzungen hier genieße ich wie ein heißes Bad. Sie begrüßen mich und lassen mich mich entkleiden, ins warme Wasser gleiten, mich entspannen und – wenn ich dann so richtig wohlig und entspannt klar vor mich gebrachte habe, was meine Sorgen sind, dann sagen Sie plötzlich etwas wie ‚Und jetzt schlage ich vor, dass wir die Entscheidungsmöglichkeiten mal zusammenstellen ...‘ oder wie ‚Was denken Sie denn, während Sie sich so bedrängt fühlen, wo gehen Ihre Überlegungen neben den Gefühlen hin ...?‘ Das nenne ich ‚den Stöpsel rausziehen‘ – ich weiß dann, jetzt wollen Sie, dass ich denke oder entscheide ...“

Eine der zentralen Berufsaufgaben des Coaches ist es, Denk- und Entscheidungsprozesse anzuregen. „Das ist immer gut“, meinte einer aus unserer Pioniergruppe, als wir zu dieser Interventionskompetenz kamen. Tatsächlich aber ist in Tonbandprotokollen von den als sehr gelungen eingestuften Coaching-Sitzungen relativ selten eine edukatorische Diktion zu finden, etwa:

„Denken Sie doch einmal über ... (dieses Thema) nach!“

„Versuchen Sie es doch mal mit ... (jenem Handeln)!“

Diese Art, das Denken beschwören zu wollen oder das Handeln verordnen zu wollen, kennzeichnet eigentlich eher schwache Coachingarbeit. Es sind dies eben keine gelungenen Beispiele für die gemeinte Interventionskompetenz. Auch das später zu betrachtende „Anregen von Handlungen, von Problemlösungen“ sieht anders aus.

Das Anregen von Denk- und Entscheidungsprozessen ist eher das Kennzeichnen von Attraktoren, von denen aus sich neue Gedankenketten bzw. Handlungsperspektiven entfalten könnten.

„Bisher ging unsere Betrachtung davon aus, dass es gut sein wird, den Umsatz der bestehenden Einheit zu erhöhen. Gibt es auch eine Alternative?"

„Sie haben oft gedacht, dass Sie eigentlich die Montagskonferenz abschaffen wollen. Was würde geschehen, wenn Sie es täten?"

Diese beiden Beispiele entstammen wieder Protokollen – und führten zu völlig neuen Überlegungen und durch das konsequente Gedankenspiel über die Abschaffung der Montagskonferenzen zu weiteren Entscheidungsprozessen des bisher eher ängstlichen Betriebsleiters.

Anregend sein – das ist jene Wirksamkeit, die selbst die „Droge" des Coaches ausmacht: Er möchte Prozesse beflügeln, Synergien freisetzen, Entscheidungen reifen lassen usw. Unser beruflicher Ehrgeiz, konstruktiv wirksame Begleiter sein zu wollen, ist nicht falsch. Jedoch ist es wichtig, dass wir zwischen Anregen und Anschieben, zwischen der Entwicklung neuer Zugkraft und der inhaltsleeren Forderung nach Innovation bzw. Entschlossenheit genau zu unterscheiden wissen. Insofern kann neues Denken eigentlich immer erst dann angeregt werden, wenn dem Coach eine neue Frage auffiel; und neues Handeln, neue Entscheidungen können immer erst dann angeregt werden, wenn der Coaching-Klient die Handlungsalternative und damit die Entscheidung längst in sich trägt.

Für manche Auftraggeber gibt es die implizite Vorannahme, dass das Anregen von Denk- und Entscheidungsprozessen die Zentralfunktion eines Coaches sei. Abgesehen davon, dass in diesem Aberglauben eine tiefe Selbstentwertung der Gläubigen liegt (betrachten diese sich selbst denn tatsächlich als denkfaul und entscheidungsunfähig?), ist hier ein Missverständnis möglich. Wer als Coaching-Klient begeistert über seine Arbeit mit einem Coach berichtet: „Er gibt mir so viele Denkanregungen und unterstützt mich in meinen Entscheidungen", der berichtet vielleicht gerade von einem sehr kompetenten Coach, in dessen Coaching-Protokoll jedoch sehr wenige Beispiele für die hier zu betrachtende Interventionskompetenz zu finden sind. Denn würden wir die Tonbandprotokolle abhören, so würde sich zeigen, dass die Denkanregungen eben nicht „gegeben" wurden, sondern beim Coaching-Klienten entstanden, und es würde offenbar werden, dass die „Unterstützung bei Entscheidungen" nicht darin bestand, eine Entscheidungsalternative hervorzuheben, sondern Entscheidungsfreude zu induzieren. Ich (KHJ) erinnere mich noch sehr gut an eine meiner ersten Coaching-Sitzungen, in der ich als Coach den non-direktiven Kurs (endlich einmal) gut durchgehalten hatte. Die nächste Sitzung wurde durch einen freudig strahlenden Coaching-Klienten mit den Worten eröffnet: „Die Ratschläge, die Sie mir letztes Mal gegeben haben, wirkten Wunder!" Meine anfängliche Erschütterung wich der Freude: Der Klient hatte seinen Weg gefunden! Im Laufe der weiteren Arbeit wurde ihm dann sehr wohl bewusst, dass der Coach „nur" der Katalysator seiner eigenen Handlungskreativität war.

Es ist dasselbe Problem wie dasjenige der intentionalen und funktionalen Erziehung: Ein Vater möchte, dass sein Sohn sich anständig die Nase putzt, und gibt ihm deshalb die entsprechende Anweisung (intentionale Erziehung: „Nimm den Finger aus der Nase und benutze Dein Taschentuch") – eine Mutter macht die gewünschte Verhaltensweise in ihrer Funktion deutlich (nimmt das Taschentuch und hält es an die Nase des Kindes mit der Aufforderung: „Jetzt schneuz' mal richtig rein …"). Funktionale Erziehung geschieht häufig auch als Selbsterziehung. Beobachtende Kinder bekommen mit, wie es „die Großen" machen und erlernen im Imitieren das gewünschte Verhalten – manchmal, ohne die damit erworbenen Regeln zu kennen: Manche Kinder bewegen sich still in Kirchen, nur weil sie die andächtige Bewegungsform und das Flüstern mitbekommen haben und imitieren.

Modellhafte Selbstexploration kann natürlich zum Nachdenken anregen, die inhaltliche Wiedergabe von (zögerlichem) Verhalten ermuntert vielleicht zu Entscheidungsprozessen. Gutes Coaching regt tatsächlich funktional zum Nachdenken an und fördert Entscheidungen. Die Coaching-Kompetenz dieses Titels ist konkreter und wird vielleicht durch einige gelungene Beispiele deutlicher:

Dem Coach fällt auf, dass sein Coaching-Klient, ein Vertriebsleiter, in seinen angestrengten Überlegungen zur Effizienzsteigerung die Möglichkeit, den gesamten Vertrieb als eigenständiges Unternehmen auszulagern (und dadurch eine erhebliche Vervielfältigung der strategischen Möglichkeiten zu eröffnen), immer wieder andeutet, sich aber nicht traut, einen ersten Handlungsplan für diese Entwicklungsperspektive zu erarbeiten. Der Coach sagt: „Wir haben die Vielfalt der Argumente in den letzten Sitzungen betrachtet. Was denken Sie, würde ein Banker, der gerade viel Startkapital neu unterbringen muss, aus diesen Argumenten aufgreifen?" (Wobei wir im Team lange darüber stritten, ob dies nun eigentlich eine Anregung zum Denken oder eine Anregung zur Rollenübernahme sei. Da wir die Rolle des Kapitalgebers jedoch eigentlich nicht bedeutsam fanden, sondern nur den Denkanstoß „Was würde neue Investition bringen?", haben wir uns schließlich darauf geeinigt, dieses Beispiel hier einzuordnen.) Die verblüffende Konsequenz dieser Intervention: ein recht schnell entwickelter und dann entschieden durchgeführter Handlungsplan!

Im Rahmen des Coachings einer Fernsehmoderatorin wird dem Coach deutlich, dass die sehr erfolgreiche Frau einige Handlungsalternativen, die sie beiläufig erwähnt, nicht wirklich auslotet. Er sagt: „Immer noch bessere XY-Sendungen zu machen, ist die eine Perspektive, mit der Sie Ihren Anspruch an wachsende Qualität befriedigen können. Wäre es nicht sinnvoll, einmal die möglichen anderen Perspektiven daneben zu stellen?"

Tatsächlich wird ein guter Coach nur sehr selten Ansätze wie „Denken Sie doch mal an …", „Wie wäre es, wenn Sie entschieden, dass …" anwenden, da Coaching-Klienten meist hoch bezahlte Denkarbeiter und entscheidungsgewohnte Verantwortungsträger sind. Insofern wird von dieser Interventionskompetenz vor allem dann Gebrauch gemacht, wenn auffällige Blockaden den Hinweis auf (ausgeklammerte) Möglichkeiten nahe legen.

4.1.5 Ziele erarbeiten

Coaches geben manchmal Handlungsanregungen und äußern sich auch bezüglich möglicher Denk- und Entscheidungsprozesse. Der gesamte Coachingprozess wird jedoch häufig sinnvoll mit der Arbeit eines Magneten verglichen, der wirr herumliegende Eisenfeilspäne plötzlich in die elegante Form der Darstellung seiner Kraftlinien zwingt: Coaching dient sehr häufig vorrangig der Zielklärung und fungiert als strategische Beratung, indem es mögliche Wege zur Zielerreichung reflektieren hilft.

Das Ansprechen und Erfragen von Denk- und Handlungsprozessen zur Zielbestimmung und Zielerreichung ist zunächst ebenfalls wie all die reflektorischen Interventionsdimensionen ein Verhalten, das sehr alltäglich aussieht:

„Was wollen Sie erreichen ...?"
„Wie wollen Sie vorgehen ...?"

Solche Fragen stellt jeder Gesprächspartner, der sich als Reflektor, Berater oder Coach zur Verfügung stellt. Bei fast allen Interventionsvariablen ist es für sehr kompetente Vorgehensweisen weniger wichtig zu wissen, wie die Variable umgesetzt wird (obwohl auch dies ein bedeutsames Trainingselement darstellt), als genau zu „timen" und dosieren. Wann, mit welcher Intensität und was?

Einfühlung ist sozusagen immer gut – aber wann ist es unverzichtbar, anderes zu tun, wie z. B. das Ansprechen und Erfragen von Zielen bzw. Zielerreichungsvorstellungen?

Die wesentlichste kognitive Leistung des Menschen – für manche Forscher sozusagen die spezifische Differenz zum Tier überhaupt – liegt in der Fähigkeit zur Antizipation. Eine bestimmte Affenart, die in Urwäldern lebt, kennt dort Nussbäume, deren Früchte sie nur zu öffnen vermögen, wenn sie Steine als Schlagwerkzeug benützen. Im Wachstumsbereich dieser in Feuchtbiotopen gedeihenden Nussbäume gibt es jedoch keine Steine. So kann man Affen beobachten, die weit weg von den Bäumen am Fluss nach einem Stein greifen, danach eine halbe Stunde mit dem Stein in der Hand durch den Urwald wandern und genüsslich die Früchte ihrer Werkzeug orientierten Voraussicht genießen – nachdem sie satt sind, lassen sie die Steine fallen, vergessen sie und holen sich später, wenn sie Lust auf Nüsse bekommen, drüben am Fluss wieder neue. Diese kognitive Leistung wird übereinstimmend als die Höchstleistung tierischen Verstehens gesehen.

Menschliches Denken vermag die Kategorie des Ewigen zu bestaunen. Coaches sind jedoch keine Visionäre, sie dienen aber solchen. Wenn eine Führungskraft keine Vision hat, dann sollte sie sich als Sachbearbeiter anstellen lassen. „Vision", Leitbild, Zielvorgabe, „Benchmarking" ... die Banalität der Bedeutung von Zielen im Wirtschaftsgeschehen ist Allgemeingut. Coaches sind niemals parteiisch für diese oder gegen jene Zielvision (selbstverständlich nur innerhalb ihres Aufgabenbereiches, der Förderung menschlicher Möglichkeiten), ihre Aufgabe ist es jedoch, dem Coaching-Klienten zur Verfügung zu stehen,

- wenn deutlich wird, dass Ziele zu definieren sind;
- wenn deutlich wird, dass der Coaching-Klient Ambivalenzen bei der Zielbestimmung blockierend erlebt;
- wenn deutlich wird, dass Ziele zu abstrakt beschrieben werden, um die konkrete „Zugkraft von Zielen" zu entfalten;

- wenn deutlich wird, dass der Coaching-Klient seine Kompetenz zur Antizipation weder ausreichend schult noch nutzt.

Eigentlich ist von all diesen Begründungen, die Interventionsvariable „Ansprechen und Erfragen von Denk- und Handlungsprozessen zur Zielbestimmung und Zielerreichung" einzusetzen, nur die letzte wirklich spezifisch. Alle anderen Begründungen verweisen darauf, dass dies auch mit anderen Mitteln erreicht werden könnte (Ziele definieren durch Anregen von Entscheidungen, Blockaden bearbeiten durch strukturierte Betrachtung des Konfliktes, Abstraktionen aufbrechen durch Anregungen zum Differenzieren).

Ziele zu erarbeiten, ist Ergebnis und zugleich Grundlage für Antizipationskompetenz. Wann immer ein Coach zur Methode der Zielklärung greift, dann arbeitet er daran, dass der Coaching-Klient mutiger und sicherer von seinem eigenen visionären Können Gebrauch macht.

Technische Mittel wie die „Wunschfrage" („Was würden Sie sich anders wünschen?"), die Ausarbeitung eines Szenarios („Denken Sie im Zeitraffer, was kann in den nächsten X Jahren möglich werden?"), der „Ermächtigung" („Wenn Sie sofort alle Macht der Änderung hätten, was würden Sie als erstes entscheiden?") und tausendfältige andere Formen, die bezwecken, Offenbarung, Beschreibung und sodann Nennung und Vereinbarung von Zielen zu fördern, müssen in der Werkzeugtasche jedes Coaches zu finden sein.

4.1.6 Werte anfragen

Anerkennende (Be-)Wertungen nennt die Umgangssprache „Lob". Coaches loben nicht! Wenn ihnen dennoch einmal solch eine anerkennende Wertung „entfährt", dann muss dies nachvollziehbar ihrer „Echtheit" geschuldet sein und nicht einer wegweisenden Absicht (Kap. 4.4.6).

Wenn in Coaching-Prozessen Wertungen angesprochen werden, so verdeutlicht dies jeweils, dass es die Vielfalt der Werte gibt und beschreibt damit die Freiheit der Wahl zielführender Werte. Das Ansprechen von Werten ist auch nicht gleichzusetzen mit der allgemeinen Abgabe einer (angeforderten) Bewertung (Kap. 4.2.4). Während das Bewerten dem Coaching-Klienten einen differenzierten Einblick in die Wertewelt seines Coaches ermöglicht, und das Lob ihm sogar die spontane und authentische Anerkennung für eine geachtete Bewertung übermittelt, so wird der Coaching-Klient in der hier zu betrachtenden Handlungsdimension mit der Frage nach seinen Werten konfrontiert.

„Es ist Ihnen sehr wichtig, dass Ihr Mitarbeiter Freude an seiner Aufgabe hat?"

„Sie sagen, dass Sie es unfair finden, den Umsatzrückgang im Teilbereich XY dadurch unsichtbar zu machen, dass die ganze Unterfirma verkauft wird, weil Sie wissen, dass ein Firmenkäufer sehr viele Kündigungen kalkulieren würde?"

In beiden Fällen hat der Coach einen handlungsleitenden Wert des Coaching-Klienten ausgemacht. Arbeitszufriedenheit und Arbeitsplatzsicherheit sind solche Werte, und diese sind den Coaching-Klienten meist selbst bewusst. So würde ein Coach diese Sätze nur dann sprechen, wenn er Anlass hat anzuregen, dass beide Situationen auch aus anderen Werthorizonten heraus beleuchtet werden könnten.

„Was meinen Sie eigentlich damit, wenn Sie betonen, dass Sie keine Lust haben, die Auszeichnung anzunehmen, weil dies mit so viel öffentlicher Beachtung verbunden sein wird – ist Ihnen dies ‚Unauffälligsein' wirklich so viel wert?"

Diese Frage brachte den jungen Mann, der eine außergewöhnliche Geschäftsidee zur Existenzgründung genutzt hatte und als „Senkrechtstarter" ausgezeichnet werden sollte, zu der bedächtigen Einsicht, dass ihm tatsächlich der Schutz seiner Privatheit als unauffälliger „Jedermann" wichtiger war als Ruhm und Anerkennung. Dass er die Ehrung schließlich doch annahm, hatte er einerseits seiner Selbstdisziplin (einem ihm auch wichtigen Wert) zu verdanken und andererseits der Erkenntnis, dass der persönliche Ruhm zugleich eine bedeutsame Ersparnis an unternehmerischem Werbeaufwand sein würde und so den Erfolg seines Konzeptes (der ihm durchaus ein weiterer wesentlicher Wert war) noch weiter steigern würde. Dieses Vorgehen verdeutlicht die Vielfalt zielführender Werte und beschreibt die Freiheit der Wahl. Mit solchen Reflexionen wird der Coach zum Verbündeten für Selbstverantwortung.

4.1.7 Selbsteinbringen – Selbstöffnung

Die Selbstexploration eines Coaches (Kap. 4.1.1) ist das laute Denken über gegenwärtiges eigenes Befinden und somit ein zum Belauschen frei gegebenes Selbstgespräch. Damit kann der Coach ein Modell für angemessenes Suchen geben, für die Toleranz gegenüber eigenen inneren Widersprüchen (Ambiguitätstoleranz), für das Erarbeiten von Alternativen („über das Verfertigen der Gedanken in der Rede") und anderes mehr. Selbstexploration unterscheidet sich jedoch vom Selbsteinbringen und von der Selbstöffnung. In dieser vertraut der Coach dem Coaching-Klienten ein Stück seiner selbst an – nicht einen Blick in die Werkstatt seines Denkens, sondern in sein wirkliches, wertendes Erleben und Leben.

Im Einleitungsteil dieses Buches habe ich (CMH) solche Selbstöffnung betrieben: Ich vertraute dem anonymen Subjekt „Leser" die Episode meiner Kindheitskrankheit, mein Humpeln, meinen Schmerz an. Ein durch die Rückmeldung des damaligen Coaching-Klienten als besonders bedeutsam ausgewiesenes Beispiel solcher Selbstöffnung hatten wir auf einem der Auswertungsbänder:

Coaching-Klient (er hatte lange über eine betriebsinterne Entwicklung berichtet, die ihn in die Untergebenenposition gegenüber einem halb so alten und wenig gemochten Konkurrenten führen würde): „Wenn der dann mein Chef sein soll, dann nehme ich meinen Hut."

Coach: „Damit haben Sie einen Schlussstrich gezogen. In dieser Konstellation gibt es für Sie kein Bleiben. Ich erinnere mich an eine schreckliche Situation: Ich bin Vater von drei Söhnen, und als wir mit unserem Jüngsten, der damals 16 Jahre alt war, einmal soweit waren, dass wir einen Familientherapeuten aufsuchen wollten, da sagte mein Sohn: ‚Ich komme nur mit, wenn die Zeit, die wir dort verbringen, bezahlt wird …'. Da war für mich klar: Hier ist ein Schlusspunkt. Unser Bemühen um gemeinsame Entwicklung mit Geldforderungen zu verknüpfen, würde ich nicht dulden."

Coaching-Klient (er hatte sofort verstanden, was mich dazu bewegt hatte, ihm diese Episode meines Lebens anzuvertrauen. Als sei er nun mein „Tröster", hörte er sich selbst sagen): „Sie hätten sich gedemütigt, wenn Sie diese kindliche Anmaßung angenommen hätten. Sie meinen, ich habe recht, wenn ich darum kämpfe, mit meinem Gegner auf gleicher Ebene zu bleiben? Ja, das werde ich tun …"

Manche Theoretiker benennen daher diese Interventionskompetenz anders: Sie sprechen von Metakommunikation, wenn ein Mensch einem anderen Episodisches aus seinem eigenen Erleben mitteilt und damit indirekte Aussagen macht. Tatsächlich hatte der Coaching-Klient im Beispiel genau verstanden, was der metakommunikative Sinn meiner Erzählung gewesen war. Zudem zeigt die Interventionskompetenz des Coaches dem Coaching-Klienten: Der spricht „aus meiner Erfahrung …", „das erinnert mich an …", und „Ich möchte Ihnen da anvertrauen, wie es mir geht, wenn …". Damit teilt sich immer auch die metakommunikative Botschaft „ich vertraue Ihnen … (an)" mit. In diesem Sinn ist der Coach auch ein Modell für zwischenmenschliches Vertrauen.

Und in solcher Selbstöffnung zeigt der Coach dem Coaching-Klienten ein Modell emotional stabilen und kongruenten Verhaltens: „Ich sage aus mir heraus …"

4.2 Annehmen

„Wenn man auf Menschen setzt, dann bedeutet dies auf jeden Fall, dass man es mit ganzem Herzen tun muss. Halbheiten sind äußerst schädlich. Menschen spüren die Heuchelei der Halbheit. Damit können sie nicht gewonnen werden. Ich muss das, was ich tue und will mit ganzem Herzen tun. Das Erste, was jeder in sich selbst zunächst einmal bewegen muss, ist die Fragestellung an das eigene ICH. Ich selbst muss zunächst einmal lernen Menschen zu akzeptieren – so, wie sie sind. Nicht nur in ihren Stärken, sondern auch in ihren Schwächen." (Tikart 2001, 50)

In diesem Motto aus dem kleinen Materialbuch „Ökonomie der Führung" zeigt sich der Unternehmensleiter Tikart als intuitiver Meister auf dem fünfwertigen Klavier: Echtheit (mit ganzem Herzen handeln) Selbstprüfung (Fragestellung an das eigene ICH) und das Annehmen (akzeptieren) sind drei der fünf Wirkfaktoren unseres Konzeptes.

Gelten lassen und mit den Mitmenschen achtsam umgehen – menschliche Qualitäten, die trainierbar sind. Das Annehmen ist eine der so genannten Rogers-Haltungen und wird von uns als der zweite Wirkfaktor aufgefasst. Für diese Basisdimension sind mehrere Interventionskompetenzen charakteristisch.

4.2.1 Wärme und Wertschätzung

„Kein Mensch ist unersetzlich…", dies dürfte jener Dummsatz sein, der am meisten menschliches Elend und den größten volkswirtschaftlichen Schaden verursachte, den je ein einzelner „Glaubenssatz" mit sich brachte. Der rationale Kern dieser menschenverachtenden Dämlichkeit liegt in der gänzlich anderen Wahrheit, dass jede Arbeit (auf je unterschiedliche, jedoch gleich produktive Weise) von verschiedenen Menschen getan werden kann – selbst die Arbeit an höchst komplexen Forschungsfragen.

Kein Mensch ist zu ersetzen, da jeder Mensch ein einmaliges in seiner biographischen Zeitlichkeit irreversibel sich änderndes Wesen voll Würde und Kompetenz ist. „Immer wenn ein Mensch stirbt, wird ein ganzes Universum zerstört. Menschliche Wesen sind unersetzlich und dadurch unterscheiden sie sich deutlich von Maschinen" (Popper 1982, 21).

Wir können niemals in denselben Fluss steigen – und sind keinen nächsten Tag die, die wir gestern waren. Der Schaden, der durch die ignorante Vorstellung von Arbeitskräften als anonyme „Hands" oder schlimmer noch „FTEs" (full time equivalents) entstand, ist nicht so sehr ein Schaden an der Menschheitsseele (obwohl dieser Satz auch ein Bestandteil der Ideologie aller Völkermörder und Faschisten war/ist) als ein Schaden an der Wirtschaftlichkeit des Handelns.

Heute sind Schlagworte verstandene und geachtete Selbstverständlichkeiten: „Persönlichkeitsentwickelnde Arbeitsverhältnisse" und die Notwendigkeit einer Personalführung, die immer auch Personalentwicklung sein muss, werden nicht mehr in Frage gestellt – jedoch unterschiedlich kompetent verwirklicht.

Ein Coach muss solche Banalitäten so sehr in Fleisch und Blut eingearbeitet haben, dass sein Gegenüber jederzeit spürt (selbst wenn er als Coaching-Klient die eben gegeißelte Dummheit für einen „bitteren aber wahren Satz" hält), dass zwischen dem Coaching-Klienten und seinem Coach eben die Beziehung zwischen zwei Menschen voller Achtung, Entwicklungsperspektive und Einmaligkeit besteht. Das Mittel, um innerhalb einer Beziehung diese Wahrheit und diese Erfahrung zu installieren und zu transportieren, wird von der personzentrierten Psychologie als gelebte, praktizierte „Wärme und Wertschätzung" benannt. Es ist eine Verhaltensdimension, die vorwiegend im Nonverbalen verankert bleibt, die ein diskretes und hintergrundförmiges Intervenieren erfordert.

Vollmundige Versicherungen wie „Ich schätze Sie und Ihre Arbeit…" oder anbiedernde Belobigungen wie „Mir gefällt es, wie Sie…" sind es gerade nicht, die diese Form der Wertschätzung verdeutlichen. Das Lernziel eines wertschätzenden Umgangsstils, den jeder Coach zu praktizieren lernen muss, ist am ehesten durch Kennzeichen der Stimmführung (freundlich, warm, emotional – statt sachlich, kalt, nüchtern), der Mimik (Blickkontakt mit Lächeln oder jedenfalls offener Freundlichkeit), der Gestik (zugewandt, ruhig, nicht abwehrend, sondern offen) und sodann der Bilderwahl zu operationalisieren.

Wärme und Wertschätzung als die (humanen) zentralen Selbstinstruktionen jeden Coaches im Umgang mit seinem Coaching-Klienten kann natürlich auch in die Karikatur des schleimigen Begleiters kippen, dessen unterwürfiges Säuseln bestenfalls Ärger, schlimmstenfalls Ekel hervorruft. Es muss daher von authentischer Wärme und Wertschätzung ausgegangen werden, eine Leistung, die eine der Grunddimensionen des fünfwertigen Coachings darstellt.

Dieses Lernziel für Coaches muss erarbeitet werden: das authentisch annehmende, warm wertschätzende Umgehen mit der Person des Coaching-Klienten in all seinen Fragen, seinem Suchen, der Unsicherheit, den Wertungen und Ratlosigkeiten. Und dann muss der Coach lernen, den Coaching-Klienten zu achten, auch in all dessen Penetranz, die für den Coach evidenten Wegweisungen zu ignorieren, an alten Fehlern festzuhalten oder seinerseits den Coach als kalt und herzlos zu sehen, der nur auf „brillante Effektivität und Originalität“ aus sei.

Wärme und Wertschätzung sind keine „Berufsrolle“ des Coaches, sondern eine problemlösende Heuristik zwischenmenschlicher Kommunikation: In Angstfreiheit kann jeder Mensch sich (und anderen) seine vielfältigen Möglichkeiten leichter eingestehen – ja sie vielleicht erst entdecken.

Und selbstverständlich gilt die Wertschätzung immer der Person, nicht etwa jeder Verhaltensweise dieser Person. Einen Menschen zu achten und ihm dies spürbar zu machen, ist nicht gleichbedeutend damit, das Handeln dieses Menschen kritiklos anzunehmen.

4.2.2 Aktualisieren

Der gesprächsweise erfolgende Verweis auf die Gegenwart ist inzwischen allvertraut. Das Aktualisieren ist eine Verhaltensweise, die schon unsere Großväter in den ersten Schulungen für erfolgreiche Unternehmensführung mitbekamen. „Fragen Sie immer mal wieder: Und was bedeutet das für uns heute?“ – war eine der wichtigen Empfehlungen früherer Kurse in „Menschenführung“.

Aktualisieren hat sich nicht geändert. „Was meint das im Augenblick?“, „Ist das ganz gegenwärtig, was Sie da sagen?“, „Haben Sie damit die Fakten neuesten Datums zu Grunde gelegt?“, „Wie sieht es jetzt gerade, im Augenblick, aus?“, „Ist das aktuell?“

Die Frageform wird benutzt, um den Gesprächspartner auf seine Erlebnisgegenwart zu fokussieren. Einfühlung ist immer nebenbei auch aktualisierend. Sagen Sie einem Wütenden, „Sie sind wütend“, so begegnen sie einander in der Jetztzeit, und es ist potenzialreich, solche Begegnung zu durchspüren; manchmal kann dies auch Angst machen, denn zumeist wird die so aufgedeckte Emotion zugleich ein wenig verstärkt. Was geschieht, wenn man einem glücklichen Vertragsabschließer sagt: „Sie sind glücklich?“ Wird ihm sein Glück bewusst und dies selbst dadurch erhöht oder fühlt er sich in seiner Emotion in Frage gestellt? Es ist einsehbar, dass solche Verhaltensweisen nur im Rahmen einer gewachsenen, tragfähigen Beziehung zwischen Coach und Coaching-Klient sinnvoll sind.

Aktualisieren als Dimension von Coachverhalten betont die jeweilige Gegenwärtigkeit – es intensiviert das Wissen um gerade gegenwärtige Erfahrungen und baut damit jedoch auch innere Distanzierungsmöglichkeit auf (Hockel 1994c). Aktuell wird in der forschenden Psychologie das Thema „Achtsamkeit“ intensiv behandelt. Die Aufmerksamkeit sich selbst gegenüber, das In-sich-Hineinspüren und Hineinhören hat demnach eine psychologisch, aber auch physiologisch ausgesprochen gesunde Wirkung.

4.2.3 *Inhaltliche Wiedergabe von Verhaltensweisen*

„Sie schweigen?“ – wer hat diesen Satz noch nicht zu hören bekommen? Manchmal trifft er wie eine begründete Anklage tief ins Gewissen: „Ja, ich schweige, da ich wortlos, ohnmächtig gestehend und/oder zugestehend dulden muss.“ Manchmal erregt er als Provokation: „Was soll ich denn noch sagen, wenn schon alles entschieden ist…“ Manchmal ist er die Erlaubnis, sich zurückzuhalten: „Ja, das tue ich, denn die Rührung macht mich sprachlos.“ Manchmal ist es der Befehl, sich zurückzuhalten: „Genau, wenn ich weiter spräche, könnte ich mich belasten.“

Eigentlich greift der Satz nur verbal eine nonverbale Gegebenheit, eine „Verhaltensweise“, auf und beleuchtet diese. „Sie bohren in der Nase“, wäre eine vielleicht viel peinlichere Beschreibung von Verhalten – wenn wir dabei erwischt würden. Coaches beschreiben die Verhaltensweisen von Coaching-Klienten auf zwei Ebenen: Einmal wird das aktuelle Verhalten in der Coaching-Situation reflektiert: „Wenn Sie von Ihrem Konkurrenten sprechen, dann ringen Sie die Hände, als würgten Sie ihn.“ Ein andermal gibt der Coach das aus seiner Sicht mitgeteilte Verhalten in bildhafter Beschreibung wieder: „Wenn Ihr Konkurrent sich in den Sitzungen so aufbläht, dann schweigen Sie.“

Die schlichte inhaltliche Wiedergabe von Wahrnehmbarem (hörbarem, sichtbarem, riechbarem…Verhalten) ist eine sehr mächtige Intervention. Benimmregeln schreiben genau vor, welches Verhalten „gesprochen“ werden darf, welches nicht. „Sie furzen“, wäre ein Text, der nicht so sehr den Täter, sondern mehr den Sprecher als das Opfer bloßstellen würde, da die Benimmvorschrift besagt, dass peinliche Entgleisungen zu ignorieren sind. Coaches sind – um einen Ausdruck aus der Berufssozialisation von Kinderpsychotherapeuten zu übernehmen – „asoziale Helfer“. Während die Benimmregeln es selbst unter Freunden schwierig machen, einem Menschen mitzuteilen, dass es unangenehm ist, wenn er mit seinem Mundgeruch zu nahe kommt – ein Coach hat es anzusprechen. Während unter Freunden die „chauvinistische Galanterie“ eines Kerls vielleicht die zugestandene Er-ist-halt-so-Rolle ist, ist es die Aufgabe eines Coaches dies „unverschämt“ anzusprechen: „Und Sie legen der Referentin tatsächlich die Hand wohlwollend auf die Schulter?“

Spitzenkräfte der Wirtschaft haben (in der Regel) nicht Germanistik studiert, sie sprechen in ihrer Fachsprache; an ihren Äußerungen ist ablesbar, ob sie eine juristische, betriebswirtschaftliche, medizinische oder eine andere Basissozialisation genossen haben. Auch heute noch sind Menschen mit „humanistischem Abschluss“ an ihren Texten erkennbar. Die inhaltliche Wiedergabe des meist sprachlichen Verhaltens solcher Spitzenkräfte kann Verblüffendes bewirken. Die folgenden Beispiele aus Transkripten von Coaching-Sitzungen bewirkten jedenfalls immer sehr anregende, vertiefte Reflexionen und führten nicht selten zu dem Vorsatz des Coaching-Klienten, die eigene Sprache kritisch zu beobachten und zu erweitern:

„Sie verwenden abstrakte Kategorien wie ‚Abtretung der Forderung', als gingen Sie davon aus, dass die Ingenieure Ihres Gremiums ein Jurastudium absolviert hätten."

„Sie sprechen Ihren Wunsch nach vertiefter Reflexion der Gesamtverantwortung mit den Worten aus: ‚Wir sollten alle Stakeholder im Blick behalten'; meinen Sie, dass Sie hier alle verstehen?"

„Als Sie sagten ‚das ist letal' meinten Sie, alle hätten verstanden, dass Sie laut aufschreien, nicht wahr?"

Wenn ein Vorstand sagt: „Mein Kurs an den lockenden Sirenen vorbei wird von niemandem begriffen", dann ist es nicht notwendig, dass ein Coach anmerkt: „Sind Sie sicher, dass alle das Wachs in den Ohren haben?" Dann ist es sinnvoll, dass der Coach sagt: „Sie sprechen ein wichtiges Bild der Mythologie so an, als meinten Sie, dass jeder Sie dabei verstehen müsste – was wäre, wenn ich nie von der Verlockung dieses Gesanges gehört hätte, wenn keiner wüsste, was Sie eigentlich sagen wollten?"

Die Wiedergabe von Verhalten wirkt. Sie wirkt sowohl, wenn wir uns den Spiegel vor unser handelndes Verhalten vorhalten lassen („Sie schnappen nach Luft") als auch wenn unser Sprechhandeln einfach als solches widergespiegelt wird („Sie sagen ständig ‚irgendwie'"). Diese Wirkung kann dort, wo sie dem Coaching-Klienten bewusst macht, dass er so ist, wie er sein möchte („Ich bin eben impulsiv, dynamisch, schnell" oder „Ich bin eben bedächtig, ruhig, ausdauernd") sehr anspornend sein; sie kann aber auch dort, wo sie bewusst macht, was der Coaching-Klient so gar nicht sein will, sehr hilfreich und orientierend sein, da sie die neuen Ziele auf einer Verhaltensebene beschreibbar macht.

4.2.4 Bewerten

„Was halten Sie davon?" – Coaching-Klienten wollen Orientierung, der Coach wird als Wegweisender gesucht. Er soll seine Bewertungen abgeben. „Da habe ich doch recht? Das ist doch die sinnvolle Vorgehensweise? Sagen Sie doch endlich mal, dass ich das gut gemacht habe!" Andere sind begierig, Kritik zu erhalten: „Nicht wahr, das war mein Grundfehler..."

Gute Coachingarbeit wird sich diesem Anspruch an wertende Führung entziehen. Die genannten Fragen würden unserer Meinung nach nicht durch zustimmende oder zurückweisende eigene Bewertungen des Coaches angemessen bearbeitet. Die Vielfalt angemessener Reaktionen ist immens; das Bewerten sollte jedenfalls gerade hier nicht eingesetzt werden.

Natürlich wird es entsprechend den Interventionskompetenzen der Echtheit und der Selbstöffnung auch vorkommen, dass ein Coach schlicht „seine Wertung" preisgibt – es wäre tolldreist zu behaupten, dass Coaches sich eine Neutralität erarbeiten könnten, die solche Wertungen nicht kennt.

Als eigenständige Interventionskompetenz eines Coaches ist das Bewerten anders zu verstehen. Es wird wahrscheinlich eher dann eingesetzt, wenn der Coaching-Klient gar nicht damit rechnet. Nicht auf die Frage nach einer Bewertung wird mit Bewerten reagiert, sondern wenn im Arbeitsprozess des Coachings eine Handlungsalternative, eine Perspektive, eine Möglichkeit beiläufig auftaucht, die der Coaching-Klient zu übersehen oder auszublenden neigt – dann greift der Coach zum Mittel des

Bewertens und macht deutlich, dass es vielleicht hilfreich sein kann, die übergangene Perspektive auszuloten.

4.2.5 Verankern

Wer Coaching kennt und nutzt, der tritt manchmal bereits zu Beginn der Sitzung mit einem klaren Auftrag der folgenden Art an:

„Ich kenne das jetzt schon, habe verstanden, was da passiert – immer, wenn einer meiner Mitarbeiter Minderleistungen erbringt und dann entwaffnend offen dazu steht mit solchen privaten Begründungen wie ‚Meine Partnerschaft ist gerade zerbrochen …‘; ‚Frau und / oder Kind sind krank …‘, dann ärgere ich mich zwar, kann jedoch weder den Ärger zeigen noch mit der notwendigen Ruhe darauf hinweisen, dass diese Vermischung nicht akzeptabel ist. Sie müssen mir helfen, das klar zu kriegen, dass ich hier kühl sachlich fordernd bleiben darf und zugleich irgendwie vermittle, dass ich die private Belastung verständig annehme."

Der zitierte Abteilungsleiter verließ die Sitzung mit einem Anker, der genau das ermöglichte, was er sich gewünscht hat. Ein Anker ist abstrakt gesagt eine Kombination aus sinnstiftender Metapher und einem Körpersignal. Betrachten wir die Mitschrift der Sitzung in ihren für diesen Punkt bedeutsamen Passagen. Wir haben andere Aspekte des Zwiegespräches weggelassen und mussten den Text daher an einigen Stellen „straffen" bzw. verdichten – in der Wirklichkeit wird das Verankern wohl kaum so „pur" erfolgen, sondern ist meist auch im Rückgriff auf eine gewachsene Vertrauensbeziehung dadurch gekennzeichnet, dass der Coach aus der gemeinsamen Arbeitsgeschichte heraus für diesen speziellen Coaching-Klienten „Anker bereitliegen hat". Hier also das „verdichtete" Coaching-Gespräch:

C: Beides möchten Sie verdeutlichen: Qualitätsanspruch und menschliches Mitgefühl.

K: Genau so ist es. Aber entweder ich poltere los, dass ich leider nicht für die Seelenwehwehchen zuständig bin, oder ich knicke verständnisvoll ein und gestatte Entlastung.

C: Und der, der sich ärgert, sind dann jedenfalls Sie.

K: Nun, die Mitarbeiter beginnen auch, sich zu ärgern, da sie erstens denken, ich sei ungerecht und launisch, weil es nicht vorhersehbar ist, wann ich wie reagiere und zweitens beginnt sich der Verdacht zu verbreiten, dass ich bei den einen so und bei den anderen anders reagiere, dass ich also Bevorzugungen hätte, die nicht nachvollziehbar sind.

C: Gut. Gehen wir erst einmal kurz auf Abstand und drehen die Perspektive um: Stellen Sie sich vor, es ist Ihre Lage, Sie haben Mist gebaut und spüren, dass es irgendwie auch mit einer privaten Krise zu tun hat – jetzt steht ein Konfliktgespräch bevor.

K: Ja, ja, das kenne ich natürlich auch. Aber ich habe nie meine privaten Angelegenheiten zur Selbstrechtfertigung eingebracht …

C: So kenne ich Sie. Für diese Überlegung jedoch sollten Sie einen Moment lang die Rolle desjenigen annehmen, der ehrlich meint, er müsse diesen Zusammenhang offenbaren, da er selbst seine Minderleistung erklären will, eben weil sie seinem eigenen Qualitätsanspruch nicht standhält.
K: Aber das ist doch genau der Ärger: Die Leute, an die ich denke, die haben gar nicht wirklich diesen Qualitätsanspruch, sie wollen in Ruhe gelassen werden, um ihre Wunden lecken zu können, ob sie nun gute oder schlechte Arbeit leisten.
C: Diese Enttäuschung bereiten Ihnen jedoch sicher nicht alle Mitarbeiter; dennoch haben alle darunter zu leiden, dass Sie die beiden Ebenen nicht zu trennen vermögen.
K: Hmmm ... – da haben Sie recht.
C: Also, was würden Sie sich wünschen, wenn Sie sich als der Minderleister in einem solchen Kritikgespräch befänden?
K: Ja, genau das, was ich nicht kann: dass ein ruhiger Vorgesetzter mit mir einen Weg zur Fehlerkorrektur verabredet, mir eine Chance gibt und zugleich Verständnis zeigt für meine private Situation.
C: In Ordnung. Kommen wir jetzt zu Ihnen und Ihrem Unvermögen zurück.
K: Unvermögen?
C: Sie sagten soeben: „Das, was ich nicht kann ...“
K: Ach so, ja natürlich, das ist's, worum es mir heute geht.
C: Also angenommen, Sie würden Ärger völlig unkontrolliert und übertrieben äußern, was würden Sie tun?
K: Ich würde auf den Tisch schlagen und brüllen: „Jetzt lassen Sie gefälligst Ihre privaten Sorgen zu Hause, hier werden Sie für Leistung bezahlt und die ist miserabel. Ich muss Sie schlicht abmahnen ...“
C: Donnerwetter – wenn wir uns das anschauen, dann ist es ja schon ganz beachtlich, wie diplomatisch ruhig Sie tatsächlich bleiben.
K: Leider nicht immer, manchmal klingt's schon fast ähnlich wie in der Darstellung eben.
C: Und wie würde jener ideale Chef, der Sie sein wollen, sich verhalten?
K: Einerseits vielleicht kurz sagen: „Dass Sie privat so belastet sind, bedaure ich und wünsche Ihnen alles Gute.“ Und dann aber bestimmt fordern: „In der Angelegenheit, die uns jedoch heute zusammenführt, ist es unverzichtbar, dass Sie das in der folgenden Weise und mit dieser Terminsetzung korrigieren ...“
C: Das klänge vielleicht ganz gut. Jetzt möchte ich das tun, worum Sie mich eingangs gebeten haben.
K: Sie kennen ein Rezept zur Selbstkontrolle, das ich anwenden könnte?
C: Nein. Aber Sie haben eine Lösung gefunden, die verallgemeinert und verankert werden kann. Mit welcher Hand hatten Sie bei dem vorhin gespielten Ausbruch auf den Tisch geschlagen?
K: Mit der Linken, ich bin Beidhänder, schreiben tue ich vorwiegend rechts, starke Gefühle kommen von links auf den Tisch.
C: Oho, Sie kennen sich ganz differenziert. Gut so, ich schlage Ihnen vor, diesen Schlag auf den Tisch als Anker mitzunehmen.
K: Wie bitte?

C: Nun, wenn Sie das nächste Mal einen Konflikt zwischen Mitgefühl, notwendiger Qualitätsforderung und der unverzichtbaren Kritik erleben, dann benützen Sie dies Bild sprachlich – und dürfen / sollten dabei selbst leiblich hinspüren, als ob Sie es täten: „Ich sollte jetzt auf den Tisch schlagen – Ihre private Situation belastet Sie so erheblich, dass die Arbeitsleistung in nicht akzeptabler Weise abfällt. Für Ihre private Situation haben Sie mein Verständnis, und für die Arbeitssituation muss eine Entwicklungsperspektive auf den Tisch. Wie stellen Sie sich die vor?

Der Anker soll einerseits das Konkretisieren des Ärgergefühls in der geballten Faust, dem Schlag auf den Tisch, der Metapher für wütende Abgrenzung sein – die zugleich mit der anderen Seite verbunden ist, dem Angebot „auf dem Tisch" nun nach konstruktiven Lösungen zu suchen. Diese Grundstruktur gilt für das Verankern: Ein körperliches Geschehen wird verbunden gesehen mit einer intellektuellen Aufgabenstellung. Die „Selbstbeherrschung", die der Abteilungsleiter anstrebte, wurde verankert durch das gleichzeitige „Ich kann auf den Tisch schlagen – ich kann Lösungen auf den Tisch bringen." So wurde aus dem Anspruch, das eine gegen das andere auszuspielen (Mitgefühl gegen Forderung), die Akzeptanz von beidem.

Der Abteilungsleiter machte seine Karriere weiter und erzählte sehr viel später aus ganz anderer Funktion heraus: „Noch heute balle ich meist die Linke, wenn ich merke, dass es einerseits persönliche Qualitäten meiner Gesprächspartner sind, die mich belasten und ich andererseits die strategische Orientierung einfach durchsetze."

4.2.6 Ansprechen und Erfragen von Metawissen

Coaches wissen viel und vor allem, dass sie längst nicht so viel wissen wie ihre Coaching-Klienten. Metawissen ist eine Kategorie, die in der Kognitionsforschung kurz Furore machte und inzwischen als einfacher Sachverhalt zur Geltung kam: Jeder Mensch (ab einem gewissen Entwicklungsalter, das vor dem Schuleintritt liegt) hat ein Wissen darum, was er weiß. Solches Metawissen begründet Selbstsicherheit. Bestimmten Menschen ist ihr Kontostand bewusst und die Information, auf die sie ihre Sicherheit gründen, anderen ist ihr Wissen als „verfügbarer Schatz" bewusst und tragend für ihr Selbstgefühl.

Das Wissen um das Gewusste ist in den letzten Monaten in der Öffentlichkeit durch die jeweiligen Sieger in den Günter Jauch'schen Millionenspielen vorgeführt worden. Ruhe und Zuversicht (Kap. 4.1.2) im Kontakt mit diesem Wissensspeicher, sozusagen mit dem Schlagwortkatalog im Kopf des Bibliotheksbesitzers, lässt das, was wirklich da ist, verfügbar bleiben und abrufbar machen.

Manchmal nun ist es Aufgabe des Coaches, solches Metawissen anzusprechen bzw. zu erfragen. Meist ist der Anlass ein ressourcenorientiertes Verankern. Anerkennend spricht der Coach an: „Sie nutzen den St. Gallener General Management Navigator (GMN) als Ihren Kompass ..." Damit wird dem Coaching-Klienten rückversichernd bewusst, dass solches Wissen wertvoll ist und seine Handlungsmacht erhöht.

Ab und zu wird das Metawissen jedoch auch angesprochen, um definierbare Wissenslücken zu diagnostizieren. „Wir sprachen in der letzten Zeit oft von Motivation. Sie haben letztlich 726 Mitarbeiter zu führen. Ist Ihnen bewusst, was Sie selbst alles über die betrieblichen Hierarchien wissen, mit denen Sie solche Führung bewirken?"

Dieser komplexe Text ist, wie viele unserer Aufzeichnungen, ein Originaltranskript einer Coaching-Sitzung, in welcher der Coach seinen Coaching-Klienten anfragen wollte, welches Verständnis von Führung er als Alleininhaber eines Unternehmens mit 726 Mitarbeitern denn habe. Tatsächlich wurde dem Coaching-Klienten durch die Arbeit an dieser Frage klar, dass er zwar das Organigramm seiner Firma im Kopf hatte, sich jedoch keine Rechenschaft darüber abgelegt hatte, in welcher Weise sich seine persönlichen Wünsche strategischer Entwicklung auf jeden einzelnen Mitarbeiter jeder Hierarchiestufe übertragen ließen.

Während es hierbei um Wissen über Wirkzusammenhänge, im vorangegangenen Beispiel (GMN) um Managementwissen ging, ist es für den Coaching-Klienten manchmal auch sehr bedeutsam, sich rückversichernd klar zu werden, was er denn über die Belange seiner eigenen Nahwelt weiß.

Jedes Ansprechen und Erfragen von Metawissen durch einen Coach sollte orientierend für den Coaching-Klienten klären, wo seine Wissenslandkarte bunt anschaulich, ausführlich und orientierend ist – und ihm damit Stolz und Selbstsicherheit ermöglichen, zugleich jedoch auch Hinweise geben auf jene „weißen Flecken", die er sich nicht leisten will oder kann.

4.2.7 Körper-, Musik-, und Entspannungsarbeit

Welchen Schwerpunkt die zwischenmenschliche Kompetenz eines Coaches hat, ist schwer zu sagen. Wir sind der Auffassung, dass eine psychologische Basiskompetenz und zumindest die Ausbildung in einem persönlichkeitsentwickelnden Verfahren unverzichtbar sind. Nun gibt es Coaches, die langjährige Psychotherapeuten-Erfahrung haben und dabei auf körperorientierte Verfahren zurückgreifen; andere sind auch Musik- oder Tanztherapeuten (gewesen). Entspannungstechniken beherrscht jeder Coach. Wir gehen davon aus, dass ein gewisses Repertoire an solchen Angeboten verfügbar sein sollte – zumindest gerade soviel, wie unverzichtbar ist, um eine spezielle Bündnispartnerschaft für den Coaching-Klienten zu verwirklichen.

Greifen wir auf ein Beispiel aus unserer Forschungsdokumentation zurück. Der Marketingdirektor eines norddeutschen Unternehmens der Nahrungsmittelindustrie befand sich in einer Krise. Seine Idee war es gewesen, eines der Produkte gekoppelt mit einem Non-Food-Produkt vertreiben zu lassen – eine Idee, die sich sofort hervorragend bewährt hatte. Nun waren ihm vielfältige weitere Kombinationsangebote vorgeschlagen worden, und es sollte eine Diversifizierungsstragegie gefunden werden, die weit über den ursprünglichen ersten Coup hinausgehen sollte. (Im folgenden Beispiel sind nur die Produktkombinationen und anschließenden Neubenennungen erfunden, um Anonymität zu gewährleisten).

„Wie kann ich das lächerlich Willkürliche, das manchem solchen Kombipack anhaftet und uns in den Geruch uralter ‚Zukaufgeschäfte' bringen könnte, vermeiden? Wir haben doch keinen Bauchladen zu führen …!"

Natürlich hatte er Fachkräfte und eine Werbeagentur zur Verfügung, die ihm unterschiedliche strategische Orientierungen anboten; er wollte jedoch eine persönliche Evidenz: „Ich möchte mit meiner Arbeit eine Produktpalette vertreten, die mich als

Käufer selbst überzeugen würde. Viele der geplanten Kombis sind für mich einfach nicht überzeugend …"

Der Coach, der in einer Praxengemeinschaft mit zwei Musiktherapeutinnen arbeitete und auch einschlägige Fortbildungen besucht hatte, sagte plötzlich: „Sie erleben manche Kombination wie Dissonanzen, schräge Klänge. Was halten Sie davon, wenn wir ein wenig spielen gehen – Klangspielen. Und Sie sich dabei frei der Frage anvertrauen, die Sie bewegt: Was passt wozu?"

Skeptisch und doch erfahrungsoffen begaben sich beide in den freien Musikraum mit seinem vielfältigen Instrumentenangebot; zunächst begann der Marketingdirektor selbst Ton- und Instrumentenkombinationen zu erproben. Nach einiger Zeit teilten sie jedoch die Rollen auf: Jeder war für ein Instrument zuständig und sie spielten einander die Kombinationsklänge zu. Daraus entwickelten sich verschiedene Bevorzugungen und eine tastende Sicherheit für das, was ihnen beiden als „es geht" und als „das passt nicht" erschien. Sie spielten etwa dreißig Minuten. In den letzten 10 Minuten hatte der Coaching-Klient dem Coach die Anweisung gegeben: „Bleiben Sie bei dem Xylophon, machen Sie damit, was Sie wollen, – ich suche mir Zweitinstrumente …" So entstanden kurze melodische Klangfolgen von Xylophon und Rassel, Xylophon und Bongo, Xylophon und Becken.

Der Coaching-Klient legte zuletzt sein Instrument weg und strahlte eine fröhliche selbstsichere Ruhe aus: „Das war es, was ich gesucht hatte. Wir werden keine Kombipackungen vermarkten, sondern Mehrstimmiges. Nicht „Knabbersachen und Taschenlampe" oder „Wurst und Trillerpfeife" sondern „Picknick im Dunkeln" und „Hundedressur".

Aus der kognitiven Figur des „Zukaufes" wurde die neue Gestalt des Erlebnisproduktes – seine Werbeagentur konnte diesen Faden begeistert aufgreifen und ausbauen.

Der Marketingdirektor war ein kreativer Mann, der sich jedoch bei der beliebigen Reproduktion seines Ursprungsgedankens unter seinen Rang begeben hätte. Er suchte nach Authentizität bei dem, was er zu vertreten hatte. Er benötigte eine Möglichkeit, sich in der Kreativität anders, weitreichender auszuweisen und fand dies, als er sich selbst in der „Kombination" mit unterschiedlichen Stimmungen und damit gegebenen Erlebnissen konfrontiert sah.

4.3 Empathie

„Der Erziehung zu prosozialer Gesinnung und sozialer Verantwortlichkeit kommt mit der Empathie eine im Kind angelegte und sich spontan entfaltende Disposition entgegen. Wenn die Sozialisation diese allerdings nicht in angemessener Weise fördert, kann sie verkümmern oder in falsche Kanäle geleitet werden. Dann mag es geschehen, dass die Empathie ihre prosoziale Potenz nicht entfaltet oder sogar zur Basis für antisoziale Verhaltensformen wird." (Bischof-Köhler 1989, 169)

Die Handlungsdimension Empathie ist eine der Dimensionen des fünfwertigen Coachings. Sie wird wie die anderen durch mehrere Interventionskompetenzen beschrieben:

4.3.1 Einfühlung

Der Siegeszug der Erkenntnis, dass emotionale Botschaften, die verstanden werden, das zuverlässigste Mittel zur Stiftung zwischenmenschlichen Kontaktes sind, ist nicht mehr zu stoppen. Und das ist nicht erstaunlich. Die Menschen sind fühlend, spätestens seit der Klassik sind die Worte aus Goethes Faust unvergesslich: „Wenn ihr's nicht fühlt, ihr werdet's nicht erjagen. Doch werdet ihr nie Herz zu Herzen schaffen, wenn es euch nicht von Herzen geht."

Wenn Einfühlung als Grundelement gelingender zwischenmenschlicher Kommunikation anerkannt wurde, so ist damit noch nicht der Nachweis erbracht, dass diese Verhaltensdimension zu trainieren einer der wichtigsten Qualifizierungsaspekte für Coaches ist. Dieser Nachweis wird jedoch evident, wenn wir uns zunächst nur die Vielfalt der Formgesichtspunkte deutlich machen, nach denen einfühlsame Rückverbalisationen zu gestalten sind:

Um dem Coaching-Klienten die Erfahrung zu vermitteln „verstehbar" bzw. genau verstanden zu sein, wird der Coach seine Äußerungen nach folgenden Gesichtspunkten zu formen versuchen:

- Kurze Sätze
- in Gegenwart
- möglichst verbal
- adjektivisch, nicht substantivisch
- anschaulich
- aktiv
- in freundlichem, warmen Frageton
- die wahrgenommenen Gefühle am Ende des Satzes ansprechend.

Die Kürze ermöglicht den schnellen Wechsel, die Ausgeglichenheit der Gesprächsanteile (Kürze kann allerdings nicht immer geleistet werden: Beim lauten Denken, bei der Überprüfung des eigenen Verstehens, in Zusammenfassungen oder bei begründeten Handlungsvorschlägen, werden Äußerungen länger. Dennoch oder gerade dann gilt allerdings die Anweisung: „Gefühl am Ende der Äußerung" – siehe unten).

Gegenwart ermöglicht modellhaft das „Aktualisieren" (in Gegenwart widerspiegeln) des Erlebens des Coaching-Klienten. Zu „hassen" ist ein aktuelles Fühlen, „Sie spüren Hass" macht daraus die Wahrnehmung eines „inneren Giftes" – ohne erkennbar zu machen, wie man es los wird. Gefühle ändern sich – sie sind „verbal", so sollten sie auch beschrieben, genannt werden.

Die Sprachform des Adjektivischen („Du bist wütend" statt „Du spürst Wut") vermittelt die Erfahrung des Prozesses, vermeidet substantivische Theorien über sich selbst („Ich bin ein impulsiver Macher ...", „Geduld ist nicht meine Stärke ...") und die Flucht in die Welt von angeblich bedeutsamen Fakten („Ich bin nicht neidisch, aber ohne den Antrieb durch soziale Vergleiche würden wir doch alle die Flügel hängen lassen ...").

Anschaulichkeit kann durch Vermeiden von Fremdworten (Wut – nicht Aggression, Trauer – nicht Depression, Glück – nicht Euphorie) und vor allem durch sprachliche Bilder erreicht werden. Sie baut die Sprachfertigkeiten auf, die zur Erforschung des eigenen Erlebens und der darin verborgenen irrationalen Einschränkungen, blockierenden Annahmen, in ihrer Wirkung übersehenen „Selbstverständlichkeiten" wichtig sind.

Die aktiven Worte und Konstruktionen (lieben – geliebt werden, trauern – traurig gemacht werden, ängstlich sein – Angst haben) sind meist die lebendigeren, unmittelbareren Bezeichnungen für emotionale Zustände.

Die Gefühle werden aus der Persönlichkeitstheorie heraus als zentraler Prozess-Ort der Selbstdefinition des Menschen verstanden; sie anzusprechen, ermöglicht das Nachdenken über Fertigkeiten, Pläne und Werte (drei Ebenen der Handlungstheorie). Das Satzende spielt dem Coaching-Klienten das Wort zu, dort sollte also der bedeutsamste Teil der Äußerung des Coaches stehen.

Die Einfühlung darf nicht als kaltes Seziermesser dienen. Sie muss die Angst mindernde Funktion des Bemühens um Verständnis haben und wird daher freundlich, warm geäußert.

Frageton: Da der Coach SUCHT und SUCHEN schulen will, hat er keine RATSCHLÄGE, sondern Anstöße zum gezielten Fragen zu bieten; dies vermittelt er auch durch seine Stimmführung.

Allein das Training kompetenter Einfühlung als Sprachverhalten wird oft als „Gesprächsführungstraining" angeboten. Wir meinen, dass die Gesprächsführung eines Coaches viele weitere Fertigkeiten erfordert. Die Grundfertigkeit des Ansprechens emotionaler Erlebnisinhalte (von Tausch (1976) einst „Verbalisation emotionaler Erlebnisinhalte" benannt), die Einfühlung, bildet einen der Schwerpunkte des fünfwertigen Coachings.

4.3.2 Nähe

Umgangssprachlich bedeutet Nähe immer weit mehr als die Angabe eines Längenmaßes oder einer „Distanz". Die Qualität einer Beziehung zeigt sich im Erleben von Vertrautheit und Nähe. Nähe erfordert ihre professionelle Gestaltung.

Im Kontakt zwischen dem Coaching-Klienten, beispielsweise einem gestressten Spitzenmanager, und seinem Coach scheint diese Handlungsdimension zunächst reduziert auf die Farbe der Stimme (freundlich warm sprechen fast alle Coaches, statt kalt distanziert schneidend) und eine „korrekte" Distanz, das heißt, ein nicht zu nahes und auch nicht zu fernes Beisammensitzen.

Tatsächlich jedoch ist Nähe eine Komponente der nonverbalen Kommunikation zwischen den Beteiligten eines Coaching-Prozesses: Der Coaching-Klient muss kontinuierlich erfahren, dass sein Coach sich um angemessene Nähe bemüht. Die Regulation der Nähe kann dabei fast alle Erscheinungsformen des Kontaktes zwischen Vertrauten haben: Ich legte Coaching-Klienten schon die Hand auf die Schulter oder trat ihnen so dicht gegenüber, dass wir uns fast leiblich berührten und zugleich einander in die Augen blickten – und bekam für solches Verhalten später anerkennende Rückmeldung.

Die Regulation der Nähe, das Heranrücken und sich Zurückbeugen, das Berühren oder Abstand nehmen – es muss dem Coaching-Klienten die Erfahrung vermitteln, in seinem aktuellen Erleben respektiert zu werden: Friert er vor Einsamkeit, so ist Zuwendung möglicherweise wichtig, schwitzt er vor Bedrängnis, mag es richtig sein, aufzustehen und den Raum mit der entlastenden Begründung „Lassen Sie mich Ihnen ein Glas Wasser bringen“ zu verlassen.
Tatsächlich vermittelt auch ein Coach seinem Coaching-Klienten die Erfahrung der Geborgenheit, des Schutzes und des Trostes durch die achtsame Regulation der Nähe.

4.3.3 Wachheit

Es ist nicht sicher, dass Zeit wirklich das ist, woran es in den vielfältigen Konferenzen, Besprechungen, Moderationen und Verhandlungen von Führungskräften am meisten mangelt. Wer viele Verhandlungs-Mediationen hinter sich hat, wird stöhnend und staunend registrieren, wie viel Zeit auch heute noch langatmige und sich wenig differenzierende endlose Kreisgänge von Argumenten das Vorfeld von Entscheidungen aller Art fressen. Die Begegnung zwischen einem Coach und einem Coaching-Klienten sollte in einer anderen Atmosphäre geschehen. Einerseits ist Zeit ein teures, knappes Gut (Coaching ist teuer), andererseits kann man das Wachstum von klärenden Gedanken nicht beliebig beschleunigen: „Rüben wachsen nicht schneller, wenn man an ihnen zieht.“

Woran es in den zeitraubenden Verhandlungen eher mangelt, ist das, was als Interventionsgesichtspunkt die Wachheit genannt wird. Zusammen mit der Momentzentrierung (Kap. 4.3.4) macht die Wachheit des Coaches einen Gutteil seiner Kunst aus. „Meinem Coach entgeht nicht die geringste Veränderung meiner Stimme, Gedanken, Sichtweisen …“ – diesen Anspruch muss der Coach einlösen.

Es mag zunächst scheinen, dass sich Wachheit von selbst ergibt, wenn man den Coaching-Klienten ausfragt, mit Übungen beschäftigt, zum Nachdenken anhält, indem man ihn mit Nachdenkenswertem konfrontiert usw. Tatsächlich jedoch ist die kostbarste Zeit jeden Coachings jene, in der äußerlich „nichts geschieht“; jene Zeit, in der ein Spitzenmanager, sich auf neue Seh- und Handlungsweisen einstellend, „verdaut“ – und gerade diese stille unspektakuläre Zeit ist es, die mit der ruhigen Wachheit des Coaches gefüllt sein muss, dem nichts entgeht.

So kann es vorkommen, dass er nach angemessener Zeit und mit präzise belegter Genauigkeit irgendwann sagt: „Ihre Überlegungen stocken immer wieder bei einer Frage, möchten Sie diese einmal aussprechen?“ Und für den Fall, dass der Coaching-Klient erst eine Begründung für die zwar zutreffende jedoch nach „Gedankenleserei“ klingende Äußerung vom Coach einfordert, ist es selbstverständlich notwendig, dass der Coach diesen Beleg auch sofort liefern kann („Wie kommen Sie darauf?“); beispielsweise, indem er die unbewusst vom Coaching-Klienten gemalten Fragezeichen auf dem Notizzettel anspricht oder indem er die beobachtete Schieflage des Kopfes und das mikrokleine Kopfschütteln anspricht.

Wachheit lässt den Coaching-Klienten seine Wichtigkeit auch in solchen Momenten spüren, in denen „nichts Besonderes" geschieht.

4.3.4 Momentzentrierung

Der Coaching-Prozess ist eine sehr teure Dienstleistung, bricht man das Honorar eines Coaches auf die Bezahlung von jeder einzelnen Sekunde herunter, so sind selbst dies keine zu vernachlässigenden Summen. Ein Coach sollte jede Sekunde sein Geld wert sein. Die Interventionskomponente der Momentzentrierung verdeutlicht dies unter anderem dadurch, dass der Coaching-Klient in jedem Augenblick erkennen kann, dass das, was jetzt gerade geschieht, für den Coach bedeutsames Geschehen ist – jedes Schweigen, Zögern, Räuspern, um eine Denkpause bitten oder in anderer Weise auf Entspannung sinnen, wird wahrgenommen und geachtet. Die Momentzentrierung des Verhaltens des Coaches kann dem Coaching-Klienten für vielfältige, sonst sehr stressreiche Situationen Modell sein: Konferenzen, in denen „Schlagfertigkeit" gewünscht ist, Beratungen, in denen sich Argumente im Kreis zu drehen beginnen, Planungsgespräche, in denen die Zielvereinbarungen durch immer neue „Was-aber-wenn-Argumente" hinausgeschoben werden.

Die Momentzentrierung des Coaches ist seiner Wachheit (Kap. 4.3.3) verwandt, mit dieser jedoch nicht identisch. Es gibt eine sehr schöne Gruppenübung, die Elemente der Wachheit und der Momentzentrierung psychomotorisch veranschaulicht. Vielleicht vollziehen Sie diese Übung gerade lesend nach: Stellen Sie sich vor, ein Trainer hätte Sie mit irgendeiner Mannschaft gemeinsam (mit Ihrer Abteilung, Ihren Vorstandskollegen usw.) in einem Kreis aufgestellt und sie gebeten, mit großer Aufmerksamkeit das folgende Spiel zu spielen. Der Trainer greift in die Luft und holt sich pantomimisch „Etwas" aus der Luft, einen, wie er erläutert „unsichtbaren Ball". Er nimmt diesen Gegenstand und formt ihn, er erläutert dabei: „Das Spiel besteht darin, dass jeder den Ball fangen muss, den er zugeworfen bekommt, dann kann er ihn in den Ball verwandeln, den er werfen will; der Adressat seines Wurfes muss fangen, was er geworfen bekam und darf dann werfen, was er formte." Inzwischen ist unter den Händen des Trainers ein gewichtiger großer Völkerball entstanden – und wird Ihnen zugeschleudert. Sie fangen ihn mit der ganzen Erschütterung Ihres Leibes durch das ankommende Gewicht, formen den Ball in einen Pingpongball um und lassen diesen elegant zu einem Gegenüber sausen, das blitzschnell reagierend das flinke Geschoss schnappt und es in einen Luftballon verwandelt, den er mit einem Fingerstups zum Nachbarn hin treibt…

Die Wachheit (Kap. 4.3.3) verlangt, dass wir erkennen, welchen Ball wir zu erwarten haben. Unsere Kompetenz zur Momentzentrierung zeigt sich darin, wie wir das erhaltene Geschoss empfangen. Einen Coach, der „nicht schaltet", kann es geben; wenn er jedoch meint, daraus eine Tugend machen zu können, verfehlt er unserer Auffassung nach seinen Job. Momentzentrierung vermittelt dem Coaching-Klienten die Erfahrung, dass Kontakt in jedem Augenblick möglich und wichtig sein kann.

4.3.5 *Differenzierungen anregen*

Irrationale Annahmen haben häufig den Charakter von Übergeneralisierungen. Irrtümer entstehen oft aus versäumten Spezifizierungen. Das Einzige, was fast immer hilft, sind Konkretisierungen. Dass wir als Coaches die drei intellektuellen Leistungen (Generalisierungen, Spezifizierungen, Konkretisierungen) allesamt als Differenzierungen benennen, wird bei der Interventionskompetenz des Generalisierens wohl auf fragende Gesichter stoßen. Wir meinen, dass jede Generalisierung etwas vergröbernd benennt und es somit meist aufklärend abgrenzt gegenüber anderen Begriffen, Kategorien und „Überschriften“. Generalisieren ist das Mittel der Bild-Zeitung, und es ist ein verdeutlichend wirksames Mittel, Differenzierungen anzuregen.

Betrachten wir die drei Arten zu differenzieren anhand von Originalprotokollen:

Der Coaching-Klient sagte: „Das letzte Geschäftsjahr war eine einzige Katastrophe.“
Coach spezifiziert: „Im letzten Geschäftsjahr gab es eine Vielfalt einzelner Fehlentwicklungen, Enttäuschungen, Umsatzrückgänge und anderes mehr. Möchten Sie bitte die drei Trends, die Sie vor allem als Katastrophe erlebten, benennen?“
Der Coaching-Klient beschreibt: „Meine drei Direktoren haben als gemeinsamen Nenner Eitelkeit. Und mein Problem ist, dass ich nicht kränken kann“.
Coach konkretisiert: „Welchem von den Dreien möchten Sie denn als erstes und mit welcher Begründung seine Hässlichkeit aufzeigen?“
Der Coaching-Klient klagt: „Ich speise brillante Ideen ein, arbeite 70 Stunden die Woche, bin stets ansprechbar – und doch scheint meine Gruppe nicht anzunehmen, dass ich der Projektleiter bin – keiner geht auf mich zu.“
Coach generalisiert: „Wieder machen Sie die Erfahrung, dass Ihr Einsatz sich nicht lohnt?“

Wichtig ist an allen drei Beispielen zunächst das Fragezeichen. Wie wir bei der Einfühlung schon sahen, sind Coaches Spezialisten im Umgang mit sich entwickelnden Urteilen: Diese sind somit nicht kriminalistisch zu wertende Fakten, sondern kreativ zu verwertende Fiktionen. Alle Einfühlung ist immer Hypothese. Jede Differenzierung hat den nicht mitgesprochenen Rahmen:

- „Wenn es für Sie hilfreich ist, möchte ich Sie einladen zu erproben, was geschieht, wenn Sie Beispiele nennen.“ (Spezifizieren)
- „Was wird sichtbar, wenn Sie sich auf einen einzelnen Aspekt festlegen und diesen genauer betrachten?“ (Konkretisieren)
- „Könnte es hilfreich sein, wenn Sie das Objektiv um eine Stufe weitwinkliger wählen?“ (Generalisieren)

Differenzierungen anzuregen meint immer die Unterstützung kognitiver Klärungen auf den drei Ebenen der leitenden Werte, wählbaren Strategien und zu fordernden Kompetenzen. Für den Wertebereich gilt:

- Dort, wo die Sonde einer Konkretisierung durch die Fettschicht eines Vorurteils dringt, kann es zu neuen Wertungen kommen.
- Dort, wo eine Spezifizierung auf strategische Handlungsmöglichkeiten verweist, die bisher ausgeklammert waren, kann der Wertehimmel neue Sterne zeigen, können alte Tabus verabschiedet werden.
- Dort, wo eine Generalisierung wie ein Blitzlicht andere als die bisher betrachteten Hintergründe sichtbar macht, kann es zu neuen Sinndeutungen/Wertsetzungen kommen.

Die anderen Ebenen wären analog zu betrachten. Differenzierungen anzuregen bedeutet auch, kognitive Arbeit in Auftrag zu geben.

4.3.6 „Nondirektive" Beziehungsregulation

Neben der Vielfalt verhaltenssteuernder Kompetenzen, die ein Coach erworben hat und die er als „Handwerkszeug" seiner (meist irgendeiner psychologischen Interventionsrichtung zuzuordnenden) Grundorientierung mit einem Menschenbild verbindet (z. B. tiefenpsychologisch, verhaltenstherapeutisch, personzentriert), hat jeder Coach explizit Mitverantwortung für die konkrete Ausgestaltung des Beziehungsgeschehens zwischen Coach und Coaching-Klienten.

Als achtsamer Betrachter des Marktes der Psychomoden im Wirtschaftsbereich konnte man in den letzten Jahren Modewellen registrieren. Auf die der „Transaktionsanalytiker", die „Spiele der Erwachsenen" betrachteten, folgten die „Neurolinguistischen Programmierer" (NLP), die einen Ausschnitt gesprächspsychotherapeutischen Handwerkszeuges verabsolutierend vermarkteten; und gegenwärtig – wird unter dem Oberbegriff „systemischer Zugang" u. a. die Magie der „Familienaufstellungen nach Hellinger" und alles Mögliche verkauft. Wo früher ein Seminar zum Thema „Kommunikation und Gesprächsführung" angeboten wurde, da muss es heute mindestens „Systemische Gesprächsführung" heißen. Unter all diesen Vermarktern gibt es erschreckende Scharlatanerie ebenso wie einige Naturtalente, denen tatsächlich diese jeweiligen kleinen Handwerksköfferchen erlauben, achtenswerte Operationen zu gestalten. Und ebenso sind Transaktionsanalyse, NLP und Familienaufstellungen inzwischen auch zu kontrollierten Kompetenzbereichen erweitert worden, in welchen curricular gegliederte Ausbildungen mit entsprechenden Eingangsvoraussetzungen existieren. Wir stehen solchen Modewellen insofern distanziert gegenüber, als wir die empirisch fundierte, angewandte Psychologie und damit die aus der Psychotherapieforschung als effektiv ausgewiesenen (und verantwortlich anzuwendenden!) Methoden bevorzugen.

Fünfwertiges Coaching ist aus der empirischen Forschungstradition des personzentrierten Ansatzes entwickelt; es integriert dabei sowohl die tiefenpsychologische Orientierung vertiefter Selbstreflexion als auch die verhaltenstheoretischen Überlegungen zur Organisation von förderlichen und fordernden Lernwegen. Für die Gestaltung des Beziehungsgeschehens zwischen Coach und Coaching-Klient sind neben den Basiskompetenzen von Einfühlung, Offenheit und Echtheit jene speziellen Beziehungsregularien bedeutsam, die in der Geschichte des personzentrierten Ansatzes dazu geführt hatten, dass von einer „nondirektiven" und einer personzentrierten Richtung gesprochen wurde. Diese beiden Aspekte stehen im Hintergrund der Beziehungsregularien des Nondirektiven und Personzentrierten (Kap. 4.3.7).

Betrachtet man die Vielfalt von Interaktionsbündnissen zwischen Coaches und Coaching-Klienten, so kann man beispielsweise mit dem Instrument der Transaktionsanalyse zeigen, dass das Arbeitsbündnis unterschiedliche Strukturen aufzuweisen vermag. In unserem Ansatz gehen wir davon aus, dass uns alle solche Bündnisse als „Spielstrukturen" verfügbar sind. Manchmal spielt der Coach im fünfwertigen Coaching tatsächlich den strengen Vater, manchmal den freundlichen Kollegen, manchmal das provozierende freche Kind usw. Dies wird jedoch jeweils von vornherein offen gelegt und mit dem Coaching-Klienten verabredet. Bei solcher Verabredung ist der Coach prozess-anreichernd, vorschlagend. Die Führung jedoch bleibt beim Coaching-Klienten. Nur wenn es seiner Intuition angemessen erscheint, solch eine „Spielphase" einzulegen, zu nutzen, dann geht der Coach in die angebotene Rolle.

In der personzentrierten Psychotherapie ist der Terminus „nondirektiv" inzwischen aufgegeben worden, da genauere Analysen ergaben, dass auch nondirektiv gemeintes Verhalten die Direktiven des Therapeuten transportiert und offenbart. Als ein Fachbegriff, um eine spezifische Interventionskompetenz des Coaches bei der Regelung von Beziehungen zum Coaching-Klienten zu kennzeichnen, behalten wir den Begriff jedoch bei.

Die Interventionskompetenz „Nondirektive Beziehungsregulation" besagt demnach eigentlich etwas sehr Einfaches: Wir meinen, dass ein Coach es leisten können muss, dass dem Coaching-Klienten in jedem Augenblick klar ist, dass „seine Sache", sein Anliegen, die Richtung allen Arbeitens bestimmt. Oberflächlich betrachtet könnte dies durch gesprochene Texte des Coaches gestaltet sein: „Sie wollten doch klären wie …; es ist jetzt an der Zeit Ihre Zielvorstellung von … zu präzisieren" usw. Tatsächlich sind solche, von uns als „beschworene Autorisierungen" gekennzeichneten Floskeln jedoch hier nicht gemeint.

Nondirektive Beziehungsregulation findet meist ihren Ausdruck

- im Timing des Verhaltens des Coaches – er kann abwartend schweigen, er lässt dem Coaching-Klienten ausreichend Zeit, wirklich neue Alternativen zu entwickeln,
- in der Wahl von Anregungen, die methodisch, jedoch nicht inhaltlich sind, und
- wie schon erwähnt, in dem Angebot, sich vom Coaching-Klienten unterschiedliche „Spielrollen" geben zu lassen.

4.3.7 Personzentrierte Beziehungsregulation

Neben all den anderen Interventionskompetenzen und den fünf Basiskompetenzen den Leitbegriff der Personzentrierung hier nochmals aufzuführen, mag irritierend sein. Aber mit Sachse (1997) analysierten wir vielfältige Störungen in erwachsenen Personen als Störungen ihrer Art „zu spielen". Tatsächlich können wir davon ausgehen, dass es eine der Schwächen im Topmanagement ist, dass das Spielen immer noch nicht ernst genug genommen wird. Zwar sind aufgrund der Masse von Planspielen und Rollenspielen, die inzwischen zu jeder MBA-Qualifizierung und zu vielen betrieblichen Weiterbildungen gehören, die peinlichen Zeiten vorbei, in denen Trainer erst Verzeihung heischende lange Effektivitätstiraden loslassen mussten, ehe sie eine Seminargruppe zu einem Spiel anregten. Aber die Kompetenz, wirklich ins Spiel, ins Spielen zu kommen, ist noch wenig gewachsen.

Kinder (denen es nicht verdorben wurde) können es und können es jedem vermitteln, wenn man ihnen die Führung überlässt. Denn das Entscheidende am Spiel ist die Freiwilligkeit. Wer diese verliert, ist Spielverderber. Insofern sind die meisten geflissentlich planspielenden Topmanager eigentlich brave, an Hausaufgaben musterschülerhaft schwitzend sich abarbeitende Spielverderber – und die wenigen, die wirklich ins Spiel kommen, sind die glänzenden weißen Raben.

Es würde hier zu weit führen, unsere Sicht der Entwicklung jedes Menschen als eine Selbstentwicklung in Stufen darzustellen (Kegan 1986). Was jedoch der reife Erwachsene erreicht haben sollte, ist die Entwicklungsstufe des „Institutionellen Selbst". Eine erwachsene Person ist ein selbstreflexiver Konzern von Mitarbeiterrollen, die gemeinsam eine „Institution" bilden, eben die Person, die man ist und auch sein will. In der Darstellung des systemischen Coachings (Backhausen / Thommen 2006) wird in dem sehr knappen Methodenkapitel die Arbeit mit Persönlichkeitsanteilen dargestellt, es läuft darauf hinaus, dass „gleichsam ein Teamcoaching" innerhalb der Person stattfindet. Dabei ist die Integrität der Person die zentrale Kategorie: Selbstkongruent so sein zu können, wie man sein will, ist eine der Beschreibungen für seelische Gesundheit und für höchste Funktionstüchtigkeit. Ein Coach ist grundsätzlich Entwicklungspartner für diese Stufe der personalen Entwicklung.

Da der Coach zugleich dienstleistender „Mitspieler" bei jedem hilfreichen Experiment, Brainstorming, Gedanken-, Plan- oder Rollenspiel sein wird, ist es entscheidend, ob er im Sinne der eigenen Ideen „mitspielt" oder nur „dabei ist" im Sinne der Realisation der Spielideen des Coaching-Klienten. Bestimmend ist, dass der Coach dafür sorgt, dass das „Spiel des Coaching-Klienten" gespielt wird und dass weder Vorlieben des Coaches noch Sackgassen des Coaching-Klienten dazu führen, dass einer von beiden zum „Spielverderber" wird.

Personzentrierte Beziehungsregulation meint schlicht, dass der Coach mit dem Coaching-Klienten den goldenen Mittelweg des Spielens geht. Personzentrierte Beziehungsregulation hält den Schwebezustand des „Als-ob" aufrecht; dieser sorgt dafür, dass keiner zum Spielverderber wird.

4.3.8 Rollenspiel und Psychodrama

Selbstgestaltungen zu erproben, ist niemals eindringlicher möglich als im Rollenspiel. Mit der Methode des Psychodramas wurde eine differenzierte Technik entwickelt, die viele Coaches zusätzlich zu anderen Qualifikationen erwerben. Im Psychodrama kann jeder Coaching-Klient als „Protagonist" (derjenige, dessen Anliegen in den Mittelpunkt rückt) jene Biographie erarbeiten, die seine ganze Handlungsfähigkeit freisetzt. Es gibt eine Menge von Einzelinterventionen aus dem Handwerkskoffer des Psychodramaleiters, die sich im Coachingprozess sehr bewährt haben. So kann der Coach

- doppeln (er stellt dem Coaching-Klienten seine Sicht einer beschriebenen Rollenspielsituation zur Verfügung, indem er hinter ihn tritt und aus seiner Sicht in Rollenübernahme spricht)
- spiegeln (die Umkehrung des Doppelns: der Coach gibt ein Beispielecho auf Selbsterprobungen des Coaching-Klienten)
- „fertig stellen“ (biographisch bedeutsame Situationen mit erinnertem schlechten Ende können anders zu Ende gespielt werden, Träume mit anderen Ausgängen versehen werden usw.)

Weitere Techniken (wie zum Beispiel „Der leere Stuhl“, der im Sensitivity-Training in Management-Kursen bereits Tradition hatte und in der gestaltpsychologischen Arbeit Alltag wurde) sind aus diesem Erfahrungsschatz genommen.

4.4 Authentizität

„Zum einen hat Identität etwas damit zu tun, dass der Mensch genötigt ist, seine Triebziele im Vorgriff auf die Zukunft zu organisieren. Hierfür muss er sie in eine Rangordnung bringen, er muss also zu einem verbindlichen Wertekatalog gelangen. Dafür gibt es objektive Maßstäbe; ebenso wichtig sind aber auch Kriterien, die mit den Stärken und Schwächen, Möglichkeiten und Grenzen, inneren Notwendigkeiten und Unverzichtbarkeiten der eigenen Person zu tun haben – ein Gespür dafür, wie weit man gehen kann, ohne sich selbst untreu zu werden.“ (Bischof 1996, 597f)

Die dritte Dimension des fünfwertigen Coachings wird mit Echtheit, Authentizität beschrieben und durch die folgenden Interventionskompetenzen vor allem gefördert:

4.4.1 *Echt Sein*

Zunächst einmal muss sich der Coaching-Klient darauf verlassen können, dass sein Coach selbst diese Verhaltensdimension „drauf hat“. Dies ist das einfachste und komplexeste Thema aller Coaching-Ausbildung, aller Coachingkompetenz. „Ich tue, was ich kann, und bin, was ich tue“ ist jene Leitformel, die recht verstanden ein Fernziel und eine ruhige Gegenwartsselbstverständlichkeit zugleich darstellt und darstellen muss.

„Seien Sie doch einfach spontan!“ – die beunruhigende Dummheit solcher Paradoxie kann nicht weggezaubert werden. Was meint also dieses Kriterium, diese von uns sogar als lehr- und lernbare Interventionskompetenz beschriebene Handlungsdimension?

Wir gehen davon aus, dass jede Führungskraft einen professionellen Qualifizierungsweg hinter sich hat, der das notwendige Management-Wissen umfasst. Selbstverständlich hat jeder Coach eine breite Palette solchen Wissens mit auf den Weg genommen, aber für den Beruf des Coaches ist dies nicht das entscheidende Wissen und Können. Coaches sind keine Führungskräfte, sondern Kräfte, die das Führen fördern. Coaches müssen „ein Gespür dafür entwickelt haben, wie weit man gehen kann, ohne sich selbst untreu zu werden“ (Bischof 1996, 598).

Eine dem Echt-Sein vergleichbare Kategorie ist die Integrität. Dieser Alltagsbegriff wurde durch die Arbeit von Pollmann (2005) zu einer reflektierten philosophischen Kategorie, die Selbsttreue, Rechtschaffenheit, Integriertheit und Ganzheit einer Person zusammenfasst und die Schwierigkeiten, die dem Dasein als integre Person von innen oder außen entgegenstehen, anschaulich benennt. Als ein materialreiches Werk zur vertieften Selbstreflexion erwünschter Integrität kann dieses Werk die eigene Orientierung zwischen Würde und Ehre, Freiheit und Autonomie, Authentizität und Wahrhaftigkeit fördern – es bietet sich als eine schulende Lektüre zur Entfaltung eigener Echtheit an.

4.4.2 Modell geben

Der Coach sollte in möglichst vielfältigen Bezügen als „Vorbild“ wirken – und dennoch ist er selbstverständlich nicht „der bessere Mensch“. Die Vorbildfunktion eines Coaches kann von diesem auch nicht angestrebt werden: Selbstgestaltungen als Säulenheilige sind in der Branche psychosozialer Optimierung von menschlicher Leistungsfähigkeit nur lächerlich – entweder als „chronische Besserwisser“ oder als sowieso inakzeptable „Barfuß-Esoteriker“. Wollte ein Coach sich vorbildlich gestalten, so müsste er zur „multiplen Persönlichkeit“ werden, da für jeden Coaching-Klienten eine andere Persönlichkeit Vorbild sein wird. Dass er dennoch auch in seinem Alltagsverhalten vorbildlich zu sein hat, ist eher eine seiner Berufspflichten (eben die zur erwähnten Integrität) als eine spezielle Kompetenz.
Dennoch kann ein Coach selbstverständlich einiges meist besser als andere:

- einen sozialen Konflikt aus dem Stand heraus als Rollenspiel inszenieren („Regisseur“)
- modellhaft einer Emotion Ausdruck verleihen („geschult unverschämt“)
- einen Konflikt so veranschaulichen, dass der Blick auf den Konflikt orientierende (statt lähmende) Energie ausstrahlt („Reframing in der Bilderwahl“)

All dies zum Stichwort „Modellgeben“ ist jedoch nicht das, was die Interventionskompetenz eines Coaches meint, der gelernt hat, dann, wenn es nötig ist und/oder gewünscht wird, ein Modell zu geben. Modellgeben heißt, wirklich VORMACHEN. Insofern kann es nicht Modelle für existenzielle Entscheidungen geben („Ich demonstriere Ihnen nun mal, wie Sie sich beim Durchsetzen Ihrer Forderung verhalten müssen …“). Ein Modell zu geben kann nur jene konkrete, anschauliche, undramatisch zu übernehmende und dabei ins Eigene zu übersetzende Fertigkeit sein, die, nachdem sie als Modell geboten wurde, solange geübt werden kann, bis sie „sitzt“.

Natürlich gibt es übergreifendes Wissen (beim Mikado kann man einen Stab gut anheben, indem man seine Spitze auf die glatte Unterlage drückt), das sich eindringlich demonstrieren lässt. Das Modellgeben eines Coaches ist jedoch immer individualisiert für den jeweiligen Coaching-Klienten gemacht. Das Vorgemachte sieht dabei dann meist anders aus als das Umgesetzte. Das Wichtige am Modellgeben eines Coaches ist, dass er etwas mit der Absicht vormacht, dem Coaching-Klienten die Möglichkeit zu bieten, es ANDERS, nämlich in der Umsetzung des Modells anders – in seiner EIGENTÜMLICHEN, eigenen Weise zu machen.

Das Modell eines Coaches ist gerade nicht seine Vorbildlichkeit, sondern die Demonstration der Machbarkeit – um dann den Coaching-Klienten seinen Weg finden zu lassen, es zu machen. So kann dann auch mit existenziellen Entscheidungen umgegangen werden: „Ich zeige Ihnen jetzt, wie ich mich bei der Durchsetzung dieser Forderung verhalten würde…" kann der Coach sagen, nachdem die Gegner und der Inhalt der Forderung und alle anderen Rahmenbedingungen geklärt sind. Und nach diesem Modell kann sich der Coaching-Klient meist fröhlich zurücklehnen und sagen: „So werde ich das nicht machen, aber ich könnte mir vorstellen, es so zu machen…" Und dann geht's an das Erarbeiten der Performance des Coaching-Klienten, bis diese sitzt.

Modelle von Coaches sind wie die Modelle von Architekten: Sie versuchen eine Lösung anschaulich zu zeigen – wissend, dass die Bauherrn nur zulassen und verwirklichen werden, was sie annehmen können. Das Modellgeben bereichert die erfahrenen Fertigkeiten des Coaching-Klienten durch unaufdringliches „Vormachen" eines Handlungsentwurfes, dessen personale Ausgestaltung durch den Coaching-Klienten – seine „Bauausführung" – dann erarbeitet werden kann.

4.4.3 Insistieren

Coaches sind keine Besserwisser. Manches wissen sie tatsächlich besser – schließlich sind sie hochkompetente Spezialisten. Aber gerade das, was eine Spitzenkraft an fachlichem Wissen und Können für ihren Job benötigt, liegt ohnehin in der Kompetenz des Coaching-Klienten und nicht beim Coach. Coaches sind keine grauen Eminenzen im Hintergrund, sozusagen die Hohepriester einer Wirtschaftsreligion der neuen Effizienz. Coaches sind Wissende in Ohnmacht: Die Dienstleistung des Coaches ermächtigt nur jene, die diese Leistung in Anspruch nehmen. Die Macht der richtigen Entscheidung – allerdings genauso die Verantwortung dafür – liegt beim Coaching-Klienten.

Was allerdings der Coach bereitstellen muss, ist seine kompromisslose Kompetenz. Der Bürgermut des Eigensinns, der persönlichen Sicht, ist für einen Coach nicht ein privates Privileg, sondern eine professionelle Verpflichtung. Manche Coaching-Ausbildungen wollen mit der Forderung nach Neutralität des Coaches sozusagen dessen unverletzliche Unschuld sichern: der Coach habe weder eine fixe Idee noch eine eigene Vision noch gar den Sündenfall einer manipulativen Technik begangen, er sei „neutral" geblieben.

Wir verstehen unter Neutralität vermutlich dasselbe wie jene anderen Ausbilder – wir denken jedoch, dass es eben gerade die Verpflichtung zur Neutralität verlangt, dass ein neutraler Außenstehender dem Coaching-Klienten seine Sicht anbietet. Im Insistieren wird dies jeweils deutlich. Oft werden Blickwechsel, die der Coach anbietet, mit Beiläufigkeit (häufig sogar dankbar) zur Kenntnis genommen – ohne wirklich angenommen zu werden. Verräterisch sind hierbei Floskeln des Coaching-

Klienten wie „Genau – so kann man das auch sehen ...“ oder „Stimmt, das habe ich mir auch schon mal gedacht ...“

Ein Coach kann hier meist erkennen, dass der Coaching-Klient eine Alternative zwar erwogen hat, diese jedoch nicht wirklich als neuen Blickpunkt annehmen möchte. Ob solch ein Gesichtspunkt nun wirklich der „eigentliche, wesentliche, zielführende“ sei – das kann aufgrund seiner Fachkompetenz und Verantwortlichkeit tatsächlich nur der Coaching-Klient entscheiden. Was sein Coach allerdings entscheiden kann, ist, dass mit solch aalglatten, schnellfertigen Formulierungen („Genau dies meinte ich vorhin, als ich sagte ...“) eine der wesentlichsten Übungen eines Spitzenmanagers übersprungen, unterlassen, ausgeklammert wird: die Übung des eigenen Wollens und Widerspruchsgeistes.

Wenn ein Coach also auf einer Sicht, einem Argument insistierend beharrt, dann nicht, weil er inhaltlich eine Fehlerkorrektur („Besserwisserei“) betreibt, sondern weil er dem Coaching-Klienten abverlangt, sich mit dem Argument abzuarbeiten, zu klären, wie er dazu steht, was er wirklich selber will und wie er seinen Willen klar artikulieren kann.

Beispiel:
Einem Coach fiel auf, dass der Coaching-Klient die Alternative, den Umsatz seiner Gesellschaft dadurch zu steigern, dass diese zwei kleine Firmen hinzukaufen würde, zwar kurz erwähnt hatte, dann jedoch zu Widersprüchen in der Holding und der Gesamtstrategie kam, ohne den Gedanken solcher Akquisition weiter zu verfolgen – sie wäre eine Planungsperspektive seines Geschäfts- und Verantwortungsbereiches gewesen. Der Coach unterbricht den Coaching-Klienten: „Vorhin sagten Sie beiläufig, es bestünde die Möglichkeit, Ihren aktuellen Auftrag auszubauen, durch den Erwerb von zwei kleineren Firmen den Umsatz zu steigern.“ Der Coaching-Klient: „Stimmt. Das war eine Überlegung. In der Holding jedoch versucht man gegenwärtig ...“ Der Coach: „Möchten Sie mir diese Überlegung noch mal genauer darstellen?“

Tatsächlich entwickeln Coaching-Klienten meist sehr schnell ein Gespür für die insistierende Absicht ihres Coaches und greifen das jeweils angebotene Training der Willensklärung und -artikulation aktiv auf.

4.4.4 *Konfrontieren*

Der Coach kann weder Freund noch väterlicher Anleiter sein. Die Abgrenzung von Coaching zu Mediation, Mentoring und persönlichkeitsentwickelnder Personalführung ist an anderer Stelle zu leisten, teilweise sind hier unsere Ausführungen zum innerbetrieblichen Coaching bedeutsam (Kap. 3.4). Die Beziehung zum Coach muss eine Vertrauensbeziehung sein, die dem Coach jenen „Nimbus“, jenen Vertrauensvorsprung, gibt, der es sinnvoll macht, sich seiner Dienstleistung anzuvertrauen.

Im Mitarbeiter-Coaching (Kap. 3.4), das begrifflich unbedingt vom Coaching abgegrenzt werden muss, verbietet sich die Intervention des „Konfrontierens" – selbst dann, wenn die Beziehung zum Chef eine vertrauensvolle ist – vollkommen, denn sie ist in diesem Kontext von Führung nicht mehr zu unterscheiden.

Ein Mensch mit einem anderen humanistischen, kommunikationstheoretischen, systemischen, personbezogenen, psychologischen – wir würden gerne sagen „fünfwertigen" – und von außen kommenden Blick aufs betriebliche Geschehen kann andere Sprachbilder aufgreifen; er kann neue Gesichtspunkte hervorheben, wird unerwartete Wendungen herbeiführen. Allerdings ist ein qualifizierter Coach zwar mit ausreichend Feldkompetenz versehen, aber eben doch gerade kein Ersatzmanager oder potenzieller Nachhilfelehrer. Als Dienstleister hohen Ranges wird ein Coach jedenfalls wohlwollende Unterstützung bieten, statt einen „erwischen", „überführen" oder „kritisieren" zu wollen.

Tatsächlich sind diese drei Aspekte der Neutralität, der Vertrauenswürdigkeit und der Dienstleistungsverpflichtung unverzichtbar für die Vertrauensbeziehung zwischen Coach und Coaching-Klienten, wenn der Coach den Schritt zur Interventionskompetenz des Konfrontierens wagen will.

Unter Konfrontieren verstehen wir die verbale Rückmeldung einer dem Coaching-Klienten offensichtlich unvertrauten (übersehenen, nicht bedachten, ausgeblendeten, geleugneten) Sicht auf einen Teil oder die Gesamtheit eines Problems. Dabei wird der Coach allerdings meist dann konfrontieren, wenn er aus dem Verhalten des Coaching-Klienten Hinweise darauf hat, dass das Unvertraute den Coaching-Klienten wirksam erreichen könnte. Anders ausgedrückt: Die banalsten Konfrontationen sind erst einmal Hinweise auf logische Fehler und / oder Widersprüche zwischen Mimik / Ausdrucksverhalten und Wort / Text, sogenannte Kanaldiskrepanzen. Fast alle Übergeneralisierungen und viele Kanaldiskrepanzen können durch Konfrontation aufgedeckt und damit angesprochen werden.

Übergeneralisierung: „Alles, was ich mache, kommt falsch an …" wird traurig resignierend gesagt, wobei zugleich die Empörung über die damit gefühlte Ohnmacht spürbar ist. Der Coach sagt ruhig und konfrontierend: „Und das glauben Sie sich selbst?"

Kanaldiskrepanz: Lächelnd wird gesagt „Ich kann mich dann gut beherrschen …" – während die gespürte Wut das Lächeln verzerrt und sich hinter dem verkrampften Lächeln der Wunsch nach friedfertiger Entspannung verbirgt. Der Coach lächelt ruhig und entspannt und sagt: „Ihre Stimme bebte jetzt gerade, als würden Sie sich nach einem Lächeln mehr sehnen, als es zu spüren."

In jeder Konfrontation bietet der Coach dem Coaching-Klienten sich und seine Sicht als Korrektiv an. Konfrontieren zeigt dem Coaching-Klienten seine eigenen Wünsche und / oder Widersprüchlichkeiten und ermöglicht ihm, diese auszuloten. Dabei muss jeweils daran gedacht werden, dass Konfrontationen oft wie Provokationen erlebt werden. Zu qualifiziertem Coaching gehört es jedoch, Provokationen ausdrücklich einzusetzen und nicht beiläufig durch Konfrontationen herbeizuführen (Kap. 4.4.5).

Konfrontationen werden dann eingesetzt, wenn das aktuelle Erleben des suchenden Coaching-Klienten Widersprüche und / oder irrationale Wertungen aufweist.

4.4.5 Provokation

Kanaldiskrepanzen anzusprechen oder irrationale Annahmen (und andere kognitive Fehler) konfrontativ (Kap. 4.4.4) anzusprechen, ist eine Kompetenz, die der Coach einbringen muss. Manchmal jedoch ist es sinnvoll, etwas als „Fehler" erscheinen zu lassen, was banal und unbedeutend sein kann. Es kann vorkommen, dass ein Coach hinter dem Verhalten des Coaching-Klienten Motive zu erkennen glaubt, die sich der Coaching-Klient bisher nicht eingesteht, Ziele, die er nicht auszusprechen wagt, Wünsche, die er nicht zu haben glaubt.

Was in tiefenpsychologisch geführten Entwicklungsprozessen mit einer Deutung angezielt wird, ist in unserem Verständnis meist eine Provokation: der Hinweis auf eine denkmögliche Beleuchtung eines Zusammenhanges, die demjenigen, dem sie beleuchtet wird, zunächst unvertraut, oft sogar befremdlich oder ärgerlich erscheint. Wir sind hierbei meist auf die Handlungsebene zentriert, da das Spiel der unterstellenden Deuterei, die ewig Recht behalten kann, da Deutungen (die nur Sinninterpretationen verändern) nicht falsifizierbar sind, uns einer vertrauensvollen und kompetenten Coach / Coaching-Klient-Beziehung unwürdig erscheint. Wir gehen davon aus, dass ein Coach dann sinnvoll provoziert, wenn er eigentlich naheliegende, jedoch durch Konventionen (oder persönlich biographische Einschränkungen) tabuisierte Handlungsmöglichkeiten gezielt als Perspektive nahe liegenden Handelns anfragt.

Solche Provokation ist nur dort möglich, wo die Vertrauensbeziehung gewährleistet, dass die Provokation mit einem „Blinzeln", mit einer gesicherten ruhigen inneren Zustimmung, kurz, mit einem humorigen Einverständnis geleistet und gemeint ist. Wer die brillanten Überlegungen Freuds zum Witz und seiner Beziehung zum Unbewussten durcharbeitete, kann volles Verständnis für die „provokative Therapie" eines Frank Farrelly haben – ohne die teils komplizierten tiefenpsychologischen Interpretationsvorgaben annehmen zu müssen.

Fast jede Verzerrung, alles, was „komisch" genannt werden kann, kann provokativ gemeint und „eingesetzt" werden. Die folgenden Äußerungen aus unseren Coaching-Protokollen wurden alle vom Coaching-Klienten zumindest mit einem bitteren Lächeln der Zustimmung angenommen, beziehungsweise ergaben sie in befreiendem Lachen Nachdenklichkeit, die weiter führte:

Coach (nachdem sich der Coaching-Klient eine lange Phase der Sitzung nur über eine Abteilung beschwerte, die seine „klare Anweisung" nicht umzusetzen vermochte) sagt: „Ihnen ist einfach nicht klar, welche Anweisung Ihnen diese Abteilung gibt."

Coach (als von einem wenig selbstkritischen Manager, der einen offenkundigen – von ihm selbst bereits eingestandenen und bereuten – Fehler gemacht hatte, wiederholt das Denkmuster „haltet den Dieb" ins Feld geführt wurde): „Da immer die anderen Schuld sind, sollten Sie sich ins Kloster zurückziehen."

4.4.6 Loben

Ein mir befreundeter Coach kam einst beschämt und verunsichert in eine Arbeitssitzung unseres CoCoachings (der kollegialen Supervision von Coaches-ifb-Jiranek) und sagte: „Ich muss mit euch diese Aufnahme besprechen. Ich sagte zum CEO von X: ‚So wie Sie das sehen, ist es auch. Ich finde das großartig, dass Sie den Mut zu dieser selten geleisteten Sicht haben.' Es war entsetzlich." Wir alle verstanden die Not des Kollegen. Er hatte direkt und „unverschämt" gelobt. Wir sahen uns die Videoaufzeichnung an. Der CEO hatte eine persönliche Betrachtung eines anderen CEO-Papiers, an dessen Verabschiedung er nicht beteiligt gewesen war, sehr bedächtig und ausführlich entfaltet. Es ging um ein Statement zur Förderung von Frauen in der Wirtschaft. Er sagte etwa (hier jetzt bewusst verkürzt): „Das darf kein Lippenbekenntnis bleiben – und es muss den Respekt vor der natürlichen Differenz von Frauen und Männern zugrunde legen, anstatt auf eine geschlechtsneutrale Funktionstüchtigkeit abzuheben. Ich möchte in meiner Einflusssphäre erreichen, dass Frauen Lust auf ihre Kreativität ebenso leben, wie Lust auf ihre Familien. Warum sollen nur Männer muntere Macher sein?" Und darauf war dem Coach-Kollegen obiges Zitat entfleucht.

Wir nahmen ihn uns vor: „Das hast Du als Lob erlebt?" Und schließlich war uns allen klar: Es war eine Äußerung, die diesem Kollegen, dessen Frau seit vielen Jahren eine brillante Karriere als Selbstständige hatte und inzwischen den häuslichen Etat fast zu 54 Prozent trug, einfach vom Herzen gekommen war. Und so entlasteten wir ihn. „Verziehen" – es war keine manipulative Verstärkung unseres gemeinsamen Anliegens, menschliche Macht zwischen den Geschlechtern gleich zu verteilen – auch wenn die Äußerung tatsächlich in diesem Sinne wirksam werden würde. Es war eine authentische Botschaft, die er nicht hatte zurückhalten können.

Nur als solche ist Lob im fünfwertigen Coaching gestattet. Das Schulterklopfen, Anerkennen, Loben als „Schmiermittel" finden wir schmierig und schwierig. Schmierig, weil ein Berater, der selbst in Stabsfunktion im Trocknen steht, sich hüten sollte, Verantwortlichen auf die Schultern zu klopfen und schwierig, weil wir der Meinung sind, dass die Bewertung eines Sachverhaltes mit „Ich finde es gut..." durch den Coach tendenziell Reaktanz oder Abhängigkeit produzieren würde. Reaktanz, wenn der Gelobte sich dessen bewusst bleibt, dass seine Leistung, seine Sicht und Aussage hier bewertet wird und er sich auf die Autonomie seiner Wertungen zurückziehen will; Abhängigkeit, wenn der Gelobte das „Heroin der Anerkennung" zu schlucken bereit ist, und beginnt, sich weiter danach zu sehnen.

Das Lernziel im Umgang mit der Interventionsvariable „Loben" könnte schlicht „Verzichte darauf!" heißen – wenn dies nicht selbst wieder eine programmatische und verkrampfte Haltung ergeben würde, die so nicht angezielt wird.

4.4.7 *Visualisierungen*

Angesichts der Masse an Moderatorenschulungen und „PowerPoint-Präsentations-Workshops" wählen wir für eine Coaching-Kompetenz, die sich weit übergreifender versteht, nur die „offensichtlichste" Benennung: Visualisierung ist jenes Schlagwort, das in der Coachings Trainings-Kultur am meisten Geschichte hat.

Tatsächlich steht dahinter die Vielfalt all jener Gestaltungsmedien, die geeignet sind, „Visionen" sichtbar, „Grundrisse" spürbar und „Abgründe" messbar zu machen. In Coaching-Prozessen wird der Bündnispartner Coach seinem Coaching-Klienten stets achtsam zur Seite stehen, wenn dieser etwas ausdrücken will. „Etwas ausdrücken" ist selbst ein Sprachbild, das mit Assoziationen von der Ölfarbentube bis zu analer Selbstbefreiung reicht. Im NLP wird eine regelrechte Kultur des Hinlauschens auf die sprachlichen Spuren bzw. Möglichkeiten solcher Assoziationen gepflegt, ihrer Bevorzugungen („das ist ein haptischer Typ, da sollten Sie nicht ‚Ihnen stinkt es?', sondern ‚das fühlt sich glitschig an?' sagen") und der bereichernden und freisetzenden Wirkung von den entsprechenden Affirmationen in der verbalen Bilderwahl.

Wir gehen davon aus, dass es einige Coaches gibt, die zugleich und im Hintergrund Kunsttherapeuten sind (ein Beruf, der häufig von Psychotherapeuten eingemeindet wird, mit diesem Ansatz jedoch nicht identisch ist, da Kunsttherapie ein viel breiteres präventives Arbeitsfeld kennt); das jedoch, was als Interventionskompetenz jeden Coaches zu fordern ist, ist einfacher und enger gemeint als die kunsttherapeutische Kompetenz.

Der Einsatz aller gegenständlichen Medien (Farben, Ton, Plastilin, Pappmaschee usw.), die Vielfalt methodischer Anregungen der Kunsttherapie, komplexere Gestaltungsangebote bis hin zum Modellbau, sich ausarbeitendes Werken bzw. Schnitzen etc. – dies alles unterliegt natürlich den jeweiligen Kenntnissen des Coaches. In unserer Pioniergruppe hatten wir hier eine beachtliche Bandbreite, sodass wir tatsächlich, aus den Arbeitsberichten heraus und aus der gesichteten Literatur ergänzt, zu sehr vielen Beispielen kamen. Am besten gefiel uns Folgendes, das schnell und klar zeigt, worauf es ankommt:

Der Inhaber einer mittelständischen Firma fragte sich: „Was stört mich eigentlich so an der Strategie meines neuen Geschäftsführers?" Der Coach, der beobachtet hatte, dass sein Coaching-Klient diesen Geschäftsführer häufig mit Beiworten wie „wuselig, eilig, schnell-fertig ..." belegt hatte und zugleich bemerkte, dass tatsächlich jedenfalls eine Tempodifferenz zwischen dem ruhigen alten Herrn, dem Eigentümer und dem psychodynamisch auf „Fitness" getrimmten Geschäftsführer unübersehbar war. Er schlug dem Coaching-Klienten vor, sich das, was er „die Strategie" des neuen Geschäftsführers nannte, dadurch zu verdeutlichen, dass er die wichtigste strategische Entscheidung des „neuen Besens" auf einem Kärtchen durch Strichmännchen visualisieren sollte. Der Firmeninhaber konnte dies sofort umsetzen und zeichnete eine Begegnung zwischen zwei Strichmännchen: einer, der steht und dem anderen durch Wegweisung zeigt, „wo's langgeht". Der Coach bat nun den Coaching-Klienten, sich vorzustellen, dass die strategische Entscheidung, mehr Wegweisungen zu praktizieren, nur Sinn macht, wenn sie kein Einzelereignis ist, sondern eine konstante, zuverlässige neue Einflussnahme. Der Firmenchef stimmt zu und bestätigte, dass dies fraglos eine Stärke des neuen Geschäftsführers sei, dass er ihn deshalb eingestellt habe. Nun bat der Coach den Coaching-Klienten um einen Moment Geduld, ging zum Kopierer, kopierte die Zeichnung des Coaching-Klienten zwanzigmal, schnitt sie aus und veränderte die Geste des wegweisenden Strichmännchens minimal. Die so entstandenen Bilder stapelte er zusammen und erzeugte so ein „Fingerkino" – schnell durchgeblättert wirkte die Figur des Wegweisenden dynamisch und orientierend. Als sich der

Coaching-Klient dies Fingerkino mehrfach angesehen hatte, lachte er auf: „Sie sind genau wie mein Geschäftsführer – schnell, zielstrebig und wuselig. Gut, dass ich nicht gesehen habe, wie Sie das hergestellt haben. Aber Sie haben recht – was mich stört ist, dass ich weiß, dass ich das so nicht könnte und dass ich zugleich weiß, dass es jetzt das Richtige ist."

Ein Coach begleitet den Coaching-Klienten dabei, seine Sicht und seine Probleme zu artikulieren. Alle Gestaltungsmedien können solche „Artikulation" stützen. Der Coach macht solche Angebote, wenn diese „aktive" Rolle dem Coaching-Klienten einen Verbündeten für gegenständlichen **Selbstausdruck** zeigt. Der Ausdrucksverbündete greift auf, was der problemlösende Prozess des Coaching-Klienten als Ausdruckstendenz bietet.

4.5 Fördern und Fordern

„Das Recht des Psychologen zur Einflussnahme ist begrenzt und muss begrenzt bleiben. Der Klient muss die Möglichkeiten freien Abwägens seiner Interessen und freien Handelns gegenüber dem Psychologen unbedingt behalten. Man könnte auch sagen: Es bleibt ihm stets das Recht zugestanden, alles an sich selbst beizubehalten, was der Psychologe seinerseits als Hindernis für die Verwirklichung der eigentlichen Ziele ansieht." (Kaminski 1970, 582)

Die Dimensionen des fünfwertigen Coachings sind unter anderem auch aus der Psychotherapieforschung hergeleitet (Hockel 1999c/2002); dabei entspricht die Selbstprüfung der psychoanalytischen Tradition, die drei Bedingungen der Einfühlung, Wärme und Echtheit den empirischen Ergebnissen der personzentrierten Forschung. Und diese letzte Dimension nun greift zusammen, was in der Palette der Verhaltenstherapien entfaltet wurde.

4.5.1 Zusammenarbeit

Der Prozess eines Coachings kann im Ganzen als kollegiale Kooperation von Spezialisten unterschiedlicher Fachlichkeit gesehen werden. Hier arbeiten Direktoren, Firmengründer, Topmanager, Erfinder, Aufsichtsräte und was dergleichen ranghohe Wirtschaftskräfte mehr sein können, mit jeweils einem Coach zusammen. Insofern ist es eine sehr spezielle Konkretisierung dieser allgemeinen Kooperation, die mit Zusammenarbeit gemeint ist.

Der Direktor, Firmengründer und Inhaber einer mittelgroßen rheinländischen Papierfabrik beansprucht einen Coach bei der Frage seiner persönlichen Meinungsbildung in der Nachfolgeregelung. Soll der Betrieb in eine andere Rechtsform überführt werden, soll ein Kandidat der Verwandtschaft – kein eigenes Kind, sondern ein durch seine Lebensgeschichte dafür in Frage kommender entfernter Verwandter das Heft dort in die Hand nehmen, wo der alte Herr es bereit ist, loszulassen usw. Die Alternativen scheinen breit entwickelt. Der Coaching-Klient sagt gegen Ende einer Sitzung: „Könnten Sie mit all den Unterlagen unserer heutigen Sitzung (Flipchart-Aufzeichnungen, Protokollsätze usw.) für die nächste Sitzung eine Übersicht über unsere heute entwickelten Alternativen zusammenstellen?"

Sehr schnell und ohne sich damit aufzuhalten, ob es sich hier um eine unangemessene Delegation von Arbeit handeln würde, stellt der Coach in der gerade noch laufenden Sitzung die Alternativen zusammenfassend dar – diese Zusammenarbeit hier und jetzt vermeidet die „Beauftragungsfalle" und macht es möglich, dass der Coach die Angst des Coaching-Klienten noch abschließend ansprechen kann: „Wenn Sie nun die Alternativen vor sich sehen, wird es für Sie immer deutlicher, dass Sie tatsächlich Weichen stellen müssen – dass Sie demnächst vom Klären zum Handeln kommen werden. Es wäre schön gewesen, wenn Sie mit Ihrer Bitte an mich noch einmal einen Zeitraum gewonnen gehabt hätten, in welchem Sie sich sagen können: ‚Wir werden uns die Alternativen erst beim nächsten Mal wirklich ansehen.'"

Als Hausaufgabe gibt der Coach dem Coaching-Klienten in diesem Fall die Tabelle mit allen entwickelten Alternativen mit und fügt eine Leerspalte an: „Hier tragen Sie bitte bis zum nächsten Mal je drei Stichworte ein, die Ihnen einfallen, wenn Sie sich die Frage stellen: Was werde ich fünf Jahre nach der Entscheidung für diesen Weg tun."

In diesem Beispiel nennen wir Zusammenarbeit (im engeren, hier gemeinten Sinne) nur jenen Umgang mit dem Impuls des Coaching-Klienten, den Coach um Hilfe zu bitten bzw. ihm eine Aufgabe zu delegieren.

Zusammenarbeit im engeren Sinne berührt die Verantwortung des Coaches für die Selbstverantwortung des Coaching-Klienten. Sie hilft manchmal fraglos, jedoch nur in solchen Formen, in denen der Coaching-Klient seine Selbstverantwortung verdeutlicht bekommt – Zusammenarbeit darf gerade nicht Delegation von kognitiver und / oder seelischer Arbeit an den Coach sein.

4.5.2 *Situationsgestaltung*

Dass der Ort der Begegnung zwischen Coach und Coaching-Klienten bestimmte Anforderungen erfüllen muss, ist so selbstverständlich, dass es manchmal übersehen wird. Keine Störungen, ausreichend Arbeitsmaterial und Ressourcen für möglicherweise kurzfristig innerhalb der Arbeit abzuwickelnde „technische" Probleme usw. In der Regel ist es die Aufgabe des Coaches, für die Gestaltung dieser Situation so zu sorgen, dass er seine Arbeit nach den Gesetzen seiner Handwerkskunst leisten kann.

Manchem Coach reichen hierfür Moderatorenkoffer, Laptop und Beamer, Videoanlage und der störungsfreie Raum. Andere dagegen benötigen quasi die Einrichtung eines Malateliers oder die Vielfalt von Gestaltungsmöglichkeiten einer Lernwerkstatt.

Mit der Interventionsvariable Situationsgestaltung ist darüber hinaus auch das angesprochen, was im Coaching-Prozess manchmal sinnvoll sein kann, nämlich das Verlegen einer Sitzung in einen Arbeitsbezugsrahmen des Coaching-Klienten. In vielen sozialen Berufen ist mit der sogenannten „Hospitation“ oder gar „Visitation“ ein Teilelement solcher Informationsbeschaffung verwirklicht. Dass dabei der Besucher bzw. „Schulrat“ eben gerade nicht als Coach, sondern als Beurteiler auftritt, macht diese Beispiele so fatal. Nehmen wir ein gelungenes Beispiel aus dem Coaching-Alltag:

Der Vorstandsvorsitzende einer süddeutschen Aktiengesellschaft ist mit der neuen Firmenstrategie, durch die Einrichtung von Profitcenters mehr Verantwortung an die mittlere Führungsebene abzugeben, ganz einverstanden. Da er zugleich Garant für die Gesamtstrategie der weiteren Diversifizierung des Konzerns ist, phantasiert, „ahnt“ er eine Spannung zwischen den Strategien und bittet den Coach – der ihn in der Phase der Entwicklung der Diversifizierungsstrategie beriet – bei einer zentralen Konferenz als „teilnehmender Beobachter“ dabei zu sein, um seine Unruhe mit ihm abgleichen zu können.

Der Coach kennt seinen Coaching-Klienten gut genug, um zu wissen, dass alle anderen Informationsbeschaffungswege von diesem bedacht sind und es sich um eine „intuitive“ Annahme des Coaching-Klienten handelt, welcher der Auffassung ist, ein betriebsfremder Blick würde sofort das erkennen, was er selbst zwar ahnt, aber eben gerade mit keinerlei Datenbeschaffung zu erkennen/benennen vermag. Der Coach willigt in die Teilnahme ein, allerdings mit der Vorankündigung: „Ich werde dabei sein und mir vorstellen, alle Anwesenden sprächen Chinesisch – eine Sprache, die ich in keiner Silbe verstehe. Ich werde Sie im Anschluss bestenfalls bitten können, dass Sie mir aus Ihrer Sicht erklären, was in dieser oder jener Besprechungsphase eigentlich Thema war.“ Der Coaching-Klient willigt in diese Verabredung einer Rückmeldung auf der Meta-Ebene der Ausdrucksbeobachtung ein.

In der folgenden Auswertungssitzung zeigt sich plötzlich, dass der Coaching-Klient die „sprachlose Unverständigkeit“ des anwesenden Coaches kontinuierlich für sich nutzte, um Kurzformeln des jeweiligen Konferenzinhaltes zu notieren – dabei fiel ihm auf, dass tatsächlich ein alteingesessener „Gegner der Diversifizierungsstrategie“ als Hauptredner für die Entwicklung der Profitcenter diese darstellte, als könne das Gesamtunternehmen sich dadurch „wieder aufs Kerngeschäft zentrieren“. Mit dieser schlichten Erkenntnis schwand seine Beunruhigung. Es wurde ihm klar, dass es sich „nur“ darum handelte, dass dieser Redner und seine „Fraktion“ die Einführung der Profitcenter als eine heimliche Gegenstrategie zur Diversifizierung des Gesamtunternehmens zu nutzen meinten. Dies altbekannte drohende Benützen von Innovation für Reaktion, das er gewittert hatte, war damit erkannt und gebannt, er benötigte für die folgende Prozessteuerung kaum weitere Hilfe.

Der Coach am Ort des Geschehens – statt in der sonst notwendigen besonderen Reflexionssituation einer Coachingbegegnung; das ist eine durchaus übliche Situationsgestaltung. Den Spitzensportler bei seiner gewohnten Übung – jener, in der er plötzlich die „Angst des Versagens“ in sich entdeckt – aufzusuchen und bei ihm zu sein in seiner Übungsumwelt, den Werbefirmeninhaber, der sich nicht darüber klar ist, ob er (und wenn ja, wie er) in seiner Firma mehr Verantwortung an den dafür prädestinierten Creative Art Direktor abgeben soll und der deshalb meint, es wäre gut, wenn sein Coach einmal bei einer der wöchentlichen Direktionsbesprechungen dabei wäre, ... Es gibt im Erfahrungsschatz jeden Coaches Beispiele, in denen es sich bewährte, die Situationsgestaltung zu spezifizieren.

Eine der kleinen Stärken der Arbeit von Müller und Hoffmann (2002) ist wohl darin zu sehen, dass sie unter dem Stichwort „Raum“ in ihren „systemischen“ Ausführungen auch Raum schaffen, über die jeweilige Situation zu reflektieren.

Situationsgestaltung erlaubt es, die Entwicklung des Coaching-Prozesses dort anzureichern, wo die Mikroziele für den Coaching-Klienten dies sinnvoll erscheinen lassen (innerhalb und zwischen den Sitzungen) und durch die mögliche Verlegung des „Arbeitsplatzes“.

4.5.3 Rollenübernahme anregen

Nichts ist selbstverständlicher für einen Coach, als den Coaching-Klienten zu bitten, eine beschriebene Konfliktsituation „mal mit den Augen des anderen“ zu beschreiben. Insofern als die „Anregung zur Rollenübernahme“ heute zum Rüstzeug jeder Managementausbildung gehört, könnten wir es bei dieser selbstverständlichen Anmerkung belassen.

Tatsächlich ist es so wirksam, wie es scheint: Der Elefant erscheint jedem tastenden Blinden anders – und sich vorzustellen, man höre den Blinden, der den Säulenfuß beschreibt, während man selbst des Elefanten Rüsselschlange betastete, ist sicher immer hilfreich. Aber woran erkennt man, woran man ist? Woran erkennen Manager, welche Rolle andere spielen und was bedeutet es dann, deren Rolle mal zu übernehmen?

Wenn ein Coaching-Klient meint, „Ich habe den Hamburg-Marathon mitgemacht und durchgehalten und freue mich auf den Berlin-Marathon. Warum sind meine Mitarbeiter solche Luschen, die nicht mal zu einer Kurzstrecke antreten?“, ist es dann sinnvoll zu fragen: „Möchten Sie mal Leistungsziele aus der Perspektive solcher Luschen betrachten?“

Das Problem mit dieser höchst effektiven Interventionskompetenz jeden Coaches liegt in der genauen Betrachtung dessen, was wir „Rolle“ nennen. Soziales Verhalten wird in Rollen gegliedert beschrieben. Dabei ist es wichtig, zwischen attraktiven, Erfolg versprechenden und negativen, dysfunktionalen Rollen zu unterscheiden. Der „Samariter“, der „Gute“, der „Warmherzige“, das sind moralisch lobenswerte Rollen; der „Erfolgreiche“, der „Sieger“, der „Mächtige“ sind attraktive Rollen – wir könnten die Beispiele beliebig erweitern (und im Zusammenhang mit dem Ansprechen und Erfragen von Werturteilen muss diese Palette erweitert werden, Kap. 4.1.6).

Die Rolle eines laschen Mitarbeiters („Lusche“) ist in sich abwertend beschrieben; keiner will sie haben, und es ist auch keinem zu empfehlen, sie einzunehmen. Die Bitte, eine soziale Situation (und Leistungsforderungen eines Vorgesetzten sind soziale Situationen!) aus der Perspektive des anderen zu betrachten und dabei eine Rollenbeschreibung vorzugeben, die abwertend ist, ist die Herstellung der Produktion einer sich selbst erfüllenden Prophezeiung. So macht es keinen Sinn zu sagen: „Betrachten Sie das doch mal aus der Position dieser ‚Lusche‘“. Wenn man den Vorgesetzten bitten möchte, sich die Nöte des laschen Mitarbeiters durch Rollenübernahme zu verdeutlichen, so muss diese Mitarbeiterrolle erst mal aus der mit der Benennung gegebenen Abwertung befreit werden, denn „Luschen wollen nix“. Es wäre also notwendig einzuladen: „Möchten Sie die zu kritisierende Motivationsschwäche Ihres Mitarbeiters verstehen? Wäre es dazu hilfreich, das bevorstehende Gespräch mal aus seiner Sicht anzusehen?“

Zur Rollenübernahme anregen kann also nur dann Sinn machen, wenn der Coach unbefangen und realistisch spürt, dass die angedachte Rolle des anderen dem Coaching-Klienten bisher (aus welchen Gründen auch immer) fremd ist. Dann nämlich kann die Anregung zur Rollenübernahme wie das Beiseiteziehen eines Vorhanges wirken und soziales Lernen unterstützen. In unseren Coaching-Protokollen fanden wir die folgenden berührenden aktuellen Beispiele.

Der Coaching-Klient beschreibt eine Mitarbeiterin, die sich offensichtlich (seiner Meinung nach) nicht an den Kodex hält: „Sie versucht wirklich, meine Abteilungsleiter zu verführen“. Der Coach, der aus den Beschreibungen des Coaching-Klienten weiß, dass die attraktive und hoch kompetente Frau tatsächlich karrierebewusst und strebsam ist, jedoch Zweifel an der sexistischen Unterstellung hat, sagt: „Möchten Sie bitte mal einen Moment Frau X im Kontakt mit Ihrem Abteilungsleiter Y sein, vielleicht am besten in jener Szene, die Sie vorhin beschrieben, als Frau X von Herrn Y zum Gespräch in das Restaurant Z eingeladen worden war…“ Und kaum hat der Coaching-Klient die Rolle übernommen, bricht sein Ekel vor dem schleimigen Anbiederungsversuch des Abteilungsleiters bei ihm voll durch. Mit erschreckter, neuer Klarsicht sagte der Coaching-Klient: „Ich hatte nie darüber nachgedacht, warum Herr Y das Gespräch nicht in der Firma führte.“

Der Coaching-Klient fragt erstaunt den Coach: „Sagen Sie, ich habe da einen Mitarbeiter, der ist Doktor der Physik, hat zwei wichtige eigene Patente aus der Zeit, als er bei der letzten Firma, aus der ich ihn abwarb, tätig war; er hat sich gerade wieder eine Auszeichnung vom Verband der Ingenieure errungen – und ist einsam wie ein Stern, wieso kann der Kerl nicht einfach seinen Erfolg, sein Können genießen und was hermachen mit dem, was er ist? Einstein hat doch anderen auch einfach die Zunge rausgestreckt?“ Auf die Bitte des Coaches, „Könnten Sie versuchen, mir diesen Mann mal darzustellen, indem Sie seine Rolle übernehmen?“, entwickelte der Coaching-Klient schnell ein rasantes ideenreiches Szenario des Überfliegers und hörte sich schließlich erschreckt selbst sagen:‚Ich wollte, ich wäre dumm. Dumm sein und Arbeit haben, das ist Glück, sagt G.B. Shaw. Ich wünsche es mir so sehr.' „Das ist ja entsetzlich", sagte der Coaching-Klient aus der Rolle aussteigend, „der Mann möchte nur einfach geliebt werden und wird ständig nur als siegreiches Rennpferd gesehen".

Der oben schon zitierte Coaching-Klient sagte: „Ich habe den Hamburg-Marathon mitgemacht und durchgehalten und freue mich auf den Berlin-Marathon. Warum sind meine Mitarbeiter solche Luschen, die nicht mal zu einer Kurzstrecke antreten?" Der Coach sagte: „Sie meinen es jetzt symbolisch, Sie sind enttäuscht von Ihren Mitarbeitern, diesen Schlaffis. Aber ich möchte Sie einladen, einmal tatsächlich für einen Moment die Rolle eines Ihrer Mitarbeiter zu übernehmen – schauen Sie mal nach, wie das ist, sich in Konkurrenz zu Ihnen zum Marathon zu melden." Der Coaching-Klient greift blitzschnell zu: „OK, ich bin Herr X.... Ich ... ich möchte dem Alten zeigen, dass er abzuhängen ist. Ich trainiere ..." Der Coaching-Klient wird plötzlich still und nachdenklich, er schweigt eine ganze Weile und sagt dann mit veränderter, ruhigerer Stimme: „Ich habe mir tatsächlich Herrn X vorgestellt und jetzt schäme ich mich ein wenig. Ich dachte plötzlich, dieser Vater von drei Kindern wird nicht trainieren, um Marathon laufen zu können; er wird mit seiner Frau und den Kindern spielen – so wie er das wirklich tut – er will gar nicht Marathon laufen, er will brillant sein in seinem Gebiet – das ist er eigentlich auch – aber er will die Leistungsziele, die ich nenne, nicht übernehmen."

Alle diese Beispiele weisen auf die Kernqualität: Rollenübernahme anregen unterstützt das soziale Lernen. Was sind Rollen, welche gibt es, durch welche Zwänge sind welche geprägt? Und so kann diese Interventionskompetenz dem Coach die Möglichkeit geben, soziales Lernen in die Führungsetagen des Managements zu tragen: Anregung zur Rollenübernahme als Nachhilfeunterricht in mitmenschlicher Phantasie.

4.5.4 Strukturieren

Ein Coach ist der Gesprächsführende, der Planende jeder Coaching-Sitzung. Er organisiert das, was er für notwendig hält (Videorückmeldung, Visualisierungsmaterial usw.). Damit wird sowohl in der Rahmengestaltung als auch im Ablauf einer Coaching-Sitzung die Erwartung erfüllt, dass der Coach die Arbeit strukturieren würde. Dies ist das umgangssprachliche und selbstverständliche Verständnis des Terminus „Strukturieren", das auch wir zu Grunde legen.

Ein Coach organisiert die Arbeit mit dem Coaching-Klienten, eine Komponente solcher Organisation kann „Strukturieren" genannt werden. „Strukturieren" ist für die Beschreibung von Gesprächsverläufen ein Alltagsbegriff, der das Stellen von Fragen, Abarbeiten von Gliederungspunkten und anderes mehr meinen kann. Neben diesem Alltagsbegriff des Strukturierens von Gesprächen, das somit nur meint, diesen eine äußere und innere Struktur zu geben, steht jedoch ein spezieller Fachbegriff des Strukturierens. Innerhalb jeden so zielstrebig verlaufenden Gespräches kann es sein, dass der Coach eine spezielle Gesprächsgestalt anbietet, die mit dem Fachbegriff „Strukturieren" benannt ist:

> Unter dem Strukturieren einer Gesprächsphase wird die serielle Betrachtung der beiden Seiten eines Konfliktes verstanden. Das Vorgehen des Coaches ist dabei sehr direktiv. Er diagnostiziert zunächst den Konflikt und einigt sich mit dem Coaching-Klienten über dessen aktuelle Beschreibung. Dann bietet er dem Coaching-Klienten an: „Wollen Sie diesen Konflikt einmal strukturiert betrachten – das bedeutet, dass wir die beiden Konfliktseiten einmal künstlich trennen und sie nacheinander ansehen…"

Wird dieses Angebot vom Coaching-Klienten angenommen, so haben die beiden damit einen coachinginternen Mikro-Vertrag geschlossen: Die Sicht des Coaches entscheidet nun für einige Zeit darüber, welches Argument zu welcher Seite des Konfliktes dazugehört und welches auf die Gegenseite verwiesen wird. Wer Konfliktanalyse kennt, der weiß, dass ineinander verschachtelte Konflikte eigentlich nur selten auf ein „Entweder es ist ein Argument der Linie A oder ein Argument der Linie B" reduzierbar sind.

Für eine kurze Phase der Arbeit kann sich aber der Coaching-Klient meist sehr dankbar den Zuordnungen hingeben, die in der Regel natürlich der Evidenz des Coaching-Klienten entsprechen und von diesem erfragt und bestätigt werden. So entstehen meist verführerische Reduktionen: Nach der Betrachtung einer Seite des Konfliktes erscheint die aus dieser Betrachtung aufleuchtende Lösung von so großer Zugkraft, dass Coaching-Klienten gerne und dankend auf die Betrachtung der zweiten Seite verzichten wollen. Das ist eine der Stellen, an denen wir auch der Meinung sind: Ein Coach könnte manipulieren und darf es nicht.

Beim Strukturieren ist es Bestandteil der Verantwortung des Coaches, dass nach der gesonderten Betrachtung des einen Zweiges eines Konfliktes jedenfalls zum Ausgangskonflikt zurückgekehrt wird und mit derselben Intensität und Eindringlichkeit nun nur das betrachtet wird, was die zweite Seite des Konfliktes als Verweisungen, Möglichkeiten und Gefahren in sich trägt. Erst danach kann der Coach zusammenfassend die Struktur schließen und den Coaching-Klienten aus seiner direktiven Gesprächsführung wieder entlassen, indem er ihm die entfaltete Fülle der Konfliktbetrachtung als Material überlässt.

4.5.5 *Reflektieren von Problemlöseverhalten*

Verhalten zu beschreiben (Kap. 4.2.3), anzuregen (Kap. 4.5.7) und/oder zu reflektieren, sind drei unterschiedliche Einflussnahmen eines Coaches. Das Reflektieren von Problemlöseverhalten wurde erstmals 1976 als gezielte Interventionsart beschrieben, als in einem Forschungsprojekt der Deutschen Forschungsgemeinschaft ausgewertet wurde, was auf Videobändern als konstruktives Verhalten von Psychotherapeuten ausgewiesen ist (Schmidtchen/Katz 1989). Später wurde im Zusammenhang mit der Popularisierung der „rational emotiven Therapie" (Ellis 1977) ein weiterer Aspekt solchen Handelns, die Analyse rationaler Stimmigkeit von Problemlöseverhalten vor dem Hintergrund „irrationaler Annahmen", weiter ausgearbeitet.

Jeder Coach muss erkenntniskritisch geschult sein: Die naive Weltsicht, die behauptet, Dinge, Zusammenhänge, Prozesse seien eben so, wie sie wahrgenommen werden, kann heute weder in wirtschaftlichen noch in anderen Zusammenhängen aufrecht erhalten werden. Erkenntnis ist immer eine Form von Werkzeuggebrauch – selbst die schlichte Sinnlichkeit unserer Sinne unterliegt instrumentellen Gesetzen: Hungrige riechen anders und anderes als Satte, Durstige sehen anders und anderes als Menschen, deren Durst soeben gestillt wurde.

Problemlösendes Verhalten ist sowohl kurzzeitiges als auch strategisch langzeitiges Handeln. Kurzzeitiges Handeln unterliegt den technischen Vorgaben der jeweils herrschenden Technik. Langzeitig angelegtes, strategisches problemlösendes Verhalten ist das, wofür ein Manager am ehesten bezahlt wird; solches Handeln verlangt die Zusammenführung aller Kompetenzen des Handelnden.

Nun gibt es übergreifende Gesichtspunkte problemlösenden Verhaltens, die jeweils reflektiert und damit anerkennend aufgewiesen oder mahnend herbeibeschworen werden können. Ein Coach wird beide Formen des Reflektierens von Problemlöseverhalten einsetzen. Einmal wird er sagen, „Aha, ich begreife, Sie versuchen erst noch mal, die Problembeschreibung zu präzisieren", wenn der Coaching-Klient gerade damit beginnt, sein „Lamento" mit neuen Worten zu wiederholen. Oder er bietet an, über den Stand des problemlösenden Verhaltens jetzt gerade nachzudenken: „Wenn ich es richtig sehe, haben Sie nun eine sehr differenzierte Analyse des Ausgangsproblems erarbeitet. Sind Sie der Meinung, dass es hierzu noch bedeutsame Gesichtspunkte nachzutragen gibt oder können Sie sich nun der Entwicklung von Zielkonzepten zuwenden, um danach zwischen beiden Wegen zu suchen?"

In jedem Fall vermittelt das Ansprechen dessen, was gerade (kompetent) als problemlösendes Verhalten getan wird, die Sicherheit, genau dies zu können (wie jedes Reflektieren trägt es auch dazu bei, Metawissen zu sichern, Kap. 4.2.6). So unterstützt das Reflektieren von Problemlöseverhalten des Coaching-Klienten die weitere kognitive Entwicklung und verdeutlicht dem Coaching-Klienten seine kognitiven Kompetenzen (Performance).

4.5.6 Sprach- und Sprechförderung

Manche Coaches nuscheln – ich lernte sogar einen sehr guten Handwerker dieses Bereiches kennen, der sich zu seinem schweren chronischen Stottern bekannte. Aber in der Regel verfügen Coaches über Sprechflüssigkeit, klare Artikulation und eine differenzierte Nutzung rhetorischer Kompetenzen. Das wird von ihnen als Handwerkern einer psychosozialen Kompetenz, als Wegbegleiter von Wortmächtigen und Mächtigen des Wortes, einfach erwartet.

Selbstunsicherheiten und Schwächen in der sprachlichen Leistung können einen Coaching-Klienten stark behindern. In solchen Fällen ist nicht der Coach gefragt – dann ist es die Aufgabe des Coaches an entsprechende Helfer (Logopäden, Rhetorik-Schulende usw.) zu vermitteln.

Dennoch kommen in Coachingprozessen auch Interventionen vor, in welchen der Coach die Sprach- und Sprechförderung des Coaching-Klienten offensichtlich betreibt.

„Wie kann man das noch sagen …"

„Wie kann ich meine vielen ‚Ähhhhs' vermeiden …"

Sowohl inhaltliche Differenzierung der artikulierten Sprache als auch Unterstützung beim Vermeiden von Füllgeräuschen (meist reicht eine kurze Schulung in der Erlaubnis zur Stille), können in Coaching – Prozessen so selbstverständlich und beiläufig vorkommen, dass dies eigentlich fast nicht der Erwähnung bedarf.

Dennoch muss jemand, der sich als Coach ausbilden will, sich Rechnung darüber ablegen, dass er solche „Nachhilfe" (unterhalb der Schwelle der Verweisung an Rhetorikschulungen und Sprecherzieher) zu leisten vermag. Sprach- und Sprechförderung geschieht im Coaching vor allem durchs Modell, beiläufig jedoch auch manchmal in direkter Unterweisung. Sie unterstützt die rhetorischen und inhaltlichen Aspekte der Nutzung von Sprache als Informationsmedium, Motivationssystem und Entscheidungstransportmittel.

4.5.7 Anregen von Handlungen, von Problemlösungen

In der zweiten Phase des Kerngeschehens, von uns als Interventionsprozessphase, als innovatives Handeln gekennzeichnet, tritt nach Beziehungsaufbau, Differenzialdiagnose und dem reflektierenden Probehandeln die Bündnisfunktion des ermutigenden Begleiters in den Vordergrund. Jetzt kann es vorkommen, dass die Äußerungen des Coaches ähnlich klingen wie die Beschwörungen von „Denken Sie doch mal an..." und Verordnungen wie „Versuchen Sie es doch mal mit...", die in der vorangegangen Phase meist unangemessene Versuche beschleunigender Abkürzung und somit sinnlose Druckproduktionen waren.

Beim Anregen von Handlungen konfrontiert der Coach den Coaching-Klienten mit der Wirklichkeit von unterschiedlichen Attraktoren zur Gestaltung der nächsten Handlungsschritte. „Bildhaft könnte man sagen, dass das System mit hoher Penetranz eine bestimmte Melodie fortwährend vor sich hinsummt", so fassen Müller-Stewens und Lechner (2003, 556) die eigenwillige, subjekthafte Charakteristik jeden Systems zusammen, um gerade dieser Geschlossenheit dann entgegenzuhalten: „Ein Unternehmen als soziales System kann demnach immer nur durch sich selbst verändert werden. Mit Interventionen können nur ‚Impulse' an das System gegeben werden, die einer Selektion durch das System unterliegen... Transformation ist ein durch das System selbst generierter und selbst geführter Prozess. Dazu, dass dieser Prozess stattfindet, bedarf es allerdings gewisser Bedingungen". Die Funktion des Anregens von Handlungen und Problemlösungen ist es, solche im System vorselektierten Impulse explizit zu machen.

4.5.8 Träume

Häufig ist Coaching der Weg zur entfalteten Identität. Wie wird man eigentlich ein „Spitzenmann", eine „Führungskraft", ein „charismatischer Befreier"?

Die Indianer schicken ein männliches Stammesmitglied zum Meditieren in die Berge. Wenn es seine „Reifeprüfung" bestehen will, so muss der junge Mann mit einer „Vision" zurückkommen, einem Traum oder Tagtraum, dessen Deutung dem Medizinmann die Möglichkeit gibt, den Namen und die Aufgabe des künftig als erwachsen geltenden Prüflings festzulegen. Das ist zwar bei MBA und anderen Initiationsritualen an der Schwelle zu Managementaufgaben heute anders – aber unsere Vorgehensweisen sind nicht unbedingt klüger: Sich unter den Namen „schwarzes Pferd“ oder „schneller Pfeil“ eine Identität zu geben, die ganz aus den eigensten, persönlichsten Visionen hergeleitet ist, zentriert alle intuitiven und kognitiven Leistungen auf eine eigenmächtige Persönlichkeit, die verantwortungsvoll zu handeln vermag.

Coaching-Klienten bringen in ihren Arbeitsprozess Berichte von Träumen ein, können über ihre Tagträume und Phantasien berichten, nutzen manchmal die Kraft ihrer „Visionen“ usw. Der Coach muss mit solchem „traumhaften“ Material aus der Innenwelt seines Klienten konstruktiv umgehen können.

Unserer Erfahrung nach ist es nicht sinnvoll, irgendwelche „Traumdeutungen“ als Experte anzuzielen – dazu ist in der Regel die Beziehung zwischen Coach und Coaching-Klienten zu „nüchtern“, effektivitätsorientiert. Coaches wissen, dass Freud die Traumdeutung als „den Königsweg zum Unbewussten“ nannte. Sie wissen aber auch, dass „das Unbewusste“ ein nur sehr begrenzt bedeutsames Konstrukt ist. Da jedoch im Kopf des Träumenden nichts vorkommen kann, was nicht Teil seines Selbst ist kann mit allen erinnerten Trauminhalten sehr schöpferisch umgegangen werden. Es macht sehr wohl Sinn, den intuitiven Zugang zu eigenschöpferisch geschaffenen Bildern, Verdichtungen, Metaphern zu unterstützen. Als Verbündeter eines beunruhigten Coaching-Klienten, der sich jedenfalls fragen würde, was ihm sein „Traum bedeutet“, wird der Coach seine fachliche Kompetenz hier einbringen müssen, er ist so Verbündeter für **Selbstdeutung**.

5 Coachingprozesse: Vom Kennen zum Können führt nur Erfahrung

Dieses Buch kann unsere Erfahrungen berichten und fünfwertiges Coaching vorstellen, bekannt machen und Sie erkennen lassen, welche Handlungskompetenz gemeint ist, und es Ihnen ermöglichen zu entscheiden, ob Sie solche Dienstleistung in Anspruch nehmen wollen oder gar, ob Sie selbst sich so ausbilden wollen, dass auch Sie fünfwertiges Coaching praktizieren können. Ein Buch kann kein Können vermitteln, Coachingwissen ist nicht Coachingkönnen. Der Weg vom Kennen zum Können ist immer ein Weg des Begreifens, Erarbeitens und Übens. Sie können lesend „feststellen", dass Sie nun mehr wissen, etwas Neues kennen. Können jedoch ist Handeln, dessen Ergebnisse sind zwar „feststellbar", seine Qualität jedoch muss sich im Prozess des Tuns erweisen.

Eine didaktische Zwischenform zwischen lernzielorientierter Lesearbeit und praktisch übender Ausbildungserfahrung ist die Kenntnisnahme von Beispielen. Wir beschreiben daher im Folgenden sechs ausgewählte Coachingprozesse. Der erste war uns wichtig, weil selten unsere fünf Wirkfaktoren so dicht und durchgängig einen Prozess kennzeichneten. Die anderen sind ausgewählt um jeweils einen Beleuchtungsaspekt unserer Auffassung von Coaching zu verdeutlichen. Es geht darum, die fünf Wirkfaktoren als „Röntenbild" je einzeln in ihrer Art und Wirkungsweise zu beschreiben. Aufgrund der doch recht ansehnlichen Vielfalt unserer Erfahrung konnten wir zugleich die weiter unten beschriebenen, weiteren Auswahlsgesichtspunkte berücksichtigen. Coaching kennt unterschiedliche Prozessverläufe, von denen jeder einmalig ist. Typische Muster können jedoch herausgestellt werden (Tab. 5.1).

Unabhängig vom Typ kennt Coaching unterschiedliche Verlaufsgestalten, die den Erfordernissen menschlichen Wachstums und psychologischer Neuorientierung (Lernprozesse) entsprechen. Die Temperamente und das psychomotorische Tempo unterschiedlicher Persönlichkeiten können kombiniert mit unterschiedlichen aktuellen Zug- und Drucksituationen unterschiedliche Zeitstrukturen ergeben.

Coaching wird nach Stunden gerechnet, wobei jedoch ein Basiselement von Coaching nicht die Stunde, sondern ein Prozess ist, als Basisprozess hat sich unserer Erfahrung nach eine Einheit von 20 Zeitstunden herausgestellt, die häufig in unterschiedlichen „Portionen" genutzt werden. Verschiedene Prozesse erfordern möglicherweise längere Zeiten – sowohl Zeiten im Coaching, als auch Erfahrungs- und Erprobungszeiten zwischen einzelnen Coachingseinheiten. Die „Entwicklung einer Leitvision" erfordert andere Prozesse als die Überprüfung eines wirksamen Selbstkonzeptes eines Managers, die Begleitung eines Projektmanagers bei Einstieg, Entwicklung und Abschluss eines Projektes kann andere Zusammenarbeitsperspektiven erfordern als die Sensibilisierung für neue Handlungsperspektiven in einem altvertrauten Job.

Tabelle 5.1: *Typische Prozessverläufe des Coachings*

TYP	Typbezeichung	Coaching
A	Mobilisierung/Motivierung	als Alternative zur „inneren Kündigung" wird ein neuer Anlauf gesucht und entwickelt
B	Diagnose/Indikation	als Such- und Findeprozess in Krisen werden Stärken und Mängel identifiziert und – soweit es geht – die Stärken weiterentwickelt. Manchmal ist jedoch das Ergebnis eines Coaching auch die Einsicht, dass weiterreichende Personalentwicklungsmaßnahmen (z.B. weitere Qualifizierung, Psychotherapie) notwendig sind
C	Neuorientierung	strategische Neuorientierung. „Wem der Herr ein Amt gibt, dem leiht er auch einen Coach"
D	Lotsendienst	zur Verinnerlichung einer bestimmten Unternehmensstrategie kann ein begleitender Reflexionspartner die Funktion eines „Reisebegleiters" haben
E	Reserve	als „Entsatzkraft", als Hintergrund, aus welchem man nach „Frontkämpfen" reservierte Kräfte nachbezieht

Jeder Coachingprozess wird als eine abgeschlossene Dienstleistung mit eigener „Psychodynamik" und einer lehr- und lernbaren Didaktik der Durchführung verstanden. Viele betriebliche Anforderungen können eher mit komplexeren Coachings optimiert werden, die als Kombinationen mehrerer unabhängiger Prozessschritte gestaltet werden. Wo dies vorhersehbar ist, entstehen Coachingverträge, die wir Coachingverträge „zweiter Ordnung" nennen, in welchen von vorneherein ein „Mehrfaches" eines basalen Coachings angefordert/vereinbart wird. So gibt es beispielsweise Dr. C., einen langvertrauten Coaching-Klienten, der seit einigen Jahren einen festen Tag Coaching bucht: einen Vormittag zur Klärung dessen, was das vergangene Jahr brachte, einen Nachmittag um sich ganz frei – und begleitet – der Zukunft zu öffnen.

Coachingprozesse können so vorhersehbar als „Themenmuster" bzw. als „Verlaufsgestalten" beschrieben werden. In der Regel sollten Coaching-Verträge Verträge „erster Ordnung" sein. Komplexe Aufgaben haben jedoch als Erfahrungswerte Pakete für Coaching zweiter Ordnung erbracht.

Im Folgenden werden Coachingprozesse beschrieben, die als Illustrationen dienen sollen. Das Kerngerüst einer Coaching-Ausbildung ist die angeleitete Erfahrung solcher Prozesse – ehe jedoch einem Ausbildungskandidaten auch nur eine Einheit „Basiscoaching" abverlangt werden kann, muss er/sie eine Vorstellung vom Ablauf solcher Einzelgespräche und Prozesse haben. Die Prozessbeschreibungen zitieren auch wieder die zentralen Interventionskompetenzen und versuchen so zu verdeutlichen, welche didaktische Absicht zu gerade dieser Komposition von Themen und Übungszielen, Interventionskompetenzen und Theorieelementen geführt hat.

Alle Beispielsfälle müssen anonymisiert werden, diese Not haben wir schmunzelnd auch in eine Tugend verwandelt, denn jeder Name hat Assoziationen, wir gaben daher den Fällen überraschende Familiennamen – mit denen jeder Leser irgendwelche Assoziationen verbindet. Wir verdanken diese Anregung einer ausgezeichneten Untersuchung der Diagnostikgespräche von Psychotherapeuten (Leuzinger 1980), die ergab, dass meist in den ersten acht Minuten die Diagnosen sich abzeichnen und die gesamte Exploration sodann nach Fragemustern abläuft, die die Autorin solchen Großen zuschrieb, sie sprach vom Stil des Cicero, Freud, Sherlock Holmes usw.

Zur Auswahl der Beispiel-Prozesse: Bei allen Gedanken, die man sich um eine hier darstellbare Auswahl an Beispielfällen machen kann, darf nicht nur das Sinnvolle oder Spektakuläre leiten, sondern auch das Machbare. So sollten nach unserer Auffassung bestimmte Kriterien erfüllt sein.

1. *Die Coaching-Prozesse müssen dokumentiert sein.*

Als erstes schien es uns wichtig, Beispiele zu wählen, die gut dokumentiert sind. Gerade wenn es um das Wiedergeben von Dialogen geht, schleicht sich nicht selten eine Verzerrung oder Verklärung der Geschehnisse ein, und man trifft mit seiner eigenen Sprache in erinnerten Fragmenten oft nicht die Sprache des Klienten. Da immer wieder einmal Coaching-Prozesse zum Zweck der interkollegialen Supervision und in Absprache mit dem Klienten aufgezeichnet werden, haben wir zuallererst hier gesucht – und sind fündig geworden.

2. *Die Coaching-Prozesse sollten typisch sein.*

Natürlich gibt es das nicht. Es gibt kein typisches Coaching, und wenn es das gäbe, dann wäre es vermutlich ein schlechtes Coaching. Jeder Mensch und jedes Coaching ist anders. Mittelwerte gibt es allenfalls bezüglich Dauer und Frequenz der Sitzungen, aber auch diese Form mathematischer Verdichtung ist nicht wirklich aussagekräftig, obwohl der eingebrachte Coaching-Prozess hier ziemlich genau dieser Form der statistischen Verkürzung entspricht: 5 Mal 2,5 bis 3 Stunden alle 6 bis 8 Wochen, das ist kein ungewöhnlicher Wert bei Coaching-Klienten, die ihr Coaching von ihrem Unternehmen finanziert bekommen. Daher meinen wir mit typisch hier eher, dass wir bewusst auf außergewöhnliche oder gar spektakuläre Fallbeschreibungen verzichtet haben, also auf alles, was eher sehr selten vorkommt (Klienten mit akuter Burn-Out-Gefährdung, hochgradig depressive Klienten, extrem knifflige Konflikt-Lagen, intensive Vorbereitung auf eine Bilanz-Presse-Konferenz mit einem äußerst schwierigen, weil schlagartig öffentlichkeitswirksamen Thema und so fort …). Natürlich wären auch hier die Facetten des fünfwertigen Coachings sichtbar und darstellbar, aber die Beschreibung liefe Gefahr, den – vermutlich attraktiven – Inhalt über den zu beschreibenden Prozess zu stellen, und würde daher ihr didaktisches Ziel verfehlen.

3. *Die Coaching-Prozesse sollen didaktisch geeignet sein.*

Unabhängig von den Interventionskompetenzen, die wir zeigen wollen, und den Mustern, die wir mit unseren Fällen zeigen, „laufen“ manche Coachings ruhig und konzentriert ein Thema entlang, der Coach fungiert als annehmender Begleiter, der Coachee nutzt die Zeit intensiv für seine eigene Selbstreflexion, die Interventionen des Coaches sind gezielt, aber gleichzeitig minimal. Wir fanden es zielführender, Beispiele zu wählen, wo sich Verschiedenes tut, wo sich durch neue Perspektiven auch neue Themen auftun, und wo der Coach auch durch Methodenwechsel den Coaching-Klienten in neue Lernfelder begleitet. Unsere Leitgedanken hierzu hatten wir ja schon vorangestellt.

Im ersten Fall folgen wir der Absicht, die fünf Interventionskompetenzen anhand eines kürzeren Coaching-Prozesses von fünf Sitzungen darzustellen, um an dieser Stelle noch einmal überblickshaft die inhaltliche Struktur mit erfahrener Praxis in Verbindung zu bringen. Wir gliedern daher diese erste Darstellung nach dem Sitzungsablauf, die anderen Fälle werden entsprechend den eingesetzten Kompetenzen gegliedert.

5.1 Fall Dr. Siegfried Achilles: „Was die in der Firma so alles falsch machen!"

Die Coaching-Sitzungen mit Dr. Achilles verlaufen allesamt recht dynamisch. Eher stürmisch will er seine Themen durchlaufen, und manchmal ist es nicht leicht, das Geschehen zu verlangsamen. Aber da auch – durch den Coach geleitet – der Kontakt des Coachees mit und zu sich selbst in hohem Tempo, aber dennoch gründlich erfolgt, bleiben die Sitzungen gleichermaßen bewegt und zielführend.

Dr. Siegfried Achilles ist ein 1-Meter-90-Mann, 44 Jahre alt, trainiert (er war Mitglied in einer renommierten Ruder-Mannschaft) und er spricht mit klarer, deutlich vernehmbarer Stimme. Er leitet die Forschungsabteilung einer bestimmten Produktsparte. Er berichtet direkt an den Vorstand, ist aber auf dem Organigramm eine Ebene tiefer angesiedelt. Als er als Coaching-Klient ankommt – aber lesen Sie selbst:

Der Start: Auf dem Anrufbeantworter findet sich die Mitteilung einer Personalentwicklerin. Es gehe um einen Coaching-Klienten, und da ich ihr persönlich bekannt und noch einmal von anderer Seite empfohlen worden sei, habe sie nun angerufen und bitte um Rückruf.

Bei dem Telefonat am nächsten Tag wird klar, dass das Unternehmen (Chemie-Industrie) interne Assessments für Abteilungsleiter durchführe. Diese seien nicht implementiert worden, um die Eignung zu testen, sondern vielmehr als Hilfestellung gedacht, um Führungskräften die Möglichkeit zu geben, noch besser zu werden und weiter an sich zu arbeiten. Jeder Teilnehmer bekomme mündlich und schriftlich Feedback, und nicht selten entstehen so Empfehlungen für bestimmte Fortbildungen, Seminare oder eben für Coaching. Im Fall von Dr. Achilles sei man sich – auch mit ihm – einig gewesen, dass Einzel-Coaching eine geeignete Maßnahme wäre.

Das Unternehmen stelle für solche Maßnahmen ein Budget von 20 Stunden zur Verfügung. Über den Stundensatz können wir uns schnell einigen, so bleibt Zeit, um noch weitere Rahmenbedingungen zu klären: Über welchen Zeitraum soll die Maßnahme laufen? (Gewöhnlich ein Jahr, das sei aber mit dem Coaching-Klienten auch anders vereinbar.) In welcher Form ist der Vorgesetzte mit einbezogen? (Er kenne das Feedback aus dem Entwicklungsassessment, Dr. Achilles habe es mit ihm besprochen; er unterstütze die Coaching-Maßnahme und wolle auf dem Laufenden gehalten werden.) Das ist eine gute Gelegenheit, über Vertraulichkeit zu sprechen. Coaching kann nur funktionieren, wenn sich der Coaching-Klient absolut und uneingeschränkt sicher weiß. Dies gilt es sofort zu klären, denn ich kenne Fälle, in denen das Unternehmen eine Art Verlaufsbericht zum Coaching forderte. Die Absicht dabei war einerseits, die besten Coaches zu finden, und andererseits, die Coaching-Maßnahmen evaluieren zu können. Und mag die Absicht auch noch so ehrenvoll sein, solche Seiteninformationen verbieten sich. Es hätte also an dieser Stelle dazu kommen können, den Auftrag abzulehnen. Die Personalentwicklerin ist froh, dass ich das so klar anspreche, sie unterstützt die Vertraulichkeitsbedingung. Es gebe aber nach dem Abschluss der Coaching-Maßnahme gewöhnlich ein Gespräch, das sie selbst mit dem Coaching-Klienten führe und gegen Ende käme auch der Vorgesetzte noch mit dazu. Und der Chef von Dr. Achilles wollte nur wissen, wann's los geht, und wie der Zeitrahmen aussehe. Das ist für mich in Ordnung. Ich bekomme die E-Mail-Adresse von Dr. Achilles, frage, ob diese vertraulich sei (ja), und seine Telefonnummer. Ihm umgekehrt werde sie auch meine Daten geben, so dass beide den Kontakt aufnehmen könnten.

Nicht selten kommt es vor, dass die Erstkontakt-Person – in unserem Fall die Personalentwicklerin – den Coach informieren will, worum es geht, also welches Thema man im Coaching bearbeiten solle. Wir sind hier sehr zurückhaltend, und es gilt die Balance zu halten zwischen dem natürlichen Bedürfnis des Auftraggebers, den Fall und die mit dem Coaching verbundene Hoffnung zu umreißen, und dem Ziel, so unvoreingenommen wie möglich den Coaching-Klienten bei seiner Geschichte abzuholen. Manchmal empfehlen sich daher auch (kurze) Startgespräche zu Dritt.

Viele Unternehmen, die ihren Mitarbeitern Coaching ermöglichen, nennen mehrere Coaches und bieten „Kennlerngespräche" an, damit der Coaching-Klient sich den Coach aussuchen kann, der nach seiner Auffassung am besten zu ihm passt. Man trifft sich dann irgendwo (beispielsweise in der Firma oder in einem Café) und unterhält sich ein bisschen. Dabei wird davon ausgegangen, dass der Coach diese Zeit umsonst anbietet, schließlich kann er ja dadurch einen Auftrag bekommen. Wir halten von diesem Vorgehen nichts! Denn das fünfwertige Coaching definiert jeden Kontakt zwischen Coach und Coaching-Klienten als einen Arbeitskontakt, und daher wird von der ersten Minute an gearbeitet; sich informell ein bisschen Kennenlernen passt nicht ins Konzept. Auch das verhandeln wir mit den Unternehmen sehr klar. Gewöhnlich wird folgender Vorschlag akzeptiert: Vereinbart wird von Anbeginn an eine Coaching-Sitzung normaler Dauer (meist 2 oder 3 Stunden). Sollten der Klient oder der Coach das Gefühl haben, das passt irgendwie nicht, dann kann und muss das Coaching an dieser Stelle beendet werden. Und dafür gibt's dann auch keine Rechnung.

Die Darstellung: Natürlich ist es im Rahmen dieser Veröffentlichung nicht möglich – und wahrscheinlich wäre dies auch nicht sinnvoll –, einen Coaching-Prozess umfassend und in allen Details wiederzugeben, so als würde man das Transkript der

Aufnahme zwischen zwei Buchdeckel packen. Denn wäre die Landkarte genauso groß wie das Land, dann verlöre sie, wie wir in Alice im Wunderland lesen können, ihren Sinn. Wir haben uns entschlossen, uns auf einzelne, zum Teil kurze Episoden aus den fünf Coaching-Treffen zu konzentrieren, um mit Hilfe dieser Beispiele die Versatzstücke des fünfwertigen Coachings zu illustrieren. Wir wollen mit diesem Verfahren zeigen, dass es nicht darum gehen kann, sich wohlklingende Überschriften zu einem Coaching-Konzept einzuprägen, sondern dass es im Coaching um eine Art zwischenmenschlich intensiver Begegnung geht, die man durch schöne Überschriften zwar fassen, niemals aber erfassen kann. Wir hoffen, dass die Beispiele eine Idee vom Pulsschlag des fünfwertigen Coachings zu vermitteln vermögen und erahnen lassen, wie es lebt. Wir werden daher den ausgewählten Sequenzen immer einen entsprechenden Kommentar auf der Basis des fünfwertigen Coachings unterlegen. Dabei haben wir die Aussagen wörtlich so gelassen, wie sie auch gefallen sind. Sie nachträglich sprachlich zu beschönigen, gäbe ihnen mehr Eleganz, aber es nähme ihnen die Lebendigkeit.

5.1.1 *Die erste Coaching-Sitzung*

Das Coaching findet in den Räumlichkeiten des Coaches statt. Herr Dr. Achilles kommt pünktlich, stellt sich mit einem einzigen Satz kurz vor, und es will gleich aus ihm heraussprudeln:

K: Also so ganz einverstanden bin ich mit dem Feedback ja nicht, das sie mir da in der Firma verpasst haben, und überhaupt, ich finde den ganzen Prozess schon recht merkwürdig, wenn man als gestandene Führungskraft noch mal auf die Schulbank soll.

Sofort bin ich als Coach in einem Konflikt. Da ist einer unter Dampf, bereit sich zu öffnen, durch erstes Einfühlen ließe sich gleich und vermutlich sehr intensiv mit dem Coaching-Prozess beginnen. Auf der anderen Seite gilt es, gerade wenn Unternehmen als Auftraggeber im Spiel sind, vorher noch ein paar Dinge zu klären. Würde man den Coaching-Klienten ins Unklare hinein starten lassen und nachher erst über die Rahmenbedingungen sprechen, so könnte das zu merklichen Störungen führen, etwa folgendermaßen:

K: Na, das hätten Sie mir ja gleich sagen können, dass wir uns nur alle 6 Wochen treffen. Ich dachte: Jede Woche eine Stunde, am besten Freitagabend, das wäre für mich ideal gewesen.

Selbstprüfung / Echt sein
Als Coach muss man jede Sekunde wissen, was in einem selbst vorgeht. Man muss sich seiner selbst sehr bewusst sein und seine inneren Motive, Strebungen, „Stimmen" nicht nur kennen, sondern auch deren Wirkung oder potenzielle Wirkung auf das eigene Verhalten erfahren haben. Das lernt man in jeder fundierten Coaching-Ausbildung, wo Selbsterfahrung eine zentrale Rolle spielt, und es ist wichtiger und fundamentaler als irgendwelche Coaching-Tools oder vermeintlich wirksame Techniken. Denn wenn uns Verhaltensweisen oder Äußerungen unseres Coaching-Klienten freuen, ärgern, ungeduldig werden lassen, langweilen, betroffen machen, bestürzen, völlig überraschen, so hat das in erster Linie mit uns selbst zu tun; und es wäre äußerst unprofessionell, eigene Befindlichkeiten oder Bewertungen auf dem Rücken des Coaching-Klienten abzuarbeiten. Im Fall von Herrn Dr. Achilles spüre ich in dieser Startsequenz eine große Sympathie für mein lospolterndes und damit offenes Gegenüber, auf der anderen Seite ruft die Pflicht, erst einmal wichtige Rahmenbedingungen zu klären. Nun habe ich in meiner eigenen Coaching-Ausbildung erfahren, wie leicht es mir fällt, mich von meinen Sympathiegefühlen überrollen zu lassen, und sozusagen alles andere darüber zu vergessen. Das hilft mir wiederum, nach innen und dann auch nach außen Stopp zu sagen.

Zur Echtheit gehört es, aus seinem Herzen keine Mördergrube werden zu lassen, sondern – auch modellhaft – dem Coaching-Klienten gegenüber offen anzusprechen, was einen bewegt.

C: Entschuldigen Sie, dass ich Sie unterbreche. Ich merke schon, am liebsten würde Sie gleich loslegen, weil da aus Ihrer Sicht einiges nicht in Ordnung ist, so wie das Ihr Unternehmen mit den Feedbacks handhabt …
K: Ja genau, ich möchte mal wissen, wer da mit wem alles über mich geredet hat …
C: (bestimmt und wieder unterbrechend) … bevor wir die Reise antreten, möchte ich mit Ihnen erst einmal die Route besprechen, einfach damit wir für das Coaching von den gleichen Voraussetzungen aus gehen.
K: Ähm, ja, da haben Sie vermutlich recht, ich weiß ja auch gar nicht genau, was man Ihnen alles erzählt hat, und wie das hier überhaupt ablaufen soll.

Daraufhin gehe ich mit Dr. Achilles alle Fragen durch, die bei einem extern beauftragten Coaching geklärt werden müssen: Vertraulichkeit, Dauer und Häufigkeit der Sitzungen, Rechnungsanschrift usf. Herr Dr. Achilles ist sichtlich zufrieden, „… dass wenigstens einer mit offenen Karten spielt", und ich kann an den emotionalen Gehalt seiner Aussagen anknüpfen.

Einfühlen
Die differenzierte und für den Coaching-Klienten differenzierende Wahrnehmung von Emotionen hilft diesem, sich zu sortieren, indem ihm bewusst werden kann, was ihn bewegt. Herr Dr. Achilles hat mehrfach zum Ausdruck gebracht, dass ihm

bei weitem nicht alles im Zusammenhang mit dem Entwicklungs-Assessment-Center passt. Nun hat es ja viele Signale in diese Richtung gegeben: „... ein Feedback verpasst bekommt...“, „... merkwürdiger Prozess...“, „... nochmal auf die Schulbank...“, „... wer da alles über mich geredet hat...“, „... was man Ihnen erzählt hat...“, „... wenigstens einer mit offenen Karten...“. Doch wo aufsetzen? Oder gibt es ein allen Aussagen gemeinsames Grundgefühl? Mir scheint die Melodie „Ich bin Opfer eines Prozesses...“ der geeignete Weg zu sein.

C: Herr Achilles (wir hatten uns beim Besprechen der Rahmenbedingungen darauf geeinigt, den „Dr.“ wegzulassen), wenn ich Sie so über das Entwicklungs-AC reden höre, Sie fühlen sich da eher lieblos durchgeschubst?
K: Ja, die hätten doch mal anständig mit mir reden können – aber dann meine Art der Kommunikation kritisieren!
Herr Achilles schildert Details des Prozesses, ich lasse ihn reden, ab und zu greife ich nachempfindend auf, was ich höre.
C: (10 Minuten später): Da wird schon deutlich, wertschätzend behandelt zu werden, das ist für Sie sehr wichtig?

Die Interventionen im Coaching enden häufig mit einem „halben Fragezeichen“. Dem Klienten wird so deutlich, dass der Coach ein Tastender und kein Besserwisser ist. Das halbe Fragezeichen macht dies deutlich – und es lässt Platz.

K: Na und wie, schon der Einladungstext war eine Katastrophe...
C: ...und wie sind Sie mit dieser „Katastrophe“ umgegangen?
K: Na wie wohl! Man darf sich da nicht alles gefallen lassen! Ich habe mich umgehend bei der Personalabteilung beschwert! Runterschlucken – dem stimmen Sie als Fachmann sicher zu – das bringt nichts.
C: Aha? Woher wissen Sie das?

Annehmen
Eine kleine, feine Interaktionssequenz mit hohem Verführungscharakter! Wollte man nicht gerade als Psychologe, sozialisiert als einer, für den Offenheit und Kongruenz zentrale Werte sind, da am liebsten zustimmen? Etwa so: C: Ja, etwas in sich hineinzufressen, das ist sicher kein guter Weg! Annehmen hatten wir definiert als die Kompetenz des Coaches „... alle Wertesysteme gelten lassen zu können“. Wäre aber ein bestätigendes Rechtgeben als das Geltenlassen eines Wertesystemes zu verstehen? In der wunderbaren Welt unserer Alltagskommunikation wäre das ein schönes Signal: „Ja, ich finde prima, was du sagst, ich sehe das genauso.“ Doch vom Coach ist Tiefgründigeres gefordert: Wertesysteme anzunehmen heißt, sie mit offener Neugier,

ohne versteckte Agenda zusammen mit dem Klienten zu erforschen. Vielleicht wirkt die Frage „Woher wissen Sie das?" in ihrer Verschriftung hier zu salopp, im O-Ton aber klang sie konzentriert und erwartungsvoll.

C: Aha, woher wissen Sie das?
Nun entsteht plötzlich eine Pause, Dr. Achilles sinkt ein bisschen in sich zusammen und wendet die Augen nach Innen.
K: Ach das ist jetzt nicht mehr so wichtig. Eine alte Geschichte … <Pause>
C: Sie überlegen gerade, ob Sie sie erzählen wollen?
K: <Pause, im Vergleich zu den sonstigen Kommunikationsgewohnheiten von Dr. Achilles ungewöhnlich lange> Ja, ich gebe zu, so ab und zu beschäftigt mich das immer noch, obwohl es nun schon 10 Jahre her ist.

Dr. Achilles erzählt, wie ihm einer seiner Vorgesetzten bei seinem vorigen Arbeitgeber eine sehr interessante Abteilungsleiter-Stelle angeboten hatte. Nach zwei Jahren höflichen Abwartens, Dr. Achilles wollte nicht aufdringlich sein, wurde die Position plötzlich durch jemand ganz anderen besetzt. Das sei auch einer der Gründe gewesen, sich nach einer anderen Firma umzusehen. Der Vorgesetzte, so schien es, wollte von seinem vollmundigen Angebot nichts mehr wissen oder er hatte es gar vergessen.

Achilles berichtet dies mit seinem bei ihm gewöhnlichen Schwung. Die Geschichte klingt mal wie das Aufzählen von Fakten, mal mit ein bisschen Zynismus garniert, aber es tut ihm sichtlich gut, darüber zu reden. Die Präzision der Fakten zeigt, wie einschneidend dieses Erlebnis für den Coaching-Klienten war. Die Coaching-Sitzung neigt sich nun ihrem Ende zu.

K: … jedenfalls habe ich mir geschworen, so etwas nie mehr wieder mit mir machen zu lassen! Basta!
C: … da haben Sie ganz schön hart an sich gearbeitet?
K: Ja, knallhart. Mit mir nie mehr!
C: Wären Sie bereit, eine kleine Hausaufgabe bis zu unserem nächsten Termin mitzunehmen?
K: Klar!
C: Diese Änderung, von der Sie sprechen, was genau haben Sie da unternommen? Könnten Sie bitte darüber noch einmal nachdenken, wie Sie das gemacht haben?
K: Ja, gerne.

Fördern und Fordern

Die Zeit zwischen den Coachings ist Zeit für das Selbstcoaching. „Hausaufgaben" helfen hier, die im Coaching begonnene Reflexion fortzusetzen.

Anmerkung: Im Coaching Ziele definieren
Fast alle uns bekannten Veröffentlichungen, die sich mit Coaching befassen, beschreiben Verfahren, wie in der ersten Coaching-Sitzung Ziele erarbeitet, festgehalten und wie deren Erreichung operationalisiert werden könnte. Häufig aber sind Landkarte, Kompass oder beides beim Coaching-Klienten verschüttet. Oft hat die geflissentliche Orientierung an fremden, von außen kommenden Erwartungen (Eltern, Schule, Sozialpartner, Vorgesetzte und so fort) dazu geführt, eigene Zielvorstellungen aus den Augen zu verlieren. Coaching begleitet den Coaching-Klienten dabei, seine ihm eigenen Lebenskoordinaten zu finden. Mithin wäre es in vielen Fällen absurd, in einer ersten Coaching-Begegnung platt nach dem zu fragen, was erst Ergebnis der Arbeit sein kann.

5.1.2 Die zweite Coaching-Sitzung

Dr. Achilles kommt sehr pünktlich und platzt gleich los:

K: Ich war das letzte Mal nicht ganz offen zu Ihnen! <Kurze Pause, kurzes Zögern> Die Stelle, für die ich vorgesehen war, wurde nun doch nicht besetzt! Das nennen die dann Entwicklungs-AC. Und dann erzählen Sie einem noch, dass nichts rausgeht, dass die Feedbacks nur der Personalabteilung und natürlich den Beobachtern bekannt sind. Blödsinn. Das ging sicher bis zum Vorstand. <Kurze Pause> Na ja, das wusste ich auch schon das letzte Mal.
C: ...aber Sie fanden es besser, das noch nicht gleich zu sagen...
K: Ja, genau. Ich wollte Sie – ehrlich gesagt – testen.
C: Testen?
K: Ob man Ihnen das auch schon gesteckt hat, dass da ein Abgelehnter bei Ihnen auftaucht.
C: ...und gleichzeitig haben Sie damit ja auch Ihr Unternehmen getestet.
K: Klar – und Sie wussten das wirklich nicht?
C: Nein – aber Sie können's grade gar nicht glauben?
K: Ähm, ja, doch, Ihnen glaube ich das schon – aber normalerweise sind die ganz schön link, aber ich habe da ja so meine Methoden entwickelt.
C: Sind wir da auch schon bei Ihrer „Hausaufgabe"?
K: Ja, genau. Ich baue mir einen innerlichen Schutzwall, wie so eine Burg, da lasse ich dann alles abprallen. Und ich vertraue erst mal niemandem. Das macht's einfach leichter.

Einfühlen
Der Coach als Lotse unterstützt bei der differenzierenden Wahrnehmung. Er hilft, dem emotionalen Geschehen des Klienten eine Bühne zu verschaffen. Diese Bühne unterstützt den Coachee dabei, sich selbst zu erfahren.

Selbstprüfung des Coaches / Echt sein

Dr. Achilles ist nun kaum noch zu bremsen, er hat ein großes Bedürfnis, mehrere Erlebnisse zu schildern, um zu „beweisen“, wie gut seine Festung gebaut und wie sinnvoll sie ist. Was tut „man“ da als Coach? Darf „man“ teure Coaching-Zeit damit verstreichen lassen, dass der Klient Geschichten erzählt? Muss man nicht gezielt, zügig und gleichzeitig empathisch zum emotionalen Kern vordringen? Was tut „man“ als Coach, wenn man diesen inneren Zwiespalt fühlt?

Zum Ersten ist es eine der grundsätzlich zu fordernden Kompetenzen eines professionellen Coaches, dass er erkennt, was sich in ihm tut. (Wir hatten ähnliches schon bei der ersten Coaching-Sitzung beschrieben; die Wiederholung an dieser Stelle soll zeigen, dass es sich bei den „inneren Fragen“ nicht um punktuelle Ereignisse handelt, sondern dass Coaching nur dann wirken kann, wenn die nach innen und die nach außen gerichtete Präsenz ein kontinuierlich hohes Niveau hält.)

Zum Zweiten versteht das hier vertretene Menschenbild den Coaching-Prozess als die Begleitung von verantwortlichen Könnern. Mithin sind zwar verschiedene Rollen, immer aber die Grundüberzeugung des Arbeitens auf Augenhöhe impliziert. Je kompetenter ein Coach in der Psychologie des Überzeugens (Cialdini 2010) wird, desto achtsamer wird er für diese Dimension des Respektes vor seinem Coaching-Klienten. Es bleibt dabei, dass der Coach nicht der ist, der über die bessere Lösung verfügt. Fragen – so folgt daraus –, die der Coach sich selbst stellt, kann er auch dem Coaching-Klienten stellen.

C: Hm, Herr Achilles, mir fällt auf, dass Ihnen viele Beispiele in den Sinn kommen; mir fällt auch Ihre Leidenschaft auf, wenn ich Ihnen zuhöre. Für unser heutiges Treffen stelle ich mir gerade die Frage, ob es nun besser wäre, dass wir daran arbeiten, sozusagen die Architektur Ihrer Festung mal genauer anzusehen, oder ob wir uns weitere Beispiele vornehmen. Was meinen Sie?
K: <ohne Zögern> Nee, das tut irgendwie gut, mal die Situationen zu schildern. Das hab’ ich so ja noch niemandem erzählt, und mir fällt selbst beim Erzählen gerade auf, wie tief meine Automatik da schon funktioniert.

„Noch niemandem erzählt.“ Da ist einer, der es für sehr sinnvoll hält, mit Vorsicht und Misstrauen zu agieren, dabei, mal auszuprobieren, wie sich Vertrauen anfühlt. Es geht also um weit mehr als um „Geschichten“. Der Coaching-Klient experimentiert damit, Verhaltensweisen zu zeigen, die er sonst eher meidet. Und: „Es tut irgendwie gut.“ Und nicht nur das: Er beginnt, die „tiefe Automatik“ zu reflektieren. Der Könner weiß, was ihn fördert. Gerade die Frage nach dem weiteren Vorgehen hat hier einen starken Bezug des Coaching-Klienten zu sich selbst hergestellt.

C: <leicht zwinkernd> ... das ist ja fast so, als würden Sie mir hier vertrauen?
K: <fast freudig> Ja, klar!
C: So als wäre „die Automatik" ...
K: ... hier endlich mal abgeschaltet!
C: Endlich?
K: Ja, das Aufpassen strengt natürlich auch irgendwie an.
C: Und wie ist es jetzt gerade?
K: Mir geht's richtig gut gerade – anders als mit scharf geschalteter Alarmanlage.

Dr. Achilles berichtet noch von zwei weiteren Beispielen, diesmal nicht mit dem üblichen Schwung, sondern ruhig, fast gelassen. Wir besprechen noch kurz eine Hausaufgabe: Dr. Achilles soll beobachten, wie sich die Alarmanlage auf sein Verhalten auswirkt. Fast freudig nimmt er den Auftrag an und verabschiedet sich freundlich.

5.1.3 Die dritte Coaching-Sitzung

Ein Schnellstart. Dr. Achilles gibt sich bei der Begrüßung kurz angebunden, wirft sich in den Sessel und legt sofort mit hohem Tempo los:

K: Sie sind auch nicht besser als die anderen. Nur raffinierter! Ja, mir ging's ganz gut das letzte Mal, Sie haben mich da richtiggehend eingelullt. Der Kater kam nachher! Schließlich werden Sie ja von meinem Unternehmen bezahlt und da ist es doch ganz klar, dass Sie einen Auftrag erfüllen! Ich war ganz schön unvorsichtig beim letzten Mal, oh Mann, was ich Ihnen da alles erzählt habe, das würde ich so nicht mehr tun. Was gehen Sie denn meine Schwierigkeiten mit Frau Hübner (eine Mitarbeiterin; eines der Beispiele der letzten Sitzung, hatte sich um sie gedreht) an. Das ist ja irgendwie schon eine Frechheit, dass Sie mich hier so aushorchen. Und? Haben Sie Ihren Bericht an meine Firma schon geschrieben? Ich hätte mich auf diese ganze Coacherei nicht einlassen sollen.

Selbstprüfung, Annehmen, Einfühlen
Die Seele des Coaches ist waidwund geschossen. Enttäuschung und Kränkung machen sich breit; war doch die letzte Sitzung so „rund" gewesen. „Jetzt mach mal halblang!", will ich meinem Coaching-Klienten entgegenschleudern. „Erstens halte ich deiner Firma gegenüber die Klappe und zweitens hab' ich hier einen guten Job gemacht!" Ärger schiebt sich ins innere Getümmel. Ich habe – glücklicherweise – gelernt, dem inneren Treiben zuzusehen; ich lasse mir Zeit. Schlagfertigkeit wird (vermeintlich) allenthalben in der Alltagskommunikation gefordert, im Coaching nutzt es hingegen wenig, wenn man sich zum „Schlagen" „fertig" macht. So gelingt es mir langsam (Dr. Achilles hat inzwischen aufgehört und sitzt in sich gekehrt mir gegenüber), meine Aufmerk-

samkeit meinem Gegenüber zuzuwenden. Was ist bei ihm los? Wie mag es ihm wohl gerade gehen? Wie kann ich ihn in seinem ganzen Ärger und Frust annehmen? Über wen ist er eigentlich so ärgerlich? Über mich? Nein, wohl eher über sich. Wie kann ich mich nun in ihn *einfühlen*? Wie kann ich ihn mit all seinen Gefühlen *annehmen*?

C: So wie Sie jetzt gerade fühlen, ist das so, wie Sie Ihre aktive „Alarmanlage" spüren? Wenn die Sirenen heulen?
K: Ja, da springt mir das Messer in der Tasche auf und die Selbstschussanlagen sind in Position!!
C: So als würden Sie massiv bedroht?
K: Ja, genau.
C: Wie fühlt sich das genau an?
K: Wie? Ja halt genervt …
C: Wie spüren Sie das?
K: Verkrampft … angespannt … ungut …
C: Wo?
K: Im Nacken, der ganze Schultergürtel ist angespannt, da zieht sich irgendwie alles zusammen. Jetzt auch Ihnen gegenüber, das ging schon los, als ich an unser Treffen nur gedacht habe.
C: Sie kennen das Gefühl?
K: Ich hab's wohl noch nie so genau beschrieben – aber ja, das kenne ich.
C: War das auch bei Ihrer Hausaufgabe so?
K: <denkt nach> Ähm, da sollte ich doch auf mein Verhalten achten, oder?
C: Ja, ich frage mich nur, ob sie da auch da war, diese Anspannung, so wie Sie sich jetzt fühlen – verkrampft, angespannt …
K: Ja, ja. So ist das dann – ich kann dann manchmal gar nicht mehr klar denken.
C: Wie ist es jetzt gerade?
K: Der Schleier lüftet sich, komisch, da sitzen Sie mir gegenüber, vorher habe ich Sie gar nicht richtig gesehen. <Pause> Da war ich irgendwie ganz mit mir und meinem Ärger beschäftigt. Hab' ich dummes Zeug geredet?
C: So als wüssten Sie manchmal nicht, was die „Automatik" so alles mit Ihnen macht?
K: <unvermittelt das Thema wechselnd> Ich hab' Ihnen etwas mitgebracht. <Legt eine Mappe auf den Tisch>

Annehmen heißt, mit dem zu arbeiten, was sich gerade abspielt. Hätte Dr. Achilles die Grenzen verletzt, wäre aus dem vorwurfsvollen Ärger ein ungezügeltes Beschimpfen geworden, so wäre ich wohl sehr klar eingeschritten (Grenzen setzen). So aber sah ich einen Klienten, der mit sich und seinem Ärger rang und der genügend Zutrauen hatte, dieses Gefühl ins Coaching einzubringen.

Aktualisieren hieß in dieser Sequenz der methodische Zugang: Dem Gefühl im Hier und Jetzt die Bühne zu geben, sich zu zeigen und sich betrachten zu lassen.

C: Was ist das?
K: Das sind die Feedbacks aus dem Assessment-Center. Ich wollte nicht gleich in der ersten Sitzung die Hosen so runterlassen.
C: So als ob Sie da etwas befürchten müssten?
K: Klar! Wie stehe ich denn da bei Ihnen da?

Dennoch schlägt Herr Dr. Achilles vor, die Feedbacks aus dem Assessment-Center mit mir durchzugehen. Er hat alles sorgfältig durchgearbeitet und die für ihn zentralen Stellen markiert. Daher nimmt dieser Prozess nicht viel Zeit in Anspruch. Die Rückmeldungen beschreiben eine intelligente, dynamische, gut organisierte Führungskraft, die ausgezeichnet strukturieren und sich sehr klar ausdrücken kann. Alles Bestnoten. Nur im Abschnitt „Social Skills“ finden sich kritischere Anmerkungen. Danach *„geht der AC-Teilnehmer vor allem in schwierigen Situationen zu wenig auf den Gesprächspartner ein, rechtfertigt sich bei Kritik vorschnell, noch ohne die Meinung des anderen wirklich zu kennen. In seiner Diktion wirkt er dabei manchmal unversöhnlich und unnahbar.“*

C: Mir fällt auf, dass Sie recht schnell über die positiven Feedbacks hinweggegangen sind, so als wäre das nicht so wichtig …
K: Ist das nicht normal? Ich meine, was da steht, ist doch selbstverständlich. Oder nicht?
C: Bei Ihnen ist das normal? Positives als selbstverständlich zu nehmen, durch Kritisches aber stark berührt zu werden?
K: Ja, das stimmt, da reagiere ich ganz stark, so innerlich, … Sie wissen schon, die Alarmanlage. „Lass’ dir nichts gefallen!“
C: Wie bewerten Sie das selbst?

Annehmen
Wieder geht es darum, das Wertsystem des Coaching-Klienten gelten zu lassen. Der Coach braucht für sich die innere Neugier, die Landkarte des Coachees entdecken zu wollen. Die Antwort kann nun so oder so ausfallen.

K: Ehrlich gesagt? Es verkrampft, es strengt an, ich hatte das ja in unserer letzten Sitzung richtiggehend gespürt.
C: …
K: … und dann schlage ich irgendwie los.
C: <mit einem mimischen Fragezeichen>

K: So, wie bei Ihnen vorher. Und das ist mir ja auch in dem blöden Rollenspiel so passiert. Das machen die in der Firma nicht ganz sauber, einen da so zu provozieren. Und dann stimmt's natürlich, was da im Feedback steht.
C: Was heißt das für unser Coaching?
K: Das muss anders werden! Ich kann doch nicht immer gleich hochgehen, wenn mich jemand kritisiert.

Ziele im Coaching-Prozess

Ziele, die vernünftig sind, lassen sich schnell formulieren. Wir kennen das von unseren Neujahrsvorsätzen. Im Coaching-Prozess „gilt" ein Ziel erst dann als Ziel, wenn es emotional Resonanz erzeugt. Natürlich hätte man Dr. Achilles auch gleich in der ersten Sitzung fragen können, was seine Ziele für das Coaching sind. Und man hätte auch eine Antwort bekommen. Eine vernünftige Antwort, eine intelligente Antwort. Aber erst, wenn der Coaching-Klient aus eigener Reflexion seine eigene Richtung zu verspüren beginnt, wird man ihn erreichen können. Die Gehirnphysiologie konnte belegen, dass erst die emotionale Akzeptanz ein sozusagen subkortikales Mitschwingen auslöst, und erst dieses wiederum Veränderungen möglich macht. Wir haben Maja Storch (2010) hierzu ein amüsantes und leicht lesbares Buch zu verdanken. Im Titel „Machen Sie doch, was Sie wollen!" ist die zentrale Erkenntnis menschlicher Veränderungsprozesse gekonnt veranschaulicht.

C: Wie würden Sie das als Ziel unseres Coachings formulieren?
K: <denkt nach> Ja, da gibt's etwas, das sich innen abspielt, meine Festung, funktioniert, aber kostet wohl viel Energie – dieses Verkrampfte, wo sich alles anspannt. Und dann das Äußere, ich meine, wie ich mich dann verhalte, wo ich dann ruppig werde und das selbst manchmal nicht mitbekomme.

Fördern und Fordern

Es gehört zum Handwerkszeug des Coaches, Ziele nicht einfach so in ihrer ersten und meist sehr eingängigen Formulierung stehen zu lassen, sondern sie inhaltlich zu präzisieren und emotional spürbar werden zu lassen. Zu den Kontext-Fragen gehört es, die Situation(en) möglichst genau zu beschreiben (Mit wem? Wo? In welcher Situation genau? Was spielt sich da ab? In Zeitlupe?) Die Fragen nach dem Verhalten beschreiben den sichtbaren, hörbaren Zielzustand, und immer spürt der Coach zusammen mit seinem Klienten dem emotionalen Echo nach.

So ist die für den Klienten oft sehr herausfordernde Arbeit an den Zielen grundsätzlich verschieden von einem Management-by-Objectives-Ansatz, der zum einen ausschließlich dem inhaltlichen Fokus folgt und sich zum anderen nicht um eine emotionale Verankerung kümmert und der das auch nicht muss. Zudem werden Ziele im Management-Kontext deutlich grobkörniger gestaltet, indem sie das Fertige beschreiben, nicht aber einzelne Verhaltensschritte definieren.

Im professionellen Coaching ist die ansonsten implizite und eingängige Trennung, erst bestimmen wir die Ziele, dann arbeiten wir dran, aufgehoben! Die Arbeit mit und an Zielen ist Teil der Intervention; im Erleben und genauen Gestalten der Zielvorstellung wird Veränderung gebahnt. Die Arbeit an Zielen ist der Weg.

Auch in dieser Sitzung vereinbaren wir wieder Hausaufgaben, die diesmal in enger Verknüpfung mit der Zielearbeit stehen: Dr. Achilles sammelt für ihn relevante Situationen und macht es sich selbst zur Aufgabe, diesmal genauer auf sein Verhalten zu achten, ohne dadurch seine „somatischen Marker“ verleugnen zu wollen. Er verordnet sich selbst kleine Pausen, er wolle eben nicht „immer gleich hochgehen“.

5.1.4 Die vierte Coaching-Sitzung

Ich erwarte Dr. Achilles nicht ohne innere Anspannung. Was wird diesmal wohl sein? In welcher Stimmung wird er hier auftauchen?

Selbstprüfung / Echt sein

Der professionelle Coach arbeitet immer auch mit sich selbst. Er hat nicht nur gelernt, auf seine Innenwelt zu achten, sondern er nutzt sie auch als Indikator. Da Coaching die Begegnung zweier Menschen ist, finden immer auch Beziehungsangebote und Beziehungerlebnisse statt. In der Gedankenwelt der Psychoanalyse war hier von Übertragung und Gegenübertragung die Rede. Dr. Achilles stand seinem Unternehmen und auch mir mit viel Skepsis und Vorsicht gegenüber. Dann ließ er im Coaching mehr Nähe zu, dachte in meiner Gegenwart über sich nach, um gleich zwei Wochen später vorwurfsvoll und abgrenzend (ich fühlte mich gekränkt) aufzutauchen, sich aber wenig später doch wieder von seiner „weicheren“ Seite zu zeigen. All das führt dazu, dass ich bei mir die beschriebene Anspannung wahrnehme. Mag das wohl anderen Menschen in seinem Umfeld mit ihm ähnlich gehen? Wie geht es wohl seinen Mitarbeitern, wenn sie ihm begegnen? Wie seinem Vorgesetzten oder seinen Kollegen? Wie ist das im privaten Umfeld? Weiß er, was er auslöst? Will, braucht er das so? Aus meinen Bewertungen und Gefühlen kann ich lernen. Und nur wenn mir meine Bewertungen und Gefühle sehr klar sind, bin ich davor geschützt, mich in ihrem Sog zu verlieren.

Dr. Achilles kommt nach einer kurzen Begrüßung sofort auf den Punkt, der ihn beschäftigt:

K: Das muss anders werden. Ich habe meine Hausaufgabe gemacht. Je genauer ich hinsehe, um so mehr merke ich meine Verkrampfung. Die Festung funktioniert, aber der Preis ist hoch. Da müssen Sie mir helfen, ich muss gelassener werden.
C: Sie nehmen bei sich jetzt deutlicher wahr, wie Ihre „Festung“ funktioniert oder nicht funktioniert?
K: Ja, die ganze Konzentration gilt dem Bollwerk und nach außen schalte ich irgendwie ab.

C: So als würden Sie sich nach außen hin betäuben?
K: Ja, schon so in die Richtung?
C: Damit Sie nichts spüren?
K: Ja.
C: Was vermuten Sie: Wie werden Sie in solchen Momenten von außen wahrgenommen?
K: Keine Ahnung!? Vielleicht so, als wäre ich irgendwie weg? Nicht wirklich da? Und manchmal gibt's ja auch den Kanonendonner. <Denkt nach> Aber das sind eher Selbstschussanlagen. Ich will das ja gar nicht so, dass ich andere dann vor den Kopf stoße.
C: Wollen Sie es von mir wissen?
K: Was?
C: Was in mir vorgeht, wenn wir arbeiten?
K: Wow! Klar!

Echt sein

Die Situation beim Coach: repräsentativ fürs Leben? Das Zwiegespräch mit mir selbst wies diese Richtung. Doch geht es hier nicht ums Recht haben. Und natürlich bilden ein paar erlebte und beobachtete Situationen nicht das Leben ab. Vielmehr geht es um ein Reflexionsangebot, das genau dadurch entsteht, dass der Coach sich authentisch einbringt. Dabei muss er sich seiner eigenen Motive stets im Klaren sein. Wenn die inneren Spieler „Oberlehrer", „Tit-for-Tat-Wächter", „Wundenlecker" oder etwa „Exhibitionist" heißen, dann tut der Coach gut daran, erst einmal mit sich ins Reine zu kommen. (Natürlich gibt es auch die Möglichkeit, dem Coachee das ganze Konzert der inneren Mitspieler zu präsentieren. Manchmal ist das aber ein bisschen zu viel und es lenkt den Scheinwerfer zu sehr auf den Coach selbst.) Erst wenn der innere Coach des Coaches grünes Licht gibt, entstehen aus diesen Formen der Selbstoffenbarung im Coaching wirksame Interventionsmöglichkeiten.

C: Ich habe mit Ihnen erlebt, dass die Zugbrücke manchmal heruntergelassen ist und Sie mich bis in den Innenhof der Festung lassen. Dann wieder ist alles verrammelt und schon auf große Entfernung wird scharf geschossen. Wenn wir uns dann treffen, laufe ich mit einem inneren Fragezeichen rum, verunsichert Ihnen gegenüber. Wie wird's wohl heute werden?
K: Danke, dass Sie das so ehrlich sagen. Meine Frau nennt das „launisch", sie sagt, man weiß nie genau, wann mir wieder mal eine Laus über die Leber gelaufen ist.
C: ... wenn Sie sich angegriffen fühlen?
K: Ja, wenn wieder mal irgendjemand irgendetwas kritisiert oder ich das vielleicht nur glaube ...
C: Vielleicht nur glaube?
K: Ja, ich hatte Sie doch im Verdacht, hinter meinem Rücken mit meiner Firma zu klüngeln.

C: Ja, der „Test“ …
K: Ja.

Annehmen und Einfühlen

Dr. Achilles reflektiert nun sein eigenes Verhalten. Ich versuche, ohne großen methodischen Schnickschnack mit ihm mitzugehen, ihn bei seiner Reflexion zu begleiten. Das offene und fokussierte Feedback hat nicht dazu geführt, dass der Coachee sich verschließt, sondern dazu, dass er – fast in Zeitlupe – einen Automatismus entlarvt: (gefühlter, vermuteter) Angriff > Armierung > Verlust an Wahrnehmung nach außen > „Böllerschüsse“ auf der Verhaltensebene > Verunsicherung (Ärger? Unverständnis? Rückzug?) der jeweiligen Interaktionspartner.

Dr. Achilles berichtet von den Situationen, die er im Rahmen seiner Hausaufgabe gesammelt hatte. Dazu bringt er Notizen mit. Mit der Neugier des Forschers untersucht er nun – meine Anleitung ist hier kaum nötig –, ob die „Festungs-Automatik“ immer der gleichen Figur folgt.

K: Interessant, das ist ja immer dasselbe Muster.
C: Das erstaunt Sie jetzt?
K: Ja, man denkt ja über so etwas nicht so richtig nach. Und ich glaube auch, dass „Festung“ nicht ganz der richtige Begriff ist. Ich spüre ja immer diese Verspannung, fühlt sich eher so an, wie ein Panzer, wie eine Rüstung. (Wäre „Achilles“ nicht ein von uns eingesetzter, sondern der wirkliche Name, so hätte es hier auf Seiten des Coaching-Klienten sicherlich eine reflektierende Querverbindung gegeben.) Den müssen Sie mir wegmachen, dann ist das Ziel erreicht.
C: Dann müssten wir mal nachsehen, wozu die Rüstung dient und wo man sie öffnen kann. Sollen wir gemeinsam da mal etwas genauer hinsehen und hinspüren?
K: Ja, klar!
C: Was schützt die Rüstung?
K: Mich!
C: Was genau in Ihnen?
K: Na ja, dass ich nicht gekränkt oder verletzt werde.
C: Das heißt, es gibt in Ihnen einen verletzlichen, kränkbaren Teil?

Die Arbeit mit „Teilen“ ist bei Schwarz (2011) ausführlich beschrieben. Für die meisten Klienten ist es auf Anhieb plausibel, dass es nicht nur die bekannten Engelchen und Teufelchen gibt, sondern auch andere innere Mitspieler. Ein ähnliches Modell findet sich bei Schulz von Thun (2007), der vom „inneren Team“ spricht.

K: Oh ja … den gibt es. <Dr. Achilles spricht plötzlich deutlich langsamer, seine Augen werden feucht>

C: ...
K: ... schon lange ...
C: ... ein alter Bekannter – der sie ganz traurig macht?
K: <kämpft mit den Tränen und schluchzt schließlich ungebremst los, nicht ohne sich ab und zu bei mir dafür zu entschuldigen>
C: ...

Einfühlen: Tränen im Coaching-Prozess

Tränen im Coaching? Gehört das nicht eher in die Behandlungszimmer der therapeutisch arbeitenden Kollegen? Folgt man den Leitplanken des Coachingkönnens, so stünde es in krassem Widerspruch zur Grundidee, wollte man Emotionen aussperren. Mehr noch: Es widerspräche allen Erkenntnissen zur neurophysiologischen Verdrahtung des Menschen als wahrnehmendes System, ihn so behandeln zu wollen, als gäbe es so etwas wie rein sachlichen Austausch (Hüther 2011, Roth 2009, Spitzer 2002). Das Einfühlen als Kernkompetenz des Coaches soll ja gerade diesen emotionalen Zugang erst ermöglichen. Dass eine archetypisch angelegte Ausdrucksform von Gefühlen aus irgendwelchen Gründen auszublenden sei, das will nicht recht einleuchten. Sind es doch gerade diese Momente im Coaching, wo der Coaching-Klient ganz bei sich und eben nicht außer sich ist.

K: <nachdem er sich beruhigt hat> Ich, ich ... bin eben super verletzlich.... Schon bei jeder Kleinigkeit gekränkt. <Dr. Achilles spricht jetzt sehr ruhig, langsam und in sich gekehrt> Aber das soll eben keiner wissen.
C: Das sollte sich – wenn überhaupt – nur innendrin, bei Ihnen, abspielen?
K: Ja, ... das dachte ich.... Geht aber wohl nicht so ganz ...
C: Das heißt, da gibt es eine ganz ganz starke Sehnsucht, unbedingt wertgeschätzt und geliebt zu werden?
K: <denkt nach> Ja, manchmal hebt einer nur die Augenbraue, zum Beispiel der Dr. Schmiedt, einer meiner Mitarbeiter, ist so einer, der schaut dann irgendwie komisch, wenn ich gerade etwas berichte – und schon denke ich: Was hat der jetzt? Was hat der jetzt gegen mich? Was denkt der jetzt Schlechtes?
C: ... und?
K: Was meinen Sie?
C: Was denkt Dr. Schmiedt wirklich?
K: Keine Ahnung. Ich kann ihn doch nicht einfach fragen?
C: Nein?
K: So mitten im Meeting? „Lieben Sie mich, Herr Dr. Schmiedt?“
C: Nicht unbedingt im Meeting ...

Fördern und Fordern

Aufgabe professionellen Coachings ist es, das für den Coaching-Klienten Selbstverständliche nicht als das Selbstverständliche zu nehmen. Systemtheoretisch ist der

Coach ein Beobachter zweiter Ordnung, da er den Beobachter erster Ordnung, den Coaching-Klienten, beim Beobachten beobachtet. Mithin kann er Perspektiven anbieten, die dem Coaching-Klienten selbst strukturell nicht zugänglich sind. Luhman (2000) formuliert: „Ein beobachtendes System kann nur sehen, was es sehen kann, es kann nicht sehen, was es nicht sehen kann. Es kann auch nicht sehen, dass es nicht sehen kann, was es nicht sehen kann.“ Dann ist die jeder Wahrnehmung inhärente Begrenzung präzise skizziert. Dabei kann und soll der Coach keinesfalls ein Besserwissen andienen, sondern ein Anderswissen anbieten.

K: Wie?! Sie meinen, darüber kann man reden? Verliert man da nicht sein Gesicht? Da macht man sich doch dann ganz verletzlich.
C: Die Vorstellung ängstigt Sie?
K: Ja, irgendwie schon. < …> Aber die ganze Verkrampfung bringt's ja andererseits auch nicht.
C: Es wäre einen Versuch wert?
K: Grrrr <schüttelt sich>, da graut's mir, aber ich würd's trotzdem versuchen.
C: Ich würde Ihnen dazu zwei Zugänge anbieten, die wir dann hier auch ausprobieren können.
K: Ja …
C: Einerseits geht es wohl darum, Ihre Automatik zu unterbrechen, das heißt, wenn etwas auf Sie einströmt, wo Sie Ihre Abwehr-Verkrampfung spüren, dann wäre das der Punkt für alternatives Verhalten. Die Verkrampfung erleben Sie ja sehr genau, und etwas Besseres kann Ihnen nicht passieren, weil sie ja ein ausgezeichnetes Signal ist. Wie die Temperaturanzeige in Ihrem Auto: Nicht einfach weiterfahren, sondern erst mal stehen bleiben.
K: Klar, so habe ich das noch gar nicht gesehen!

Nun arbeite ich mit Dr. Achilles an zwei Punkten: Wenn das Signal-Gefühl auftaucht, wie kann genau an dieser Stelle eine Verhaltensalternative zur emotionalen Implosion entwickelt werden? Zum anderen nehme ich mir zusammen mit Dr. Achilles auch vor, zu untersuchen, wie er, anstatt seine Gefühle zu korsettieren, sie selbst zum Gegenstand seiner Gespräche werden lassen kann.

Wir bringen die letzten 45 Minuten unserer Sitzung damit zu, experimentell zu trainieren. Anders als in vielen am Markt angebotenen Trainings gibt hier nicht der Trainer mehr oder weniger subtil vor, was richtig ist, sondern er arbeitet an für den Coaching-Klienten stimmigen Verhaltensfragmenten – oft geht es nur um den ersten Satz. Natürlich ist es dem Coach hier nicht verboten, sein Fachwissen zum Thema Kommunikation einzubringen. Im vorliegenden Fall habe ich Dr. Achilles als Alternative zum Argument die Frage angeboten, was er als für ihn ungewohnt und gleichwohl zielführend empfand. Wir haben uns ein Beispiel vorgenommen, eine Aussage seiner Sekretärin, die wir aus dem Fundus seiner Vorbereitung wörtlich vorliegen hatten, und wieder und wieder hat Dr. Achilles mit verschiedenen Tonlagen, Lautstärken, Satzbauten, Akzenten und Formulierungen experimentiert. Bei dieser Art des Arbeitens entstehen nicht nur stimmige und damit transfersichere Verhaltensweisen, vielmehr verliert die auslösende Situation durch die nichtverdrängende Beschäftigung mit ihr auch nach und nach ihren Schrecken.

Die Zeit rast dahin! Mit Dr. Achilles gemeinsam zu tüfteln und ihn bei seiner Lösungssuche zu begleiten, das lässt auch mich Raum und Zeit vergessen, und beinahe hätte ich übersehen, dass die vereinbarte Zeit schon fast überschritten war. Zum zweiten Punkt kommen wir so nicht mehr, und eine Hausaufgabe vereinbaren wir – zugegebenermaßen etwas oberflächlich – auf dem Weg zur Tür. Dr. Achilles will mit „seinen“ Fragen „experimentieren“.

5.1.5 *Die fünfte und letzte Coaching-Sitzung*

Dr. Achilles strahlt mich an! Auch bei mir war eine erwartungsfrohe Stimmung entstanden, keine Spur mehr von der Anspannung, die ich bei früheren Treffen empfunden hatte. Ich denke, dieses gemeinsame Ringen um eine gute Lösung: Könnte das nicht auch ein Modell einer entspannten und gleichwohl motivierten Führungsarbeit sein?

K: Es hat funktioniert! Es hat da ein paar Situationen gegeben, wo mir unsere letzte Sitzung sehr geholfen hat! Mann, ich fühle mich ganz schön oft gekränkt, es ist wohl keine große Kunst, mir auf den Schlips zu treten. Das ist schon so, aber dann mal innerlich eine kleine Pause zu machen, sich einen Ruck zu geben und nun eine ganz einfache Frage zu stellen, das war schon ein grandioses Erlebnis!
C: ... weil?
K: Innen und außen. Von Außen kommen dann plötzlich Antworten, zum Teil erstaunlich offene Antworten. <denkt nach> Und innen, ja innen nimmt dann die Verkrampfung ab, es entstehen ganz andere Gespräche. Kann ich für unsere letzte heutige Sitzung etwas vorschlagen?
C: Ja, klar.
K: Ich würde die Zeit gerne zum Trainieren nutzen, das bringt mir mehr als das Reden. Ich habe auch ein paar Situationen – zum Teil aus der Vergangenheit – mitgebracht, an denen wir arbeiten können.
C: <augenzwinkernd> ... und Sie wollten ja noch herausfinden, ob Dr. Schmiedt Sie liebt!
K: Klar, wenn das geht? Und wir sind ja beim letzten Mal nicht mehr dazugekommen, mal zu schauen, ob ich mehr aus meiner Burg rauslassen kann.
C: Das wären dann zwei Aspekte: Wie kann ich das, was ich durch mein verändertes Kommunikationsverhalten erlebt habe, weiter vertiefen? Wie kann ich sozusagen fragen statt schlagen?
K: <lacht> Ja, genau.
C: Und das Zweite wäre, gemeinsam zu untersuchen, wie Sie selbst sich mehr offenbaren können und in welcher Form das zu Ihnen und zum Umfeld passt.

K: Ja, als Naturwissenschaftler arbeite ich ja gerne systematisch und das wäre ja eine sehr sinnvolle Struktur: a) von außen nach innen und b) von innen nach außen.

Fördern und Fordern

Zum Fördern gehört der „reichhaltige Werkzeugkasten für konstruktive Unterstützungen". Ich stelle Herrn Dr. Achilles ein Konzept des Mitarbeitergespräches vor, das nicht den inhaltlich bestimmten Zielvereinbarungsprozess oder einen checklistenbasierten Beurteilungsaspekt verfolgt, sondern einen – man verzeihe mir die Parteilichkeit –, wo es wirklich um Führen geht: Um den Austausch persönlicher Erwartungen und Wahrnehmungen. Das Konzept ist für sich sehr einfach, indem es das Mitarbeitergespräch in drei Abschnitte teilt: Im ersten liegt die Konzentration auf dem Mitarbeiter. Wie erlebt er seine Arbeit? Sein Arbeitsumfeld? Was motiviert ihn? Was weniger? Wie gut fühlt er sich aufgehoben? Welche Erwartungen hat er an seinen Chef? Der Vorgesetzte verzichtet in dieser Phase auf Kommentare, Meinungen und Bewertungen, sondern versucht durch möglichst offenes Nachfragen, die Sichtweise des Mitarbeiters zu verstehen. Im zweiten Teil berichtet der Chef, wie es ihm mit dem Mitarbeiter geht. Was er wahrnimmt, wie er das, was er wahrnimmt, bewertet, was er mehr, weniger oder weiterhin erwartet. Und im dritten Teil geht es darum zu sortieren: Was sehen Chef und Mitarbeiter ähnlich? Was hat das für Konsequenzen? Was sehen sie unterschiedlich und wie gehen sie mit den Wahrnehmungsunterschieden um? Es geht hier also nicht um die Frage, wer recht hat, sondern wie unterschiedliche Sichtweisen integriert werden können – oder eben nicht. Das Watzlawick'sche „Wir sind uns einig, uneins zu sein!" liefert hier viel Raum für kreative Lösungsansätze.

Diesen Ansatz trainiere ich mit Dr. Achilles. Für den ersten Gesprächsabschnitt nehmen wir Szenen aus seinem Vorbereitungs-Fundus, aber auch Situationen, die ich aus meiner Arbeit kenne. Ich spiele Dr. Achilles die entsprechenden Aussagen als Mitarbeiter zu. Er – auch hier zum Teil seine Kränkbarkeit spürend – übt, sich Zeit zu lassen und mit einfachen Fragen am Ball zu bleiben. Natürlich spiele ich auch einen (erfundenen) Dr. Schmiedt: „Einiges finde ich gut in der Zusammenarbeit mit Ihnen, anderes weniger gut!" Dr. Achilles ist mit voller Konzentration und Motivation dabei („Lassen Sie mich das noch einmal probieren!"), und ich muss darauf achten, mich nicht wieder in der Zeit zu verlieren. Also beende ich nach der Hälfte der Zeit diesen Aspekt, und wir wenden uns dem zweiten Gesprächsabschnitt zu. Der Vorgesetzte gibt nicht technisch, sondern ehrlich Feedback und zeigt hierbei dem Mitarbeiter auch die emotionale Seite der Führungsbeziehung. Dr. Achilles wählt drei seiner Mitarbeiter aus, und für jeden definiert er ein zentrales Feedback-Thema, das wir dann gleich wieder in mehreren Mini-Rollenspielen in Sprache übersetzen. Bei einigen Feedbacks (unter anderem an Dr. Schmiedt) probiert Dr. Achilles fünf oder sechs Varianten, bis es für ihn passt.

Die letzten 10 Minuten vereinbaren wir, dass Herr Dr. Achilles sich mit jedem seiner Mitarbeiter zusammensetzt und Gespräche der beschriebenen Art führt. Damit die Mitarbeiter nicht vor den Kopf gestoßen werden, wird er sein Ziel und auch den Ablauf der Gespräche im nächsten Routine-Meeting vorstellen. Wir verabreden auch, dass Dr. Achilles sich telefonisch oder per Mail noch einmal bei mir meldet, sobald er alle Gespräche geführt hat.

Dr. Achilles verabschiedet sich, bedankt sich bei mir und meint, er werde noch einmal auf die Personalabteilung zu gehen und von seinem Coaching – ohne Nennung von Details – berichten.

5.1.6 Nachspiel

Drei Monate später vereinbart Dr. Achilles mit mir einen Telefontermin. Es meldet sich ein fröhlicher und ausgelassener Mensch, der in der gewohnten Art gleich loslegt:

K: Sie werden's nicht glauben, Herr Jiranek: Er liebt mich!
C: <da nun ja einige Zeit verstrichen ist, brauche ich ein bisschen, um mich wieder einzufinden>
K: Verstehen Sie? Dr. Schmiedt! Ich habe mit allen die Gespräche geführt und er war mein zweiter. Er hat mir ganz offen erzählt, wie er mich so erlebt. Nun stellen Sie sich vor, mein Losballern ab und zu hat er als liebenswerte Marotte abgetan („Der fängt sich schon wieder!"), aber ansonsten meint er, habe er schon einen guten Chef. Bei anderen Gesprächen war's dann schon zum Teil recht schwierig: Meine Assistentin habe ich wohl schon zwei drei Mal ziemlich getroffen. Hat mir dann echt Leid getan. <macht eine Pause> Hab' ich ihr aber auch gesagt. Und wissen Sie, was der Hammer war? <Pause>
C: Sie machen's ganz schön spannend.
K: Im dritten meiner Gespräche habe ich dann Herrn Hübert erzählt, dass ich manchmal schon recht kränkbar bin. Das hätte ich mir zu Beginn meiner Arbeit mit Ihnen nicht vorstellen können.
C: Und was ist dann passiert?
K: Er hat gesagt, das sähe mir eh jeder an, und er sei froh, dass ich das jetzt selber anspräche. Wir sind dann ein paar Situationen durchgegangen, und es war für mich schon auch erschreckend, dass meine Festung zu gar nichts gut war. Alle wussten: Jetzt ist er wieder mal beleidigt und wir werden uns jetzt wieder einiges anhören müssen.
K: Das Fazit: Wir haben jetzt ein deutlich besseres Miteinander, und wir haben vereinbart, solche Gespräche alle halbe Jahre zu führen. Ach ja, und bei der Personalabteilung war ich auch. Die waren sehr interessiert und haben angeboten, dass ich gerne – vielleicht in einem Jahr – noch mal mit Ihnen arbeiten kann, um zu sehen, wo ich dann stehe. Von ein oder zwei Sitzungen war die Rede.

Wir vereinbaren, dass Dr. Achilles sich meldet, falls er das für sinnvoll hält. Die Verantwortung hierfür bleibt eindeutig bei ihm. Freundlich und warmherzig verabschieden wir uns.

5.2 Fall Karl Proust: „Warum bin ich angesichts all der Erfolge derzeit wie gelähmt?“ Gründe, Grenzen und Gelassenheit – Selbstprüfung lernen

In der Erstbegegnung zwischen Coach und Coaching-Klienten lernen sich die beiden Beziehungspartner kennen. Dieser Satz ist doppeldeutig, auch wenn er meist flach eindeutig gelesen wird, als stünde hier: „Im ersten Treffen lernen Coach und Coaching-Klient einander kennen.“ Sich erkennen, sich kennenzulernen, ist nur durch Selbstprüfung möglich. Selbstprüfung findet in jeder Begegnung statt – gewöhnlich geben wir uns darüber nicht Rechenschaft sondern symbolisieren die Ergebnisse dieses Geschehens als „erster Eindruck“, als Urteile über die Sympathiequalität des Anderen, als eigene Stimmung. Auf der Seite des Coaches wird solche Selbstprüfung jeweils auch zur Selbstexploration, diese ist lautes Denken als Probehandeln und findet wohl erst nach der Sitzung ihren Rahmen. Sich kritisch zu sehen ist die stille ständige Leistung eines Coaches: Selbstprüfung ist eine Basiskompetenz jedes Professionellen, der auf Menschen dienstleistend einwirkt.

„Wenn ich besser führen könnte als Sie, dann wäre ich der CEO.“ Coaches müssen sich der Frage stellen, warum sie ihren Job wählten. Mit Macht begleitend umzugehen, ist nicht nur der Trick des Mephisto, es ist oft auch die uneingestandene Sehnsucht jener Führungskräfte, die es satthaben, sich den Anforderungen der Linie zu stellen und meinen, im Coaching sei vielleicht eine „Stabsfunktion“ zu finden, die sogar jenseits des Commitments zur jeweiligen Arbeitgebergesellschaft eine „mächtige“ und dennoch neutrale Einflusssphäre eröffnen würde. Coach zu sein bedeutet grundsätzlich, einen qualifizierten Verzicht auf Macht zu leisten. Coaches müssen sich selbst prüfen – gewissenhaft auf ihre Motive zur Berufswahl hin und sorgfältig bezogen auf die Entfaltung ihrer Kompetenzen. Besserwisserei ist keine Kompetenz, selbst wenn es manchmal vorkommt, dass aufgrund vorangegangener spezieller Erfahrungen ein Coach die eine oder andere betriebliche Entwicklung besser als der Coaching-Klient durchschaut.

Dieses Fallbeispiel steht unter dem Titel „Gründe, Grenzen und Gelassenheit“. Dieser Titel spricht die achtsame Analyse der Motive sowohl des Coaches selbst als auch der jeweiligen Coaching-Klienten in ihrer Motivationsstruktur an. Gründe zu erforschen, ist ein Anwendungsgebiet der Selbstprüfung.

„Am liebsten würden Sie morgen kündigen …“ Diese einfühlsam klingende Metapher ist häufig sehr zutreffend. Dass sie zugleich die Verwirklichung eines ersten Schrittes zur Grenzsetzung ist, wird meist übersehen. Das Trennen zwischen der (gefühlten / gedachten) Absicht („Ich kündige …“) und deren aufdeckender konkreter Benennung im Schutzraum einer Beziehung, die gerade dazu geeignet ist, alles Geplante kritisch zu reflektieren, setzt häufig jene Kräfte frei, die dem Coaching-Klienten neue Möglichkeiten sichtbar machen – statt zu kündigen oder indem Sie kündigen. Im vorliegenden Fall jedoch musste der Coachee vor sich selbst durch Grenzsetzung geschützt werden.

Karl Proust M.A., MBA, hatte 7 Jahre („Hahaha, das verflixte siebte Jahr …!“) bei einer der großen Consultingfirmen die Großkunden aus der Energiebranche betreut.

So wie er sich im Erstgespräch darstellte, ergab es sich, dass ich mich selbst zunächst sinnierend sprechen hörte – und mir zugleich klar war, dass ich nun mustergültig und absichtlich, zielstrebig, um eine Vertrauensbasis zu schaffen, Selbstexploration einsetzte, ich sagte: „Wir sind heute in unserer dritten Sitzung und ich erlebe Sie wie einen Altvertrauten. In mir gibt es die Gelassenheit meiner fröhlichen Erfolgsorientierung erst, seit ich sicher bin, dass ich immer tue, was ich kann und bin, was ich tue – eine Formel, die mir die volle Verantwortung gibt, ohne mich zu hetzen.“ Ich sprach noch länger bedächtig vor mich hin, bis ich meinte, ihm und mir selbst klar gemacht zu haben, was aus seiner ersten Schilderung mir bedeutsam war und was es ausgelöst hat. Herr Proust sagte:

K: Ja, das war in meiner ganzen Berufslaufbahn so, dass Entscheidungen von außen kamen. Ich glaube die einzige Entscheidung, die ich selbst getroffen habe, war die Wahl meines ersten Studienfaches. Meine Familie erwartete, dass ich Jurist werden würde. Als ich dann Kunstgeschichte machte und meine Masterthese über Konzepte von Museumsbauten schrieb, da dachten alle, dass ich brotlos bleiben würde …

Die Erzählung seines Werdeganges war für Herrn Proust eine gute Form, sich zu sammeln, während er mich informierte. Ein Bild entstand, in welchem sich tatsächlich immer wieder Herausforderungen von außen zeigten, die ihn in eine Kette einander steigernder Anstellungen brachte, bis schließlich ein Arbeitgeber seinen MBA bezahlt hatte und die Unternehmensberatung ihn aufgrund seiner Leistungen und Kontakte anstellte.

K: Und jetzt bin ich weggelobt. Ich bekomme eine anständige Abfindung und dieses Coaching, um einen Neubeginn zu finden. Vermutlich muss ich jetzt lernen, meine Beraterkompetenz auf die eigene Berufweggestaltung anzuwenden?

Er hatte dies ärgerlich und unsicher zugleich gesagt. Ja, es schien sogar Angst mitzuschwingen. Da es jedoch zugleich ziemlich genau das traf, was ich auch als wesentliche Orientierung für unsere Arbeit verstanden hatte, wollte ich ihn aus dieser negativen Stimmung herausholen. Es war sinnvoll, etwas Ruhe und Zuversicht einzubringen: „Die Eigenaktivität, mit der Sie jeweils erfolgreich waren, hatte nicht die Qualität von ‚Entscheidungen‘, sondern von kreativen Leistungen. Wir sollten auch diese Such- und Findearbeit, die wir hier betreiben, nicht als eine ‚Suche nach neuer Entscheidung‘ organisieren, sondern den Fragen nachgehen, die schon bisher jeweils ihre Schritte steuerten.“

Die Gelassenheit jener Forschenden, die wissen, dass Wissen zu schaffen darin besteht, neue Fragen zu finden, ist unser Modell. Die Einsicht, dass der Progress von

Erkenntnis grundsätzlich niemals enden kann, stiftet im Forschungsfeld und in jeder Entwicklung eine Ruhe und Zuversicht, die den Rang menschlichen Engagements achtet. Gerade aus dieser Fragwürdigkeit (wir verwenden dies häufig als Anklage verwandte Wort als eine anerkennende Beschreibung: nur Bedeutsames kann fragwürdig sein) sind alle Lehrsätze Material für Erkenntnisoptimismus, der sich entwickeln kann, der ansteckend wirkt.

Zugleich war es deutlich, dass Herr Proust eine starke Tendenz zur Selbstschädigung entwickelt hatte. Freunde und Bekannte hatten ihm angeboten, neue Positionen zu vermitteln – er lehnte ab und zog sich zunächst immer tiefer zurück.

K: Ich werde dieses Jahr meine Unterlagen von den zwei befreundeten Vermittlern zurückfordern und sie bitten, mich nicht mehr vermitteln zu wollen. Ich will und muss mir ein Projekt eigener Existenzgründung erarbeiten.

Das war einer selbst gewählten Kündigung vergleichbar und bedeutete, als es in der zweiten Coachingssitzung ausgesprochen wurde, auch, dass die Gefahr eines Missverständnisses bestand. Wir hatten gegen Ende der ersten Sitzung die beiden Perspektiven „Anstellungssuche“ versus „Existenzgründung“ mit Argumentenlisten kurz überflogen und es erschien mir, als habe Herr Proust sich aus dieser Denkarbeit eine fixe Idee geholt. (Siehe Tabelle 5.2 Grenzen setzen des Coaches.)

Wie gesagt willigte Herr Proust ein, dass ich die Funktion desjenigen übernahm, der sozusagen eine zweite strategische Orientierung mitvollzieht, während er selbst sich ganz auf ein einziges Ziel zu zentrieren versuchte. Dabei war es jedoch erschreckend, dass die Vielfalt seiner Neigungen und Begabungen ihn nun zunächst in ein wirres Chaos denkmöglicher Existenzgründungen stürzte. Da er hierbei auch lange Exkursionen in seine Vergangenheit – und die früher geltende Vielfalt von Interessen – machte, war es dann nicht verwunderlich, als ich Ihn eines Tages stoppte mit dem Hinweis: „Auf der Suche nach der vergangenen Zeit, werden Sie nur halb so viele Möglichkeiten entdecken, wie Sie sie gegenwärtig auch entwickeln.“ Tatsächlich galt gerade die kreative Flexibilität, die fast willkürlich neue Ansätze zu finden bzw. zu erfinden vermochte, als eine der größten Kompetenzen von Herrn Proust. Im Lachen über diesen fast übersehenen Reichtum fand ich auch das, was mich den Namen für ihn wählen ließ: Herr Proust konnte aus dem Reichtum seiner Vergangenheit schöpfen. Es erschien daher nötig, auf einer Metaebene Klarheit zu bekommen, wie eine Existenzgründungsidee denn nun Wurzeln schlagen könne. Hierzu eignet sich das Ansprechen und Erfragen von Denk- und Handlungsprozessen: „Herr Proust, wir haben hier die Vielfalt von Existenzgründungsideen, es sind schon über dreißig Karten. Mit welchen Überlegungen und welchen Planungsschritten werden Sie nun Ziele wählen? Sie wissen, dass der Weg von einer Vision zu einer Zielsetzung und der von einer Zielbestimmung zu einer Strategie fest zu haltende verbindliche Schritte erfordert.“

Anscheinend hatte ich das Richtige im richtigen Moment gesagt. Herr Proust legte los:

Tabelle 5.2: *Grenzen setzen des Coaches*

1. Schritt: Trennen zwischen Absicht und Tat	„Am liebsten würden Sie jetzt mit einer Festlegung einen Neubeginn beschwören, als könnten Sie mit einer Entscheidung alles regeln?“ Im ersten Schritt werden grundsätzlich als Konjunktiv die (als Grenzverletzung zu betrachtenden) Möglichkeiten angesprochen. Denken in Möglichkeiten kann nie falsch sein, so lange diese Möglichkeiten nicht schon zu Wirklichkeiten gemacht werden. Meist führt diese Gegenüberstellung bereits zur erwünschten Selbstkorrektur. Hier allerdings sagte Herr Proust bitter: „Genauso ist es gemeint. Ich will mich mit keinem Arbeitgeber mehr rumärgern. Aus.“
2. Schritt: Nennen der bedrohten Grenze	„Ich kann es nicht gelten lassen, dass Sie nun irrational sich selbst schädigen – wir hatten gesehen, beide Optionen sind zukunftsfähig.“ Eine absichtliche Grenzüberschreitung können wir nicht kommentarlos begleiten. Herr Proust verstand es und beharrte: „Ich weiß, Sie müssen es wie eine selbstschädigende Starrsinnigkeit sehen. Ich werde jedoch nur noch in dieser Richtung denken.“
3. Schritt: Verhindern der Grenzverletzung	„Nun, dann wird es meine Aufgabe sein, Sie ab und zu – je nach Stand Ihres Existenzgründungsvorhabens – auf die Möglichkeiten hinzuweisen, die dann erreichte Projektkomplexität in einen Konzernbewerbungsprozess mit einzubringen.“ Auf dieser Ebene einigten wir uns damals mit einem Schmunzeln. Um Willen der Didaktik hier noch die nächsten beiden Schritte der Grenzsetzung, die nötig gewesen wären, wenn sich Herr Proust einer Öffnung für die Alternative gänzlich verweigert hätte.
4. Schritt: Androhen von Konsequenzen	„Solange Sie mir als Ihrem Coach verbieten wollen, die Vielfalt der Möglichkeiten Ihnen ins Blickfeld zu rücken, muss ich Sie darauf hinweisen, dass unsere Vertrauensgrundlage wegbricht.“ Und falls Herr Proust darauf spitz eine „Dann muss ich halt ohne Sie weitergehen“-Kampfansage gemacht hätte, dann wäre es nötig, die Konsequenz anzudrohen: „Ohne Vertrauensbasis werde ich nicht mit Ihnen weiter arbeiten können.“
5. Schritt: Durchführen der Konsequenz	Tatsächlich beenden wir Coachingbeziehungen, wenn wir die Erfahrung machen, dass der Coaching Klient seine Position soweit bezogen hat, dass keine Beweglichkeit mehr möglich ist und das Vertrauen in die weitere gemeinsame Entwicklungsarbeit verschwunden ist.

K: Zunächst bekommt jede Alternative einen Sympathiewert, eine „Bauchgefühlindex", eine Einschätzung, ob sie geeignet wäre zu verhindern, dass ich nicht nur für mich selbst das werde, was bisher fremde Arbeitgeber waren, sondern tatsächlich so etwas wie ‚Selbstverwirklichung' möglich wird. Dann frage ich mich nach der Zeitperspektive, wie lange ich für die Entwicklung eines tragfähigen Projektes brauche. Zugleich – aber als dritten Sortiergang kläre ich, welche materiellen Ressourcen und welche Eventuelierung nötig sein wird.

Er sortierte die Karten mehrfach und gab jeweils durch Farbpunkte oder Ziffern systematische Bewertungen ab. Schließlich wurde deutlich, dass er vor allem drei „Schubladen" für seine Ideen hatte: eine eigene Beraterfirma, eine Firma zur Herstellung von mechanisch zu betreibenden kleinen Generatoren („Ich beobachte, wie die Leute in Fitnesscentern auf den Rädern rumschwitzen – wieso produzieren sie dabei nicht Strom?") und eine Handelsgesellschaft für Stromgeneratoren existierender Marken. Während er über die weit differenziertere Vielfalt seiner Kärtchen sinnierend laut gedacht hatte, war in mir der Eindruck entstanden, dass es eine implizite Wertung gäbe. Ich sprach die darin erkennbaren Werturteile an:

C: Sie haben die Karten nun mehrfach sortiert und dabei wechselnde Kombinationen gefunden. Jetzt liegt auf drei Stapeln jeweils eine Karte oben und bietet sich an als ‚Projektinhalt' – was mir auffiel, ist, dass Ihnen beim jeweiligen Abwägen von zwei Karten im Vergleich ganz oft entfuhr: ‚Das wäre zu einfach!' Müssen Sie ein kompliziertes Projekt finden?

Herr Proust konnte diesen Impuls sehr konstruktiv annehmen, denn obwohl er seine Karriere als einen Weg der sich öffnenden Türen beschrieben hatte, hatte er doch auch gewusst, dass er jeweils die strengere Forderung gewählt hatte.

K: Ich bohre keinen dünnen Bretter.
C: Sie fordern sich!
K: Genau. Das machte ja einen Teil meiner Unzufriedenheit: Einiges an meiner Karriere erschien mir nicht erkämpft, sondern zugefallen. Ich will aber nichts geschenkt bekommen.
C: Kann es sein, dass diese Haltung jedoch auch eine Komponente ihrer Anspannung ausmacht?

Herr Proust hatte sich nämlich zunehmend darüber beschwert, dass seine Leistungen „doch nicht vom Himmel gefallen“ gewesen seien, sondern auch Ergebnis seiner extremen Disziplin und Anstrengung. Hier spürte ich plötzlich den Wunsch, nun meinerseits etwas ungewöhnlich Offenes zu sagen:

C: Wir sind heute in unserer dritten Sitzung, und ich erlebe Sie wie einen Altvertrauten. In mir gibt es die Gelassenheit meiner fröhlichen Erfolgsorientierung erst, seit ich sicher bin, dass ich immer tue, was ich kann und bin, was ich tue – eine Formel, die mir die volle Verantwortung gibt ohne mich zu hetzen.
K: <schmunzelnd> Das ist mir inzwischen auch vertraut. Ich habe Ihre Homepage mal angeschaut. Aber daneben ist mir in einem Gespräch mit einem Headhunter, der mich gewinnen möchte, doch wieder in die Fron zu gehen und eine Stelle anzunehmen, klar geworden, dass ich meine Karriere nicht der Tatsache verdanke, dass ich mich treiben ließ. Sondern, dass ich mit Begeisterungsfähigkeit zugreife, wenn ich ein lockendes Angebot bekommen habe.

Das war eine neue Komponente seiner Selbstachtung: Die Begeisterungsfähigkeit, die immer offensichtlich gewesen war, hatte er selbst eher als eine Art Schwäche, als „mangelnde Weisheit / Jugendlichkeit“ angegriffen.

C: Und nun haben Sie ein solches Angebot genauer angesehen?
K: Ja. Vermutlich werde ich es annehmen. Alle anderen Projektideen können mir nicht das bieten, was mir hier eröffnet wird.

Herr Proust stand vor einer Entscheidung, die sich wieder ergeben hatte, durch ein lockendes Angebot von außen. Wenn er diese Position annehmen würde mit der Grundhaltung „es fällt mir zu, ohne dass ich sicher bin, es erarbeitet zu haben …“, dann könnte es sein, dass er bald wieder mit der inneren Distanzierung in Schwierigkeiten kommen würde. „Hab ich das eigentlich verdient?“, war eine der tief sitzenden Infragestellungen, die er sich noch nicht ausreichend klar gemacht hatte, um ihr nicht mehr zu erliegen. Hier bot es sich an, zu insistieren und dies bei einer Anregung zum Nachdenken und Entscheiden:

C: Können Sie bitte alle Ihre bisherigen Erfolgsschritte mal auf ein Blatt schreiben und bei jedem einen Zahlenwert hinzufügen: eine Zahl zwischen 0 und 100, eine Prozentzahl, die angibt, wie sehr dieser Erfolg von Ihrer Leistung abhing – der

Rest auf 100 % ist dann jeweils all das, was man ‚äußere Umstände, Glück, Zufall' nennen könnte.

Herr Proust erarbeitete zügig eine Übersicht, die seine bisherige Karriere und einige Einzelschritte innerhalb jeder seiner Positionen zusammenfasst. Dann nahm er sich Zeit für die Einschätzungen. Langsam, sehr selbstkritisch zögernd gibt er sich Werte und wird dabei immer langsamer.
Abschließend wird ihm klar – und er spricht es aus –, dass er doch einen weit über der Zufallswahrscheinlichkeit liegenden Anteil seiner Erfolge auf eigene Anstrengung zurück zu führen vermag. Was ihn nach Abschluss der fünften Coachingssitzung zufrieden den neuen Job annehmen ließ. Später hörte ich ab und zu von ihm – insbesondere, wenn er mir wieder jemanden zum coachen schicken wollte.

Wer Coach werden will, muss an seiner Haltung arbeiten – Technik ohne Haltung ist wie Skifahren ohne Berg: Erst im Vollzug eines Anleitungsprozesses kann der Anleitende seinen Einfluss selbstkritisch spüren. Und eines der wichtigsten Anliegen, das Menschen um Unterstützung beim Coach nachsuchen lässt, lautet: „Hilf mir, mich, meine Ziele und Motive zu verstehen!" Diese Motivation / Sehnsucht eines Menschen nach Selbsterkenntnis zu achten, bedeutet, ihm die Fähigkeit zur Selbstdeutung zuverlässig zu entfalten. Sich selbst gewissenhaft zu prüfen, ist der einzige Weg, selbst zu bestimmen, wie man ist und wie man sein will.

5.3 Fall Dr. Rosa Röntgen: „Fakten kann und kenn' ich besser als männliche Konkurrenten; aber ich möchte mit Werten arbeiten – die sind keine Fakten. Ich entwickle strategische Ziele und muss nun auch die Sprache entwickeln, um in einer Männerwelt verstanden zu werden." Sinnlichkeit macht Sinn –Beobachterschulung und Empathietraining

Wer Menschen führen will, muss sie unverstellt wahrnehmen können. Menschen zu beachten, kann die Grundlage für achtungsvolle Zusammenarbeit sein, wenn diese Beachtung sowohl die Schärfe eines sehr differenzierten und geschulten Beobachtens als auch die Kompetenz eines tief blickenden, empathischen Verstehens in sich birgt. Bischof-Köhler (1989) stellte die Anfänge sozialer Kognition vor und wies später (2002) darauf hin, dass all diese Lernprozesse unter anderem durch die Geschlechtsunterschiede mitbestimmt sind. Männer und Frauen sind von Natur aus anders, und es ist eine der vordringlichen Gegenwartsaufgaben in „Gender-Projekten", das bisher erstarrte „Gegeneinander" der Verschiedenheitsbilder in ein wechselseitig sich förderndes Zusammen der Verschiedenheit zu entwickeln. In diesem Sinne ist unser Grundkonzept nicht nur parteilich für die Tatsache, dass „keiner wie der andere ist" (Asendorpf 1999), sondern dass eben auch Gemeinsamkeiten der Untergruppen geachtet werden müssen.

Um als Lotse wirken zu können, benötigt man in manchen Gewässern ein Echolot. Diese Funktion kann Einfühlung in zwischenmenschlicher Kommunikation haben. Empathie, die sich nicht zu artikulieren vermag, bleibt hilflos. Es ist daher eine – wenn nicht die – zentrale Kompetenz eines Coaches, Gefühle wahrzunehmen und sie knapp und klar, unverstellt benennen zu können. Hierbei wird man sich häufig einer Bildersprache bedienen, die selbst erübt werden muss.

Und um die personzentrierte Haltung im Gespräch durchführen zu können, ohne in eine „Gesprächspsychotherapie" umzusteigen, ist es sinnvoll, die beiden Aspekte praktizierter Empathie ausführlich zu betrachten. Empathie ist eine Verhaltensdimension, mit der der Coach dem Coaching-Klienten jederzeit begegnen kann – und die somit ein mächtiges Instrument zur „Steuerung" des Coaching-Klienten sein könnte. Empathie ist jedoch auch jene Kompetenz, die der Coach dem Coaching-Klienten modellhaft weiter vermitteln möchte – sie stellt daher auch eine Entwicklungsaufgabe dar.

Der Coach für sich muss lernen, emotionale Erlebnisinhalte seines Coaching-Klienten dicht und anschaulich benennen und mit der so entstehenden Nähe ruhig und zuversichtlich umgehen zu können. Bekanntlich kann nichts mehr konstruktive Emotion freisetzen als emotionale Beachtung; so haben wir schon manche Träne der Freude und der Trauer in Coaching-Sitzungen fließen sehen. In jedem Augenblick hellwach auf die Wolken ziehender Emotionen zu achten, sich momentzentriert daran zu machen, Differenzierungen anzuregen, das beschreibt die eine Seite dieser Coachingverantwortung.

Die andere Seite liegt in der Verantwortung für die in solcher Nähe wachsende Beziehungsgestaltung. Der Coach steht in seinem Arbeitsprozess mit vielfältigen Spielregeln zur Verfügung, wie zum Beispiel:

Coach (als Spielanbieter): „Möchten Sie das in einem Rollenspiel erproben?"
Coach (als Auftraggeber): „Schreiben Sie bis zum nächsten Mal ein Strategiepapier von einer Seite, das Ihre heute erfühlten Perspektiven rational umsetzt ..."
Coach (als Prüfstein): „Gut, ich bin Ihr Gegner, überzeugen Sie mich ..."

Dr. Rosa Röntgen wusste, dass sie eine gute Abteilungsleiterin war. Die Chemikerin hatte sich aus Leidenschaft ihrem Fach zugewandt und war darin, der Konfrontation mit der männlichen Dominanz in diesem Felde nicht ausweichend, zu einer Spitzenkraft geworden. Zudem hatte sie sich für Personalentwicklung interessiert, eine einschlägige Zusatzqualifizierung gemacht – und sie war in ihrem Kommunikationsverhalten psychologisch geschult, hatte personzentrierte Gesprächsführung gelernt. Ihre Anstellung in einer großen Forschungsförderungsgesellschaft jedoch entsprach nicht so sehr der hart-naturwissenschaftlichen Basiskompetenz, sondern mehr dem anderen Interesse der sensiblen, achtsamen Frau. Sie hatte sich der strategischen Forschungsförderung verschrieben und sah innerhalb dieses Feldes vor allem den Auftrag der Nachwuchsförderung als ihren Schwerpunkt an.

Im Rahmen dieser Forschungsförderungsgesellschaft hatte ich bereits einige Coachingaufträge durchgearbeitet, sowohl Einzelpersonen gecoacht als auch einerseits Abteilungen, andererseits dem Betriebsrat als Prozessoptimierer gedient. Frau Dr. Röntgen wandte sich an mich, als sie aufgrund einer absehbar längerfristigen Erkrankung ihres Vorgesetzten dessen Stellvertretung als Daueraufgabe zu gestalten hatte.

Wir trafen uns in der Praxis, da Frau Dr. Röntgen Wert darauf legte, sich ihre Unterstützung möglichst unbemerkt zu holen. An ihrem Arbeitsplatz hätten mich sicher einige Mitarbeiter erkannt, man hätte kurz gesprochen und die Verheimlichung meines Anwesenheitsgrundes wäre eine überflüssige Geheimniskrämerei gewesen. Im geschützten Rahmen unseres ersten Treffens entwickelte sie ihre Überlegungen:

K: Ich bin in der Personalentwicklung tätig. Das ist zunächst eine sehr befriedigende Arbeit, die auf die vorhandenen Mitarbeiter – und durch Projektarbeit auch auf die Mitarbeiter außenliegender Institute – bezogen ist. Ich merke jedoch, dass ich dieses Tätigkeitsfeld übergreifender anschaue: Ich will, dass unsere Gesellschaft nicht nur für jene Mitarbeiter, die bei uns angestellt sind, eine förderliche Rolle spielt, sondern möchte gerne, dass wir in die Gesellschaft hinein wirken, Personalentwicklung meint Kompetenzförderung. Der Präsident unserer Einrichtung hat das als einen zentralen Programmpunkt benannt – aber ich sehe nicht, wo er wirklich angepackt wird.

Sie schilderte einige der internen Förderaktivitäten – es war gerade eine groß angelegte Mitarbeiterbefragung als 360°-Befragung durchgeführt worden und ein Teil meiner Arbeit war es gewesen, die Rückvermittlung der Ergebnisse an Abteilungen mit zu begleiten. Frau Dr. Rosa Röntgen machte deutlich, dass sie mehr erreichen wollte, als allein eine Klimaverbesserung. Ich bot ihr einfühlendes Verstehen – eine „Verbalisation emotionaler Erlebnisinhalte“ an:

C: Sie ärgern sich, dass dieses Anliegen nur ein Lippenbekenntnis zu sein scheint – haben aber auch Angst, in ‚Geschäftsführung ohne Auftrag‘ in dieser Angelegenheit vor zu preschen?

Um es hier kurz vorneweg zusammen zu fassen: Mit diesem Verstehen hatte ich einen in der Folge sich entfaltenden zweieinhalbjährigen Coachingprozess in seinem zentralen Inhalt vorwegnehmend zusammengefasst. Die mutige und zielstrebige Initiative von Frau Dr. Röntgen brachte es mit der Zeit mit sich, dass sie die Beauftragung für das von ihr für sinnvoll und notwendig erachtete Element im Leistungsprofil der Fördergesellschaft erhielt. Nachwuchsförderung wurde zu einem

Qualitätsaspekt der gesamten Einrichtung. Dieser Fall erlaubt somit einige „Mikroskopaufnahmen" in einem größeren Werkstück und eignet sich besonders, um unterschiedliche Arbeitsphasen des Coachings zu betrachten; diese stellen wir daher als Gliederung heraus.

5.3.1 Eröffnungsphase des Coachings: Beziehungsaufbau – Vertrauensbasis schaffen im Coaching

Wir berichten zunächst einige Mikrodetails aus der ersten Phase eines Coachinggeschehens – der Beziehungsgestaltung, jenem Prozess, der wechselseitiges Vertrauen herstellen soll.

In unserem ersten Gespräch ging es darum, eine Vertrauensgrundlage zu schaffen und zu klären, was denn das Coachingziel für Frau Dr. Röntgen war.

K: Ich habe dies Coaching angefragt, weil ich klar zu meiner Überzeugung stehen möchte: Förderung von hochbegabtem Nachwuchs ist meine Sache. Und ich bin derzeit nicht sicher, dass dafür in unserer Gesellschaft der Raum ist, den ich für notwendig halte. Es scheint hier wirklich noch mehr um direkte, möglichst verwertbare Forschungsergebnisse zu gehen, statt um eine bundesweite Eliteförderung. Man ist im Haus damit einverstanden, dass ich für mich kläre, ob ich intern mir ausreichende Perspektiven sehe oder ob ich aus- bzw. umsteige.
C: Das Ziel könnte also eine innerbetriebliche Projektperspektive genauso wie eine Neuorientierung auf dem Arbeitsmarkt werden?
K: Genau. Eigentlich fühle ich mich schon am richtigen Ort angekommen – die Äußerungen von ganz oben stützen mich in meiner Sicht. Aber noch habe ich nicht die Hebel gefunden, um das zu bewirken, was ich erreichen möchte. Und ausweichen, indem ich mich auf die Förderung meiner beiden hochbegabten Kinder zurückziehe – das will ich jedenfalls vermeiden.

Das weitere Gespräch klärte eine Vielfalt von Hintergründen, die sowohl das persönliche Motiv von Frau Dr. Röntgen betrafen als auch die gegenwärtige Dienstaufgaben. Zugleich wollte Frau Dr. Röntgen offenbar auch genauer wissen, was ich von ihrer Einstellung zur Förderung von Hochbegabten hielt, denn sie stellte mir einige dies betreffende persönliche Fragen.

Vertrauen ist die Grundlage für eine Coachingbeziehung – und Vertrauen erwächst aus Vertrautheit. Hier spielt die Regulation der Nähe eine bedeutsame Rolle. Mit „Nähe" ist dabei zunächst wirklich die Choreographie der Nähe in einer Gesprächsbegegnung gemeint: ob sich die Gesprächspartner einander zuwenden, ob Blickkontakt offen gepflegt wird, ob die Sitzordnung eine ruhige, leise direkte Ansprache ermöglicht.

Wir haben bereits Coachingsbegegnungen erlebt, in denen unser Coaching-Klient erst langsam hinter einem gewaltigen Schreibtisch hervorgelockt werden musste, um übers Eck an einem kleinen Konferenztisch mit uns gemeinsam auf eine Unterlage blicken zu können, die sein eigenes Zukunftsprojekt visualisierte.

Das Gespräch mit Frau Dr. Röntgen fand in meiner Praxis statt und so hatte ich den Platzvorteil des Gastgebers. Die beiden Sitzmöbel standen im rechten Winkel zueinander so, dass ein kleiner Tisch dazwischen die Ecke ausfüllte. Die Sitzmöbel selbst waren ineinander gefaltete Polsterliegen ohne Seitenlehnen – eine Sitzmöglichkeit, die viel Bewegungsspielraum lässt und zugleich herausfordert, diese komplexe Bewegung, die wir ‚sitzen' nennen, auszugestalten. Für den Fall, dass ich Gesprächspartner mit Wirbelsäulenproblemen hatte, hatte ich andere Sitzgelegenheiten bereit – dies jedoch war ein Element meiner „Nähegestaltung", dass hier beieinander sitzen bedeutete, ganzkörperlich ‚in Bewegung' zu bleiben.

In diesem Augenblick unserer Gesprächsbegegnung bedeutete Gestaltung der Nähe jedoch etwas anderes:

C: Frau Dr. Röntgen, Ihre Lebenslage beeindruckt mich: als Frau in einem Männerberuf, als Mutter mit der erlebten Verpflichtung durch Kinder mit besonderem Förderbedarf, als eine bildungspolitisch engagierte Person. Jede dieser Herausforderungen ist mir in unterschiedlicher Weise persönlich ganz vertraut.

Dieses Angebot eines Informationsaustausches vertiefte unsere Nähe: Frau Dr. Röntgen wusste damit, dass sie berechtigt gewesen wäre, mich nun genauer daraufhin zu befragen, aus welchen Gründen ich denn meine, dass wir einander so inhaltlich vertraut durch ähnliche Wertungen oder gar Erfahrungen seien. Ich würde dann mit Selbstöffnung Auskunft gegeben haben. Sie blickte mich nur ruhig an und sagte: „Deshalb bin ich hier, ich habe mich auf mehreren Kanälen über Sie informiert." Das war ein Grundlage – sie brauchte keine weitere Selbstöffnung, sondern schenkte mir ihren Vertrauenskredit. Ich konnte schweigend nicken und warten. Sie fuhr fort:

K: „Fakten kann und kenn' ich besser als männliche Konkurrenten, aber ich möchte mit Werten arbeiten – die sind keine Fakten. Ich entwickle strategische Ziele und muss nun auch die Sprache entwickeln, um in einer Männerwelt verstanden zu werden. Hier geht es um die Chemie von Überzeugungen, um den Rang von Zukunft, um das Selbstverständnis meines Arbeitgebers. Ich will, dass wir eine Einrichtung werden, an die jeder zuerst denkt, wenn er deutschen Erfindergeist fördern möchte."

Als Coach ist es eine wichtige Grundkompetenz, die Anliegen des Klienten so zu verstehen, wie der Klient selbst es meint. Die Zielsetzung von Frau Dr. Röntgen war formuliert, IHRE Forschungsförderungseinrichtung sollte noch deutlicher als nachwuchsfördernd bekannt werden. Ich entsinne mich, dass ich mir fast albern vorkam, als es mich durchzuckte, dass ihre Zielvorstellung, sie möge ‚die Sprache, um in einer Männerwelt verstanden zu werden' sprechen können jetzt bedeutsam sein könnte. Denn ich hätte dieses Anliegen anders formuliert. Und dies ‚Zucken' betrachten wir als eine unverzichtbar zu trainierende Kompetenz desjenigen, der coachen will. Wir nennen es „Wachheit" und fordern es als Interventionskompetenz. Es machte mich fröhlich, als ich beim Abhören der Aufzeichnung mich tatsächlich sagen hörte: „In männlicher Rede würden Sie gesagt haben: ‚Ich will, dass wir die Einrichtung werden, an die jeder zuerst denkt, wenn er deutschen Erfindergeist fördern möchte."

Wachheit vermittelt dem Gesprächspartner auch die Erfahrung, dass er in jedem Moment wirklich glasklar im Mittelpunkt des Erkenntnisinteresses des Coaches steht. Frau Dr. Röntgen stutzte nur einen Moment, lächelte dann:

K: Meinen Sie wirklich, dass männliche Strategie immer derart auf Alleinstellungsmerkmale abfährt?

Und mit dem Mikroskop betrachtet, wirkte meine Antwort auf diese wohl eher rhetorisch gemeinte und ein wenig ‚verlegen' begründete Äußerung der Frau Doktor, die mir in der Sache ja lächelnd und bestätigend nickend doch schon Recht gegeben hatte, wie eine weitere fast argwöhnische Konfrontation. Denn ich beharrte darauf, ihr zu signalisieren, dass in diesem Moment das, warum sie sich einen Coach gewünscht hatte, zu greifen begonnen hätte. Dass ich genau jetzt und an diesem Beispiel festmachen könne, dass es Sinn macht, sie bei ihrem Lernweg zu ihrem selbstgewählten Lernziel zu begleiten. Ich griff zur Interventionskompetenz der Momentzentrierung und sagte:

C: Wenn wir nur plaudern würden, würde ich mich schämen über meine Bemerkung, wenn ich meinen Job nicht richtig machen würde, würde ich jetzt darauf bestehen ‚Recht' zu haben, dass ‚Männer so sind'. Aber darum geht es doch im Augenblick nicht. Sie möchten ihre Sicht auf die Wertungen im Unternehmen so entfalten, dass ihr Anliegen, das als solches genderneutral gesehen werden kann, in Männersprache verstanden wird. Darum halte ich Sie im Augenblick hier fest, bei dem Zielpunkt der Einmaligkeit an der Spitze.

Ernsthaft schweigend blickten wir einander eine kurze Zeit an. Wenig später startete Frau Dr. Röntgen jenes Projekt, das ich sodann über anderthalb Jahre begleitete und das das öffentliche Bild ihrer Forschungsförderungsgesellschaft präsenter und deutlich entsprechend den Vorstellungen ihres Präsidenten – und Frau Dr. Röntgen – weiter entwickelte.

5.3.2 *Zentrale Arbeitsphase: Von der Begleitung bei der Entfaltung einer Komponente der Firmenstrategie bis zur Burn-out-Vorbeugung*

Frau Dr. Röntgen hatte inzwischen die Stellvertretung ihres erkrankten Vorgesetzten zurückgeben können – er war (zwar mit Leistungsvorbehalt, jedoch engagiert) wieder bei der Arbeit. Und zugleich waren ihre Konzeptideen bezüglich des speziellen Themas Hochbegabtenförderung und Wissenschaftsnachwuchs aufgegriffen worden. Eines ihrer Papiere wurde im Gesamtvorstand nicht nur „abgenickt", sondern aufgegriffen. Unser Arbeitsprozess bestand nun in Treffen die etwa alle 6–8 Wochen stattfanden und ihr Raum gaben, das Erreichte mit all jener Kritik zu „durchleuchten" (das brachte ihr den Pseudonamen des Erfinders der Röntgenstrahlen ein), die sie innerhalb der Firmenkultur so nicht geäußert hätte, da sie damit rechnen musste, dass jede selbstkritische Reflexion als Schwäche und Unsicherheit ausgelegt worden wäre. In ihrer Firmenumgebung waren „Grünlichtphasen des Brainstormings" unpopulär, es herrschte die Forderung nach „ausgegorenen Gedanken und reifen Strategien".

Die Illustration jener Interventionskompetenz (Tab. 5.3), die an unterschiedlichen Stellen der Hauptarbeitsphase eingesetzt wurde, soll nur die Interventionskompetenz des Anregens von Differenzierung mit Beispielen belegen, sie sind hier aus unterschiedlichen Gesprächen zusammenmontiert.

Tabelle 5.3: *Differenzierungen anregen durch den Coach*

Spezifizieren	C: Forschungsförderung ist der Gesamtauftrag Ihres Anstellungsträgers. Was genau ist innerhalb dieses Gesamtauftrages der spezifische Beitrag, der durch Ihren Arbeitsplatz zu erbringen ist? K: Ich bin einerseits in der Personalentwicklung tätig und damit auch für Forscherkarrieren – aber auch für die Entfaltung von Verwaltungskompetenz – zuständig; daneben aber ist es mehr und mehr mein Spezialgebiet, unsere Einrichtung als förderlich für Forschungsnachwuchs zu profilieren.
Konkretisieren	C: Forschungsnachwuchs zu fördern, kann heißen, Preise für erste studentische Forschungsarbeiten auszuschreiben – kann aber auch Hochbegabtenförderung im Vorschulbereich sein. Mögen Sie bitte schildern, was ihr persönlicher Beitrag in diesem Feld ist. K: Derzeit organisiere ich eine Maßnahme X (beschreibt konkret die Maßnahme). Dabei erlebe ich die Ambivalenz aller mit einzubeziehenden Firmenuntergliederungen (Abteilungen, Institute …). Einerseits wird die Initiative gelobt, andererseits wird unterstützende Zuarbeit verweigert, fast als sei es ein ‚Hobby' von mir, das ich gefälligst alleine zu betreiben hätte.
Generalisieren	C (Generalisieren): Obwohl von ganz oben entschieden, verhalten sich alle Ihnen gegenüber, als hätten sie die Forderung des Präsidenten nie gehört? K: Genau.

Die letzte Generalisierung hatte ich in mehreren Formen ausgesprochen – auch in mehreren Sitzungen. Mal erlebte sich Frau Dr. Röntgen verstanden, wenn ich sagte: „Im ganzen Betrieb sind Sie die Einzige, die wirklich Nachwuchsförderung will." Mal traf ich den Nagel auf den Kopf, als ich verallgemeinerte: „Wenn es in dieser Firma nicht Sie und ihr Projekt gäbe, dann hätte niemand in der Firma das Recht zu sagen, dass für den wissenschaftlichen Nachwuchs gedacht wird." Selbstverständlich waren solche Generalisierungen auch Provokationen, denn sie regten gerade dazu an, durch Konkretisieren („Immerhin sind zwei meiner Mitarbeiterinnen inzwischen soweit eingestiegen, dass ich ihnen die diesjährige Durchführung des X-Projektes fast ganz delegieren konnte") und Spezifizieren („Das sieht jetzt auf der Abteilungsleiterebene etwas anders aus – hier habe ich wenigstens Lippenbekenntnisse an meiner Seite") die Sicht auf das eigene strategische Engagement zu differenzieren.

Coachingarbeit ist begleitete Strategieentwicklung – Frau Dr. Röntgens Beispiel hätte auch als eine Veranschaulichung der Wirksamkeit von Selbstprüfung dienen können, denn die Ausdauer, mit welcher sie nun in jeder Sitzung erneut alle Aspekte ihres Engagements „durchleuchtete", blieb beachtlich. Und es war offensichtlich, dass sie sowohl die in der Gesprächsführungsausbildung vertieft angeeignete Empathie, als auch das personzentrierte Achten der Werte der Anderen beherrschte. Ihr zentrales Anliegen blieb es, quasi als ‚Botschafterin' der Begabtenförderung oder ‚Anwältin' des Anliegens der Nachwuchsgewinnung, wirksam zu werden. Es ist ein großer Unterschied, ob jemand angesehen werden möchte oder wirksam werden will, Frau Dr. Röntgen machte mehrfach deutlich, dass sie eventuellen Ruhm und Anerkennung für die Schritte in die von ihr bedeutsam gefundene Richtung gerne herschenken würde:

K: Wenn mein Chef oder andere sich dann damit brüsten – oder dafür gelobt werden – dass wir in diese Richtung so beeindruckende Projekte wie das X-Projekt oder die anderen Entwicklungen vorangetrieben haben, dann ist mir das nur recht – solange tatsächlich etwas vorwärts geht.
C: Sie müssen nicht den Lorbeer einsammeln, Sie wollen die Wirksamkeit?

Frau Dr. Röntgen bestätigte dies als ihr Kernanliegen. Zugleich fiel mir auf, dass sie die damit gegebene besondere Chance nicht wirklich in die Hand nahm. Ich sah eine Handlungsperspektive, die sie bisher jedenfalls nicht angesprochen, vielleicht auch nicht angedacht hatte? Wenn der Coach in die Rolle desjenigen kommt, der mit seinem Klienten das Spiel ‚Ich seh etwas, was Du nicht siehst' spielen könnte, dann ist es zentral bedeutsam, einen Weg zu finden, der nicht Besserwisserei oder Belehrung meint. Hierfür kann die nondirektive Beziehungsgestaltung eine Orientierung geben, wie dieser Gesprächsverlauf zeigte:

C: Sie wollen die Sache fördern, nicht Ihren Ruhm. Und Sie kennen andere, denen das eigene Fortkommen, Profil, Rang wichtig ist. Ich schlage Ihnen vor, dass Sie mal an diese Kolleginnen und Kollegen denken, sich einen auswählen, der einflussreich genug wäre, um bedeutsame Beschleunigungen für Ihre Ideen durchzusetzen...
K: Gut, das könnte Frau P. sein.
C: Können Sie mir Frau P. nun so beschreiben, dass ich sie spielen könnte?

Frau Dr. Röntgen konnte dies sehr gut und es wurde deutlich, dass Frau P. eine ehrgeizige, jüngere Frau aus der Abteilung Recht und Verträge war.

C: „Wenn es Ihnen recht ist, spiele ich nun einmal Frau P., während Sie versuchen, mit ihr darüber zu sprechen, welcher Beitrag aus ihrer Abteilung besonders verdienstvoll für die weitere Gesamtprojektentwicklung sein würde.

Dies von mir angestoßene Rollenspiel entwickelte sich sehr intensiv. Immer wieder fragte ich innerhalb meiner Darstellung der Frau P. meine Auftraggeberin nach der weiteren Vorgehensweise – in dieser Rolle. Mit jener anderen Stimme, die deutlich machte, dass jetzt nicht eine gespielte Frau P. etwas fragt, sondern dass der Darsteller von Frau P. die zuständige ‚Regisseurin' Frau Dr. Röntgen nach den von ihr vermuteten Reaktionen und Verhaltensweisen fragte:

C: Und wie würde Frau P. nun reagieren ... Könnte Frau P. sich einen eigenen Anteil vorstellen ... Würde ich als Frau P. nun erfreut sein, dass ich ein Stück vom Ruhm-Kuchen abbekommen kann ...

In diesem beispielhaften Rollenspiel und der Konfrontation mit ihren „Regiemöglichkeiten" machte Frau Dr. Röntgen sich klar, dass in ihrer „Anspruchslosigkeit" tatsächlich ein großes Potenzial zur Förderung ihres Anliegens zu sehen war. Sie konnte verschiedenen zu mobilisierenden anderen Personen (und schließlich auch Gremien, wie einem Arbeitskreis und dem Betriebsrat) konkrete, verdienstvolle Handlungsperspektiven eröffnen. Zwei Sitzungen danach – in diesem Fall war dies 12 Wochen später – sagte Frau Dr. Röntgen:

K: Ich konnte inzwischen meine Taktik ändern. Die strategische Orientierung bleibt gleich. Aber ich spreche meine Kollegen nur so an, dass sie sich konstruktiv beteiligen können. Sie sind dann einbezogen und sozusagen eingeladen. Damit bin ich nicht mehr die Botschafterin, die ein abstraktes Ja oder Nein der Projektunterstützung einfordert.

Zufrieden entwickelte Frau Dr. Röntgen diesen roten Faden ihres beruflichen Engagements mit langsam wachsender Effektivität und damit unvermeidlich verbunden auch heranwachsender Anerkennung. Betriebliche Netzwerke wechselseitiger Unterstützung entfalten sich immer so, dass diejenigen, die initiativ für die Zugehörigkeit zu einem „Netz" (in diesem Fall der „Nachwuchsfördernden Forschungsförderer") sind, nicht vermeiden können, eine „Knotenfunktion" zu haben. Wenn sie jedoch gleichzeitig, wie es Frau Dr. Röntgen nun tat, jedem Dazukommenden einen Teil des Ansehens, die ein effektives Projekt / Netzwerk mit sich bringt, von vorneherein zukommen lassen, dann gewinnt ein solches Netzwerk / Projekt langsam eine betriebliche „Stimmungseinbettung", die das Mitmachen für jeden Einzelnen erfreulicher macht.

Wir hatten zunächst die zehn Doppelstunden Coaching, die Frau Dr. Röntgen zugesagt bekommen hatte, in einer bereits sehr „gestreckten" Durchführungsform genutzt – waren also bereits 18 Monate miteinander vertraut geworden. Der heranwachsende Erfolg brachte jedoch auch eine Steigerung der Arbeitslast – und da das X-Projekt auch Veranstaltungen an anderen Orten als dem Hauptsitz der Gesellschaft mit sich brachte – eine deutliche Erhöhung des Anspruches an Dienstreisen, dienstliche Abwesenheiten. Was schon nach weiteren 6 Monaten die Frage nach dem Gleichgewicht zwischen betrieblicher Belastung / Abwesenheit von Zuhause und dem privaten, häuslichen Zusammenleben mit ihrem Mann und den drei kleinen Kindern aktuell werden ließ.

Coaching wird oft eingesetzt, um besonders engagierten Mitarbeitern ein Halteseil bei der Mühe um das Gleichgewicht der „Work-life-balance" bereitzustellen. In dem Coaching-Werkzeugkasten, den Rauen (2006) vorlegte, gibt es eine Fülle von „Interventionstechniken", von denen einige recht problematisch erscheinen – speziell für die Arbeit an diesem Gleichgewicht, beschreibt Nussbaumer (2006) ein Vorgehen, das hier möglich gewesen wäre. In diesem Fall jedoch trat dieses Thema erst mit dem wachsenden Erfolg der anderen Aufgabe in den Vordergrund. Ich ahnte, dass wir einen Verlängerungsantrag für unsere Zusammenarbeit formulieren müssten, als mich Frau Dr. Röntgen bereits darauf ansprach:

K: In dieser bisherigen Begleitung ist es gelungen, mich aus der Unsicherheit zu holen, ob ich beim falschen Arbeitgeber angeheuert habe oder ob ich dort zwar richtig bin, aber nur mit Dienst nach Vorschrift mein Geld verdiene, um mein leidenschaftliches Engagement in einer privaten Nebenberuflichkeit zu leben. Sie haben mich zur Vollast Leistenden gecoacht. Und das könnte nun abgeschlossen werden, wenn damit nicht ein anderes Problem auftauchen würde: Ich brenne nun für das, wofür ich bezahlt werde – spüre aber entsetzt, dass die Gefahr entsteht, dass ich privat verbranntes Gelände hinterlasse.

Das Schwanken der Balance zwischen Leistungslust und Lebensfreude, Firmenwerten und Familienwerten wurde mir selten so unvermittelt als Erkenntnisgegenstand einer Coachingklientenäußerung vorgelegt. Die Möglichkeit war gegeben, mit einem Fortsetzungsantrag das Coaching darauf auszudehnen, dass nicht nur die firmenloyale Mobilisierung, sondern auch eine Stabilisierung des privaten Gleichgewichtes gewährleistet sein sollte. Dies würde jedoch eine weitere Veränderung unserer bisherigen Zusammenarbeitsperspektive verlangen. In solch einem Fall kann es sehr hilfreich sein, sich offen über die Beziehungsregulation zu verständigen:

C: Frau Dr. Röntgen, zwar habe ich bisher schon ab und zu das Vergnügen gehabt, einige Details aus ihrer familialen Welt kennen zu lernen (eines der Motive von Frau Dr. Röntgen sich um Nachwuchsförderung zu kümmern, waren die zum Teil herrausragenden Qualifikationen ihrer eigenen Kinder), das war jedoch immer nur Hintergrund für die Arbeit an ihrem betrieblichen Engagement. Wenn wir nun einen zweiten Antrag formulieren, dann muss – wenn er so wie besprochen begründet sein soll – deutlich werden, dass zukünftig betriebliches Engagement und private Lebensführung beide im Vordergrund stehen werden. Coaching als Burn-out-Vorbeugung ist etwas anderes als Coaching zur Strategie- und Motivationsklärung. Wir arbeiten dann an der Nachhaltigkeit ihrer Leistung, nicht mehr an der Steigerung der Effektivität. Meine Rolle wird dann noch weniger als bisher die des „Kutschers", vielleicht deutlicher die des „Pferdeknechtes" werden.

Wir formulierten den Antrag und Frau Dr. Röntgen bekam weitere zehn Doppelsitzungen Coaching bewilligt. In dem damit eingeläuteten zweiten Teil der Hauptphase unserer Arbeit wurde deutlich, dass das Firmenprojekt sich kontinuierlich konstruktiv weiter entwickelte. Und zugleich fanden sich jene Stabilisatoren, die es Frau Dr. Röntgen erlaubten, ihr Gleichgewicht zu halten.

5.3.3 Seelisches Gleichgewicht halten

Hier ist es sinnvoll, einen kleinen Exkurs zur Frage der Burn-out-Vorbeugung einzuschieben.

Wenn es Sinn macht, die Tätigkeit eines Coaches mit der eines Kutschers symbolisierend zu vergleichen, so sind zumindest drei Dimensionen der Einflussnahme zu bedenken, mit denen auf solch ein komplexes „Mensch-Tier-Gerät"-System, wie es eine in Fahrt befindliche Pferdekutsche darstellt, zu achten ist. Würde der Coach als gerade unterwegs befindlicher Kutscher gedacht, dann wäre er verantwortlich für

Tempo, Richtung und Gerät. Er müsste wissen, was er von seinen Pferden verlangen kann, wie sein Gerät in Schuss ist und welchen Weg er nehmen soll. Die Leistungslust der Pferde, die Zielorientierung der Reise, der technische Zustand des Gefährtes müssten stimmig zusammengeführt werden, um eine solche Fahrt sinnvoll und erfolgreich zu bewältigen.

Und weil dies so ist, lehnen wir die Metapher des Kutschers für die Arbeit des Coaches ab. Der Coach ist niemals in oder auf der Kutsche. Selbst beim innerbetrieblichen Coaching ist es gerade unverzichtbar, dass der Coachende (Vorgesetzte / Stabsfunktionscoach) eine andere Beziehung zu diesem aktionalen System hat, als der Kutscher – dies kann durch die besondere Beziehungsgestaltung (Kap. 3.4) beim innerbetrieblichen Coaching ermöglicht werden. Das ist dann sozusagen ein „Coaching" / eine Einflussnahme auf der Poststation, während der Kutscher die Pferde ausspannt und die Wagenräder neu schmiert, nicht jedoch innerhalb der durch den Kutscher zu verantwortenden Fahrt. Coachen und Führen sind streng zu trennen – die Führungsverantwortung bleibt immer beim Coaching-Klienten.

Dies gilt auch für die Lebensführung. Oft wird in Personalbüros richtig erkannt, dass ein Mitarbeiter seine eigenen Leistungsmöglichkeiten gefährdet, indem er sich „überfordert" – indem eine ehrgeizige Karrieregestaltung für jeden Außenstehenden erkennbar auf einen Zusammenbruch hinsteuert. Manchmal wird inzwischen in diesen Fällen dem Mitarbeiter geraten, einen Coach aufzusuchen, um die „Work-life-balance" zu sichern. In vielen dieser Fälle erlauben sich die Personalentwickler, dabei etwas zu schummeln: Sie bieten das Coaching als eine Möglichkeit für weitere, karriereförderliche Leistungssteigerung an – obwohl sie hoffen – und vielleicht sogar dem Coach als verborgenen Auftrag zu signalisieren versuchen, dass es der Wunsch der Firma wäre, den Mitarbeiter nachhaltig zu fördern, ihn also auch davon abzuhalten, sich selbst zu schädigen durch Überanstrengung.

Tatsächlich muss sich ein Coach in diesem Gelände kompetent bewegen können. Da reicht es längst nicht aus, einige der schlichten – gegenwärtig einen Boom anbietenden – Ratgeber zur Vermeidung von Burn-out zu kennen und sich vielleicht sogar einen auszuwählen, den man mit gutem Gewissen empfehlen könnte. Solche Ratgeber können von dem schlichten, gut gemachten Bändchen „Schluss mit Stress" (Kaltentaler 2008) über anspruchsvolle Darstellungen zum gleichen Thema (Kaluza 2004) bis zu Lektüreempfehlungen reichen, in denen die Frage nach den obersten Leistungszielen und den zugrunde liegenden Werten konstruktiv bearbeitet wird (Covey et al. 2007). Vor allem aber muss der Coach eine klare Vorstellung davon haben, wie sich bei diesem konkreten Coaching-Klienten die Selbstgefährdung darstellt, wo seine Ressourcen und Stabilisatoren zu finden sind.

Der Coach ist eben nicht der Kutscher, wenn wir auf dieser Metapher bestehen, dann ist der Coach ein Außenstehender, der sich dem Gesamtsystem zuwenden kann, um Wertreflexion sicherzustellen. Der Coach kann in einem komplexen aktiven System zur Verfügung stehen, wie in einem Kutscher seine Tierliebe oder dem Taxifahrer sein Verantwortungsbewusstsein für den eigenen Leibeszustand und die Sicherheit des Fahrzeuges oder der Straßenverhältnisse zur Verfügung stehen: persönliche Reflexionsmöglichkeiten bezüglich der Werte, die das eigene Berufshandeln steuern. Ein Kennzeichen von Coaching ist die meist ästhetische Achtung vor Höchstleistung:

Anmut und Würde von unvergleichlicher Könnerschaft locken sowohl die Klienten als auch die Coaches. Und angesichts der Tatsache, dass heute jede Führungskraft mehr Wirklichkeitsveränderung zu bewirken vermöchte, als sie zu verantworten vermag, muss Coaching stets die gewissenhafte Reflexion / Auswahl jener Werte begleiten, die solche Führungsverantwortung steuern.

Illustrieren wir dies am Verlauf der zweiten Hälfte des Coachings mit Frau Dr. Röntgen. Sie hatte das Glück, in einem Familienleben als Mutter von drei Kindern mit einem Ehemann zu leben, der keine großen außerhäusigen Karriereabsichten (mehr) hatte. Er hatte – und hier ist es nun nötig eine sehr originelle Leistung zur Wahrung der Anonymität seltsam verfremdet darzustellen – seinen Beruf kontinuierlich ausgeübt, dann jedoch zunehmend sein Hobby, das er im häuslichen Umfeld pflegen konnte, zum Beruf gemacht. Nicht dass er „Hausmann" geworden wäre. Aber man kann es sich vielleicht so vorstellen, als habe er – ausgehend von einigen Schildkröten, die er im Garten hielt, entdeckt, dass er Interesse und Begabung für solche Tierpflege habe, und sich auf dieser Grundlage zu einer kleinen „Tierhandlung" aufgerafft. Er war jedenfalls viel daheim, da er nun seinen Anteil zum Familieneinkommen zwar sehr eingeschränkt, dafür jedoch für ihn höchst befriedigend, im Engagement für Kleintiere zu erbringen vermochte.

Damit wurde jedoch die Anstellung von Frau Dr. Röntgen verstärkt zur Finanzgrundlage der Familie – was zusammen mit ihrer Leidenschaft für die Arbeit die subjektive Rechtfertigung darstellte, sich immer tiefer in diese Abteilungsleitung einzulassen und den roten Faden „Nachwuchsförderung" auszubauen. Ihr Privatleben wurde durch Zeitmangel und damit langsam sich einschleichende Entfremdung ausgedünnt, die „Haushaltsvorständin" immer seltener. Auch gelang es Frau Dr. Röntgen, trotz ihrer Zuneigung zu ihrem Mann nicht, dessen auf sie eigenartig wirkendes Hobby wirklich zu schätzen, so dass sie sich einander etwas entfremdeten. Die Kinder wurden einerseits zuhause vom Vater gut begleitet, zogen sich jedoch enttäuscht von der mütterlichen Distanz mehr und mehr ins Schneckenhaus ihrer Sonderbegabungen zurück.

Frau Dr. Röntgen wurde in dieser neuen Arbeitsphase zur unerbittlichen Durchleuchterin ihrer innersten Ambitionen und zur kritischen Analystin der problematischen Entwicklung in den letzten 12 Monaten. Für mich als den Coach, der sie dabei begleitet hatte, sich ganz für die Firmenbelange und das Spezialgebiet innerhalb dieses Interesses zu begeistern und einzusetzen, war es auch fast ein wenig, als sei ich es ihr schuldig, sie auf dem Weg zu einem neuen Gleichgewicht zu begleiten. Nehmen wir folgenden Gesprächsausschnitt aus einem Gespräch im zweiten Jahr unserer Arbeit:

K: Neulich hatte meine Älteste eine Hausarbeit in Deutsch geschrieben, deren Titel mich ansprach und ich bot ihr an, dass ich sie gerne durchlesen und mit ihr darüber sprechen würde. Sie sagte: ‚Ach Mama, dazu ist doch deine Zeit zu kostbar.' Ich hätte weinen können.

C.: Sie haben sich geschämt?
K.: Ganz richtig – und zugleich war ich wütend auf mich, dass ich solch ein Bild entstehen ließ – und aber auch wütend auf mein Kind, denn offensichtlich war es auch eine bewusste Verletzungsabsicht gewesen, mit der sie mich zurückwies.
C: Geschämt und gekränkt zugleich?
K: Mein Mann meinte es liebevoll tröstend, als er dann auch noch sagte: ‚Ich hab ihre Arbeit schon gelesen, die ist wirklich rund und gut geworden.' Er meinte damit, mich zu beruhigen, dass wir unsere gemeinsame elterliche Verpflichtung doch in Arbeitsteilung erfüllt hätten – er sei halt zuständig. Aber für mich war das ein Blitzlicht, das mir deutlich machte, dass es so nicht weitergehen darf.
C: Sie wollen etwas ändern?
K: Ich will raus aus der Rolle „des Ernährers", der innerhalb der Selbstentfaltung der Familienmitglieder nur noch entfernter Zuschauer ist. Ich will mitbekommen, wie meine Kinder aufblühen, sich engagieren, denken. Und ich merkte, dass ich eigentlich nur Glück hatte, dass mein Mann mich nicht in ähnlicher Weise kränkt, obwohl ich auch für sein Projekt kein Interesse zeige.
C: Sie wollen ein anderes Engagement, eine andere „Rolle"?
K: Ich liebe meine Kinder und auch meinen eigenwilligen Mann. Und das sollen sie erleben können, nicht nur „glauben müssen". Ich will nicht vom Hochseil meines beruflichen Erfolges in den Sumpf eines familiären Versagens stürzen.

Frau Dr. Röntgen entwickelte ihr Gleichgewicht durch eine „Balancierstange" – sie begann gezielt, private Aktivitäten mit einem gepflegten Freundeskreis so zu organisieren, dass sie mehr und mehr gewichtig, bedeutungsähnlich ihrer Berufsarbeit wurden. Das erforderte zunächst sogar eine weitere Steigerung ihrer beruflichen Performance und erst nach einiger Zeit wurde es deutlich, dass sie bestimmte Engagements nicht mehr annahm. Sie musste es innerbetrieblich nicht aussprechen, im Coaching, vor allem aber im liebevollen Gespräch mit ihrem Partner – und auch mit den Kindern – wurden neue Entscheidungen deutlich: „Ich werde an der diesjährigen Durchführung von X nicht teilnehmen, da wir zu diesem Zeitpunkt unseren Tanzkurs haben … Ich habe dafür gesorgt, dass die Vorveranstaltung von meiner Mitarbeiterin selbstverantwortlich geleitet werden kann, denn ich habe an diesem Abend Gäste … „

Eine oberflächliche Sichtweise würde betonen, dass Frau Dr. Röntgen ein besseres Zeitmanagement, längere Terminplanungsfristen und mehr Verantwortungsdelegation praktizierte. Das wäre nicht falsch gesehen. Aber es würde so klug sein wie die Aussage: Suppe wird mit dem Löffel genommen, nicht mit der Gabel. Die entscheidende Frage war nämlich nicht die, ob Frau Dr. Röntgen Löffel und Gabel kennen und unterscheiden würde, sondern wie sie sich ernährte: Neben der nahrhaften betrieblichen Anerkennung musste auch die sättigende Freude am privaten Glück ihren Rang zugestanden bekommen. Es ging um die zentralen Wertentscheidungen – und erst als diese wieder im Gleichgewicht waren, wurde es erneut harmonischer in ihrem Leben. Mit seiner Metapher „Kompass statt Uhr" verdeutlicht Covey (2007) diesen zentralen Unterschied zwischen kühl organisierendem Zeitmanagement und wertegeleiteter Gestaltung des eigenen Lebens.

5.3.4 *Abschlussphase: Es spielt keine Rolle, welche Rolle ich spiele*

Nach 2½ Jahren, auf die verteilt wir zwanzig Doppelstunden Coaching nutzten, deutete sich die Frage nach dem Abschluss des Coachings, nach einer Trennung an. Frau Dr. Röntgen hatte beruflich erreicht, was sie wollte und sich innerhalb der erreichten Spitzenposition so angesiedelt, dass auch ihr privates Dasein beglückend gleichgewichtig war.

„Woran werden Sie erkennen, dass Sie unsere Gespräche nicht mehr brauchen?“ Wenn diese Frage auch die möglicherweise kränkende Annahme festhält, der Coaching-Klient hätte uns gebraucht – es ist eine der Formeln, mit denen ein Coach die Abschlussphase einer vorher vielleicht offen angelegten Coachingbeziehung ansprechen kann. Als ich diese Formel nutzte, bekam ich eine verblüffende, schnelle und für die abschließende Arbeit bedeutende Antwort:

K: Wenn ich in jeder meiner vielfältigen Rollen genauso souverän bin wie ein Mann. Vergessen Sie nicht, dass das meine verborgene Agenda war: wertgeleitet fühlend sein dürfen und dennoch kühl-sachlich Machtsprache sprechen können. Dass mein eigener Mann mir hier eben gerade kein Modell gibt, ist Teil unseres privaten Glückes, das andere wäre mir Zielformulierung für berufliche Selbstsicherheit.

Eigentlich bin ich sicher, dass es tatsächlich keine zwei Sprechwelten, eine der fühlenden Frauen und eine der rechnenden Männer, gibt. Für Frau Dr. Röntgen war es jedoch offensichtlich so, dass sie mit dieser Zielformulierung eine implizite Schilderung für etwas gefunden hatte, was explizit vielleicht auch ganz anders zu beschreiben war. Da es aber darum ging, dass Sie lernte, mit ihrem Sprechen einverstanden zu sein, wurde deutlich, dass die Abschlussphase vorwiegend mit der entsprechenden Interventionskompetenz gefüllt war. Hier auch wieder einige aus den letzten Sitzungen montierte Beispiele:

C: Mit der Rolle der Seiltänzerin auf dem Hochseil des Gelingens haben Sie sich ein Bild geschaffen, das den Absturz in ein Leistungsversagen ebenso wie in ein familiäres Versagen aufzeigt. Die ‚Balancierstange‘ des Gewichtes ihrer privaten Beziehungen hilft Ihnen nun. Ich möchte Sie einladen, doch noch weitere Rollen, Figuren, Märchengestalten zu suchen, die ihnen wegweisende Begleiter sein könnten.
K: Da fallen mir viele ein. Als ich in der Gefahr war, den Kontakt zu meiner Familie zu verlieren, war ich wie jener ‚Hans im Glück‘, der den Goldschatz seines Arbeitslohnes nicht wertschätzen kann und ihn geblendet jeweils gegen andere Werte tauscht, bis ihm schließlich nur noch die Last bleibt. Oder …

Frau Dr. Röntgen war in dieser Welt gut verankert. Wir erarbeiteten für sie noch Rollenbilder für die förderlich-fordernde Vorgesetzte („Jeder meiner Mitarbeiter hat die Möglichkeit, als ‚Goldmarie' in seinem Job zu glänzen"), die zärtliche und präsente Mutter („Ab und zu bin ich Schneewittchen, das fröhlich für alle die auf Arbeit / in der Schule sind, das Essen bereitet.") und die Nähe gestaltende Gattin („Ich bin dann die geraubte Königstochter, die verlangt, dass der Schneidergeselle selbst – mein Liebster – mir das dritte Kleid bringt").

Die Coachingkompetenzen, die als eigene Handwerkskoffer betrachtet werden müssen (wie die Bündnispartnerschaft für Selbstgestaltungen, Selbstausdruck, Selbsterleben, Selbstdeutungen und Selbstverantwortung) werden von unterschiedlichen Coaches unterschiedlich genutzt. Wer eine Fortbildung in Psychodrama hat, kann einen Konflikt anders doppelnd und aktualisierend bearbeiten als jene Coaches, die vielleicht eher aus dem Werkzeugkoffer der Kunsttherapie einen Schwerpunkt ihrer Interventionen herleiten. Wer gelernt hat, was im erlebnisorientierten Ansatz der Akzeptanz- und Commitment-Therapie (Hayes et al. 2007) für Werkzeuge bereitliegen, der wird sie auch im Coaching einsetzen können.

Coaching-Klienten ringen um Handlungsperspektiven, Selbstsicherheit, Entscheidungsfreiheit usw. Sie ringen um Werte und Selbstwerterfahrungen. Durch die Begleitung eines hochkompetenten „Emotionsmelders" (Echolot, Feuermelder) wird dem Prozess der Selbstklärung des Coaching-Klienten der kontinuierliche Zugang zu seiner eigenen emotionalen Basis gesichert. Coaches sind Partner: Durch Beobachtung, Einfühlung und Empathietraining wird der Coach zum Bündnispartner des Coaching-Klienten bei dessen Selbstgestaltung.

5.4 Fall Alexandra Marx: „Standing?" – Zu sich und seinen Möglichkeiten stehen

„Was wäre, wenn ich wirklich vorbildlich, brillant, exzellent ... wäre?" So seltsam es klingen mag – diese Frage ist mir in Coachingprozessen von Menschen, die alle äußeren Zeichen von Erfolg reichlich für sich gewonnen hatten, schon mehrfach gestellt worden. Selbstzweifel, die nicht als Motor rationaler Selbstprüfung zu sehen sind, sondern als Ausdruck innerer Unsicherheit gelten müssen, haben eine ganz eigentümliche Struktur und fordern vom Coach eine sehr spezifische Umgangsweise. Zwar wird Empathie es möglich machen, den Umfang der inneren Wunde auszuleuchten („auf den Zahn fühlen"), aber die Sehnsucht nach Änderung zu befriedigen, erfordert ein Bündnis, das die Frage sehr ernst nimmt.

In dem Maß, in dem der Coach sich seiner selbst sicher ist, in genau jenem Umfang, in welchem er solche Sicherheit spürt, ohne sie überheblich gegen die Unsicherheit des anderen auszuspielen – in diesem Umfang kann ein Coach hier hilfreich sein. Die Energie aus der Differenz zwischen „Ich" und „Du" steht bereit: Humorige Provokation („Sie meinen, was wäre, wenn Sie Ihr Geld wert wären?"), zielgenaue Konfrontation („Und die Auszeichnung als Manager des Jahres war nur ein Zufall?") oder ausdauerndes Insistieren bzw. Differenzieren („Gut, lassen Sie uns das im Detail ansehen, was alles können Sie nicht?"), können hier hilfreich sein. Aber es ist auch möglich, durch Selbstöffnung weiter zu kommen:

C: Mein Thema ist das auch – ich habe einen hohen Preis gezahlt für die Sicherheit, heute zu spüren, dass ich tue, was ich kann, und bin, was ich tue – und damit ruhig einverstanden sein kann und es für qualitätsvoll erachte.

Oder durch modellhafte Selbstexploration:

C: Meine Achillesferse sehe ich in meinem Ehrgeiz. Manchmal ertappe ich mich dabei, aus dem Auge zu verlieren, dass bescheidene Ziele auch ehrenvolle Ziele sind.

Mit solchen Reflexionen oder Öffnungen kann ein Coach auch manchmal Modell geben.

Was bedeutet es aber, wenn uns Menschen, von denen Kinder sagen würden, dass diese „in echt" außerordentlich erfolgreich sind, ihre innerste Unsicherheit anvertrauen? Es geht gerade um den Rang der eigenen Identität, um spürbare Authentizität, schlicht um die Sehnsucht danach, offen, liebevoll und unverbogen handeln zu können, und dies in Positionen, die für viele Mitarbeiter und / oder viele Millionen Investitionen Verantwortung tragen. Was hier keinesfalls hilft, ist der Versuch, die Unsicherheit weg zu loben. Coaches loben selbst nur, wenn es ihnen „entfährt", wenn das anerkennende Wort eine „Hier-und-jetzt-Leistung" des Coaching-Klienten meint oder der Blick auf eine Lebensleistung dem Coach „in echt" seine Anerkennung entfahren lässt.

Häufig ist es hilfreich, Visualisierungen und Symbolisierungen anzubieten, weil die Verunsicherung des Selbstbildes in der Verfremdung einer Gestaltungsarbeit neu und anders betrachtet werden kann. Eine Könner-Identität begleitend zu entfalten, ist Bestandteil des Berufsethos des Coaches – Respekt vor dem mit dem Können verbundenen Abgrund des Selbstzweifels gehört hier modellhaft dazu.

Jeder Mensch, der Coaching beansprucht, weiß um sein eigenes „Standing", um seine Charakterfestigkeit, seine Stärken und Schwächen, seinen Stil, sich zu „stellen". Im Coaching nimmt er sich den Mut zur Möglichkeit: „Was wäre, wenn ich noch andere, weitere, bisher wenig entfaltete Kompetenzen, Pläne, Ziele bei mir pflegen würde." Was wäre, wenn die eigene Integrität (Pollmann 2005) eine spürbare Richtschnur des Handelns sein könnte? Bisher war es so, und jetzt erziehe ich mich um und werde anders – ein ganz banaler, alltäglicher Vorgang im Coaching. Und doch sind meist Coaching-Klienten zu Recht damit einverstanden, so bleiben zu dürfen, wie sie sind. Coaching ist nicht immer „Persönlichkeitsentwicklung" oder „Selbstveränderung" – Coaching ist oft auch die Begleitung eines Könners, gerade in seiner Meisterschaft.

Andrea Marx suchte uns auf, als sie zum dritten Mal von ihrem Vorgesetzten darauf angesprochen worden war: „Hören, Sie, Frau Marx, Sie sind uns allen im Vorstand als quasi unersetzliche Vorbereiterin unserer Sitzungen willkommen – doch haben wir in unterschiedlichen Situationen wohl alle uns schon gefragt, wieso Sie die einzelnen Angebote, nun selbst Führungsfunktion zu übernehmen, immer auslassen? Ich möchte Sie ermutigen, die Abteilungsleitung, die ich Ihnen anbieten möchte, anzunehmen. Wenn Ihnen dabei ein Coaching helfen kann, suchen Sie sich die entsprechende Unterstützung."

Das erste Gespräch mit dieser hochgewachsenen schlanken, gepflegten Frau zeigte eine Person nicht ohne Selbstbewusstsein, jedoch in einer kontinuierlichen Dienstleister-Demut. Sie genoss ihr eigenes Können sehr wohl. Sie gab sich aber damit zufrieden, dass ihr die Vorstände, deren Sitzungen sie vorbereitete, zugestehen mussten, dass sie ihre eigene weitreichendere Verantwortung nicht hätten tragen können, ohne die umfassende, schnelle, korrekte, genaue Vorarbeit durch Frau Marx. Dies war es, was ihr in unserer Darstellung ihren Namen einbrachte, denn tatsächlich sagte einer ihrer, mit ihr sehr einverstandenen Vorstände, eines Tages: „Ihre Sitzungsvorbereitung gibt uns Rahmenorientierung, als hätten wir ‚Das Kapital' vorgelegt bekommen und müssten jetzt nur noch Leninismus wagen." Dass dies in der Chefetage eines Bankhauses gesprochen wurde, vertiefte den Charme dieser Bilder.

Sie nahm die Möglichkeit, mit einem Coach zu sprechen gerne an – war jedoch sehr scheu gegenüber der Zielbestimmung, mit welcher sie sich hergeschickt erlebte. „Es soll eine Anerkennung sein, Sie sollen mich ermutigen Führungsfunktionen zu übernehmen. Ich weiß jedoch nicht, ob ich das annehmen kann." Schnell einigten wir uns darauf, dass dies eine defensive, nicht ganz zutreffende Beschreibung war – sie wusste genau, dass sie es können würde, war sich aber unsicher, ob sie es auch wollte. Diese veränderte Sicht bewirkte ich in diesem Fall durch eine authentische Demonstration meiner Sicht auf die Differenz von „Können" und „Wollen":

C: Ich kenne mich als jemanden, der gerne gut zuhört. Sie sagten vorhin, dass Sie unsicher seien, ob Sie führen könnten. Sie sagten es mit den Worten, dass Sie nicht sicher seien, ob Sie „das annehmen" könnten, wenn Sie aufgefordert werden, Führungskönnen in die Firma einzubringen ...Das war doppelsinnig – da spielte es Ihnen ein Streich, dass diese Aufforderung, Ihre Kompetenz ganz in die Firma einzubringen, auch wie eine Schmeichelei gehört werden konnte. Klar können Sie die Kompetenzzuschreibung annehmen – Sie wissen jedoch noch nicht, ob Sie diese Kompetenz im Einsatz weiter entwickeln wollen.

Von diesem Punkt aus entwickelte sich ein Gesprächsabschnitt, der jeder Frauengleichstellungsbeauftragten ein Schmunzeln abgerungen hätte. Frau Marx fragte sich selbst sinnierend, ob sie denn sich als Person weitgehend verbiegen müsse, wenn sie Führungsfunktionen mehr als bisher übernehmen würde.

K: Bisher übe ich durchaus Macht aus, ich habe für den Vorstand Daten abzurufen und weiß, dass es einige Leute gibt, die meinen Anruf mehr fürchten als den ihres eigenen Chefs – weil meine Anforderungen ganz anders priorisiert sind. Aber da bin ich doch nur der Bote – die Macht, die hier wirkt, ist die des Vorstandes.

Das erste Drittel unseres Gespräches war ein freundliches Kennenlernen, es bedurfte etwa eines zweiten Drittels unserer ersten Sitzung, bis Frau Marx sich entschied, mich zu fragen, ob und, wenn ja, wie ich Sie denn dabei coachen könne, eine Abteilungsleitung zu übernehmen – es war nämlich durchaus bereits ein konkretes Organisationsentwicklungsgeschehen im Gang, das ihr in einer anderen Großstadt eine neu geschaffene Abteilung zufallen lassen würde. Für mich war deutlich das Bild einer Frau entstanden, die weibliche Führungskompetenz in großem Umfang mitbrachte, sich selbst jedoch durch abschreckendes männliches Führungsverhalten so verunsichert erlebte („So will ich keinesfalls werden …"), dass sie Mut brauchte, um diesen Weg zu beschreiten.

Da ich ein entschiedener Förderer von Gleichberechtigung – jedoch nicht von Gleichmacherei – bin, versuchte ich nun abermals, besonders authentisch zu sein, indem ich meiner Antwort auf ihre zuletzt klar gestellte Frage explizit den Rang und die Funktion eines Verhaltensmodelles geben wollte. Ich nickte ihr freundlich zu und sagte:

C: Ich nehme dies als Arbeitsauftrag an – Sie möchten überzeugt werden, dass es Ihnen möglich sein wird, Führungsverantwortung alltäglich zu leben, ohne dabei in die Fallen von Herrschsucht oder Selbstüberhebung einerseits, in den Abgrund von Machtvermeidung und Selbstsabotage andererseits zu stolpern. Sie erhalten von mir im Nachgang zu unserem ersten Gespräch eine Prozessbeschreibung, die Ihnen verdeutlichen wird, in welchen Schritten ich Sie zu welcher Festigkeit und Klarheit des motivierend-führenden Handelns bringen möchte.

Mit diesem schlichten Schritt, sie aus einem Kennenlerngespräch in die Vorbereitung eines Coachingsvertrags zu führen, gab ich ihr ein Modell – ohne dass mir dies in diesem Moment „Vorsatz" gewesen wäre – es wirkte jedoch deutlich, denn Frau Marx bezog sich später öfters darauf, indem sie bei Berichten aus der beginnenden Führungsarbeit anmerkte: „Und dann hab ich es wieder wie Sie beim ersten Schritt gemacht: ich habe einfach eine Planvorgabe als Angebot zur Entscheidung vorgelegt." Unabhängig von allen anderen Perspektiven besprachen wir noch die Vorteile von einem „Führungstagebuch", einer Kladde, in welche Frau M. sich alle Episoden ihres beruflichen und privaten Handelns dann eintragen sollte, wenn sie selbst sich als „führend“, als Entscheidungsträgerin, als Person, die für bestimmtes Handeln Verantwortung übernimmt, „erwischt“.

Der nächste Termin konnte erst 6 Wochen später stattfinden – was Anlass gab, die Hausaufgabe „Führungstagebuch“ im Zusagetelefonat nochmals deutlich zur verbindlichen Arbeitsgrundlage zu machen. Zum Termin kam eine erwartungsfrohe Frau Marx, die sowohl eine berufliche Belastung (Vorbereitung und Begleitung der Hauptversammlung der Firma) als auch einen zweiwöchentlichen Urlaub hinter sich hatte. Sie eröffnete, nach einer konventionell ruhigen Begrüßung, das Gespräch ihrer Meinung nach zielstrebig:

K: Also ich bin jetzt überzeugt, ich will die Chance nutzen. Wie muss ich mich neu orientieren, wenn ich Macht ausüben will?
C: Sie haben ein Ziel definiert, das freut mich. Gerne begleite ich Sie beim Start. Mögen Sie mir erzählen, was Sie in Ihrem Führungstagebuch festgehalten haben?
K: Ach ja, das habe ich sorgfältig geführt, aber nun, da ich mich entschieden habe, wirklich diese Abteilung in X (der Ort, der eben nicht Hauptsitz ihres Unternehmens, jedoch wohl Zentralort für die Branche darstellt) zu übernehmen und aufzubauen, da können Sie mich doch gleich bei diesem Projekt coachen. Was soll ich als erstes tun?

Es war berührend, die vorfreudige Entschlossenheit der kompetenten Frau wahr zu nehmen. Und zugleich wurde mir deutlich, dass wir im Augenblick – bezüglich eines Coachinggeschehens – in höchster Gefahr waren. Sie hatte sich entschieden: Einerseits den Weg zur Führungskraft zu gehen und andererseits meine Funktion als Coach anzunehmen. Zugleich jedoch definierte sie meine Rolle um – ich sollte nicht sie coachen, sondern sie „führen“? Diese „Verführung“ muss jeder erkennen, der kompetentes Coaching als ehrliche Dienstleitung liefern möchte. Gute Coaches riechen Schwefel. Hier half nur ein sich selbst bornierendes Element der Coachingklaviatur, ich musste insistieren:

C: Ich freue mich, Sie so entschlossen zu erleben (authentische Selbstöffnung). Und doch sehe ich es als notwendig an, dass wir nicht gleich zum Projekt „Abteilungsleitung“ gehen, sondern erst einmal auswerten, was Ihnen anhand des Tagebuches über Ihren Umgang mit Führung, mit gelebter Machtausübung klar wurde. Würden Sie bitte zunächst mit mir die Ergebnisse dieser Selbstbeobachtung besprechen?
K: Aber das ist doch nicht mehr nötig. Ich hab’s geschnallt. Führen kann ich, wenn ich will. Und ich hab mich entschieden zu wollen …

C: Fein. Die motivationale Kraft einer Entscheidung steht Ihnen also zur Verfügung. Und mit der Sorgfalt des achtsamen Begleiters verlange ich, dass Sie sich klar machen, was Sie bisher als Führungskompetenz einsetzen, wann Sie und wie Sie führend handeln. Ich bin ganz überzeugt, dass Ihnen die kontinuierliche Notiz Ihrer gelebten Führungsentscheidungen auch dabei geholfen hat, entschieden zu werden. Also lassen Sie uns diesen Wachstumsweg gemeinsam bedenken.
K: Jetzt zerren Sie mich zurück. Ich hab begriffen, ich kann führen. Fertig.

Das war schmollend gesagt und alarmierte mich daher noch mehr. Welches „Führen“ hatte sie bei sich als befriedigend beobachtet und notiert? Ich erlebte mich bestärkt darin, darauf zu insistieren, dass wir erst die Ergebnisse der ersten „Hausaufgabe“ gemeinsam betrachteten, ehe wir eine neue Beauftragung eingingen. Es entstand eine jener Gesprächspausen, die erfahrungsgemäß als „gute Pausen“ gelten: Der Beratende hatte das Wort, der Ratsuchende schweigt nachdenklich. Ein wenig war es wie Machtausübung: Mein insistierender Druck sollte Frau Marx bewegen, zunächst über das Tagebuch zu sprechen. Nach einiger Zeit brach sie das Schweigen:

K: Unseren ersten Kontakt erlebte ich ermutigend und die Idee, mein Führungshandeln selbstreflexiv und selbstbeobachtend zu notieren, fand ich auch ansprechend. Ich habe also Grund Ihnen zu vertrauen, auch wenn Sie woanders einsteigen wollen, als ich es für richtig halte. Also …“

Und sie legte mir ein Tagebuch vor, wie ich es bisher noch nie gesehen hatte. In schonungsloser Offenheit hatte Frau Marx alle Lebenssituationen exakt protokolliert, in denen sie kognitiv selbstkritisch meinte: „Hier habe ich etwas entschieden, bestimmt, angewiesen, eindeutig gefordert, verlangt, gewünscht, gewollt …“ Kurz – alle Situationen, in welchen ihr Wollen sich zeigte, auch wenn sie häufig nicht die Macht hatte, diesem Wollen Durchsetzung zu verschaffen. Und fast literarisch hatte sie auch nicht getrennt, zwischen privaten Entscheidungen und jenen, die Mitarbeiter betrafen. Sie hatte sich keinen Moment damit selbst betrogen, dass sie vielleicht nur jene Situationen protokolliert hätte, in denen sie aus ihrer Position heraus eine Anweisung gab, die der so Angewiesene zu befolgen hatte.

Wir arbeiteten eine halbe Stunde daran, die protokollierten Beispiele für Führungshandeln in unterschiedliche Gruppierungen zusammen zu fassen. Sie beschrieb das Ergebnis:

K: Gut, ich verstehe also, dass ich zu führen vermag, indem ich a) Befehle gebe, b) Wünsche äußere und c) begleite bei der motivationalen Klärung dessen, was alle Beteiligten einbringen.

Das wesentlichste Buch über Führung ist unserer Auffassung nach Commelli und von Rosenstiel „Führen durch Motivation" (1995). Frau Marx hatte es auf meine Anregung hin durchgearbeitet und bezog sich darauf.

C: Dies sind die drei Zentralkategorien, die aus ihrem Praxistagebuch aufleuchten. Sie werden mir zustimmen, dass es eine Vielfalt weiterer Formen der Machtausübung, des Führungshandelns geben mag.
K: Genau. Wir haben an den Beispielen jetzt alles wegdestilliert, was nicht verallgemeinerbar ist. Ich kann doch aber auch einzigartig führen. Wenn durch meine Anregungen wir gemeinsam darauf kommen, dass etwas unbedingt gemacht werden muss. Dann führe ja eigentlich nicht „ich", sondern die Gesetzmäßigkeit der Sache selbst?

Wieder löste diese Reflexion eine Phase wechselseitig bestätigender Präzisierungen aus. Das „männliche" Argumentieren aus den Fakten heraus, das sie ausgezeichnet beherrschte und dennoch nicht als ihren Führungsstil achten konnte, wurde von ihr nun argumentativ ergänzt durch eine eher weibliche Strategie, sich zu ihren Entscheidungen zu stellen. „Ich brauche mich nicht hinter sogenannten ‚Sachzwängen' zu verstecken, es genügt, wenn ich mitteile, wovon ich überzeugt bin. Ich kann führen durch Vertrauen."

Tatsächlich arbeiteten wir nun auf der Grundlage der materialreichen Dokumentation ihres bisherigen „Bestimmerdaseins", daran klar zu bekommen, wie es für Frau Marx war, wenn sie entschlossen eine Anforderung äußerte, einen „Befehl" gab oder auch sowohl privat als auch als Vorgesetzte einen Wunsch äußerte. „Führen durch Vertrauen" wurde für sie zu einer entlastenden Kurzformel, die sie gut nutzen konnte. Sie empfahl mir noch, ich möge doch ein Buch dieses Titels schreiben: „Das wird ein Renner in der Managementliteratur." Ich bedankte mich mit dem Hinweis auf ein weiteres kluges Buch, das bereits existiert und Impulse gibt, um Menschen zu idealer Zusammenarbeit zu führen (Lencioni 2004).

Frau Marx hatte zugesagt, die Abteilungsleitung anzunehmen und bereitete sich darauf vor. Spannend wurde es, nachdem sie in ihrer Entscheidung ihr Standing gezeigt hatte, als sie bemerkte, wie sehr es nun darauf ankommen würde, ihre Konzeption der Führung und Entwicklung der neuen Abteilung offensiv zu vertreten. Wir hatten diesen Schritt aus dem allgemeinen Coachingwissen im Vertrag antizipierend benannt als „Führen durch Überzeugung" und arbeiteten nun daran, dass sie den Abgrund zwischen einer gespielten Rolle und der schlichten Mitteilung einer überzeugenden Position auszuhalten lernte. Sie kannte die eine Seite:

K: Ich weiß, ich glaube, was ich sage, aber es ist doch nur eine Funktion der Gesamtstrategie, dass ich auf diesen Forderungen und Empfehlungen beharre, das bin doch nicht ich als Person, die möchte, dass man ihr glaubt. Ich will, dass die Tatsachen für sich sprechen und meine Entscheidung angenommen wird, weil die Leute erkennen, dass es einfach richtig ist, so zu handeln.

Und ahnte die andere Seite:

K: Wenn ich etwas entscheide, weiß ich, welche Sachargumente auf meiner Seite sind. Und ich möchte, dass meine Mitarbeiter diese Argumente soweit kennen, wie sie sie kennen und verstehen wollen. Aber entscheidend ist doch, dass sie bereit sind, ‚mit mir durchs Feuer zu gehen'. Entscheidend am Führen ist doch, dass ich vertrauensvoll und engagiert zustimmende Mitarbeiter habe.

Wir klärten mehrfach die Differenz zwischen sachlichen Gründen und persönlichen Wertungen und Frau Marx fand immer ruhiger zu der unaufgeregten Wirklichkeit des Begriffes Verantwortung. Eine letzte Feuerprobe des herangewachsenen Mutes zur Führung bot sich an, als wir in der vierten Sitzung die Perspektive der künftigen Abteilungsleiterin daraufhin befragten, was sie gerade in dieser kompetent ausgefüllten Funktion noch zu lernen vorhätte.

K: Nachdem klar ist, dass die Verschmelzung mit dem anderen Bankhaus nicht sein wird, habe ich dort in X eine Abteilung aufzubauen, die genau meinem Kompetenzprofil entspricht. Außerdem habe ich mir X inzwischen angeschaut und bereits eine Wohnung gefunden – die Wohnung ist zauberhaft, und die Stadt kann man überleben. Mein Singledasein macht mich manchmal unruhig, manchmal traurig, immer aber einsam – und doch habe ich begriffen, dass ich mir einen Partner nicht backen kann. Ich denke, ich kann nicht wissen, was ich lernen sollte – das Leben wird es mich lehren.

Das klang nach höchster Weisheit bei einer Fachkraft, die gerade ihren 32ten Geburtstag gefeiert hatte und beruflich offensichtlich auf Erfolgskurs war. Die Tatsache, dass sie neben dem Thema „Arbeitsplatz" auch das „Wohnen" und schließlich das „Singledasein" gesetzt hatte, ermutigte mich zu einer deutlichen **Konfrontation**:

C: Wenn die nächsten zwanzig Jahre vorbei sind, werden Sie außerordentlich belehrt und weise sein …

Diese verschärfte ich sogleich noch durch eine **Provokation**:

C: Wie ein Treibholz in den Wellen eines Stromes werden Sie ihren Lernweg finden?

Frau Marx stutzte einen Moment, dann lachte sie herzlich und lange und ich konnte erleichtert einstimmen in diese fröhliche Distanzierung. Den Rest dieser Sitzung verbrachten wir mit einer genauen Analyse jener Kompetenzen, derer sie sich sicher war, und jener Felder, in welchen sie meinte, dass sie möglicherweise noch dazulernen müsse. Und so verabredeten wir uns zur zunächst letzten Sitzung. Kurz nach der Begrüßung und der allgemeinen Einstimmung sagte Frau Marx:

K: Führen durch Vertrauen ist nur möglich durch Selbstvertrauen. Ich muss also daran noch etwas arbeiten. Sowohl, was meine professionelle Selbstsicherheit betrifft, als auch meine persönlichen Grenzsetzungen. Sie haben es ja an den Beispielen der Führungsentscheidungen ablesen können, dass ich noch nicht wirklich weiß, was ich will. Können Sie die Videokamera klar machen? Ich möchte trainieren.

Dieser Einstieg entsprach dem, was ich ihr gewünscht und meinerseits herbeigesehnt hatte – manchmal geschieht es, dass wir Coaches uns selbst übertölpeln, indem wir unseren Coaching-Klienten Wegweisungen mitgeben, ohne sicher zu sein, dass sie sie aufgreifen werden. Und wenn es dann – wie in diesem Fall – so kommt, wie wir es gut finden, dann kann es geschehen, dass wir loben: „Das ist der Weg! Das finde ich prima, dass Sie sich ihrer Angst stellen!"

Frau Marx blickte mich fragend an und während ich aufgestanden war und die Videokamera und den Platz vorbereitete sprach ich dementsprechend selbstoffenbarend weiter:

C: Entschuldigen Sie, dass ich Sie so lobe – ich freue mich wirklich, dass wir nun auf der Handwerkerebene weiter gehen. Denn ich bin überzeugt, wenn Sie sich selbst einige Ihrer Führungsentscheidungen fällen und mitteilen sehen, dass ihre Selbstwahrnehmung direkt zu Selbstsicherheit führen wird."

So war es dann auch. Es wurde eine sehr intensive Übungseinheit mit dem Microteaching, das durch die Videofeedback-Technik gegeben ist, und wir steuerten den Abschluss dieses Coachingprozesses an. Ich hatte vor ihr ein Bild für die Funktion und Quellen ihrer Selbstsicherheit als Führungskraft mitzugeben und da ich wusste, dass sie gerne mit wirklichen Bildern arbeitete, dachte ich, sie könne vielleicht ein kleines Objekt gestalten:

C: Frau Marx, zum Abschluss möchte ich Ihnen empfehlen, einen kleinen Fetisch, eine Visualisierung, ein Bild für das zu gestalten, was Sie sich in den letzten Monaten erarbeitet haben.
K: Sie meinen so was, das ich stets bei mir tragen kann? Nein, da käme ich mir kindisch vor. Das ist ja gerade das Tolle, dass ich in den letzten Wochen zunehmend ernst nehmen kann, dass ich all das, was ich zum Führen brauche, unter der Haut bei mir trage. Aber ich möchte mir gerne eine Landkarte gestalten, auf der ich den Weg hierher aufzeichne – etwas, was ich mir zuhause vielleicht aufhänge und mich dadurch ab und zu erinnere.

Diese Gestaltungsidee konnte sie mit den vorhandenen Materialien verwirklichen. Es war eine auf dem Format A4 phantasievoll gezeichnet, geschnitten, geklebte kleine Bildcollage mit einer Vielfalt von Stationen. Sie nannte es „Wanderweg zum Verantwortungsberg" und hatte bereits eine Vorstellung, wo sie dies neben dem Kleiderschrank aufhängen würde. Ich durfte mir eine Kopie für meine Unterlagen machen.

Wer Coaching beansprucht, trägt meist bereits ein gerüttelt Maß an Verantwortung, der Kehrseite von Funktionsmacht. Und im Coach findet die Führungskraft jenen Bündnispartner, der die vielfältigen Außenkriterien für gelingende Führungsarbeit mit der Selbstverantwortung des Coaching-Klienten zur Deckung zu bringen versucht. Mit dem Selbstgefühl „so will ich es ausgestalten, entscheiden, anzielen …" zu handeln, ist für Führungskräfte immer erst möglich, wenn sie diese Selbstverantwortung achtsam auf sich nehmen – und nicht als fremdbestimmten Job „ertragen".

5.5 Fall Dr. Edmund de Beauvoir: Lernziel „Weisheit" – Wertesysteme achten und beachten können

Ein Kollege beschrieb seine größte Herausforderung im Coaching-Alltag mit den Worten: „auch Riesen mit Ruhe und Zuversicht begegnen." Wir waren uns schnell einig, dass die ungeheuerliche Seite solcher Begegnung nicht in dem, wie die Täter sind, sondern in ihren Taten zu sehen sind. Für einen Coach ist es absolut unverzichtbar, in seinem Gegenüber jeweils einen gleichwürdigen, achtbaren und verantwortlichen Mitmenschen zu erkennen. Dass dennoch manchmal „Ungeheures" zur Sprache kommt (entweder weil die Coaching-Klienten selbst nicht nur Täter, sondern häufig auch „Opfer", Erfüllungsgehilfen, Ausführende sind, oder weil sie tatsächlich ungeheuerliche Pläne, Ideen, Ziele verfolgen), verlangt vom Coach die Grundqualifikation, gerade auch in solchen Gesprächen dem Coaching-Klienten als Mitmenschen warm-wertschätzend zu begegnen.

Sich wertschätzend der Person gegenüber zu verhalten, ist keine Selbstverständlichkeit und auch nicht ein zufällig vorhandener Kommunikationsstil freundlicher Menschen. Jeder Coach hat diese Hochseilwanderung zwischen kalter, gleichgültiger Sachorientierung („Als Mensch ist mir der Coaching-Klient schnuppe, ich habe zur Qualität seines Handelns beizutragen …") und überbehütender, distanzloser Anbiederung („Sprechen Sie ruhig ganz offen, lassen Sie ruhig ‚die Sau raus' …") sorgsam zu erarbeiten. Die Erfahrung in seiner persönlichen Lage, mit allen Sorgen und Hoffnungen angenommen zu sein, ist die Grundlage für Angst mindernde Entspannung: Wer erst mal einen Raum für denkerisches Probehandeln geboten bekommt, der kann sich selbst darauf einlassen, neue und wegweisende Handlungsalternativen zu entfalten.

Die inhaltliche Wiedergabe konkreter Verhaltensweisen in der Coachingbegegnung kann hier einen Hinweis auf verborgene Ressourcen, aber auch Blockaden und Spannungen geben. Der Coach kann wesentliche Handlungsmöglichkeiten oder erkennbare Normen des Coaching-Klienten bewerten und dadurch zu Klärungen beitragen.

In der Coachingarbeit findet strategisches Denken statt, das aus vergangenen Erfahrungen und geschaffenen Fakten Orientierung für zukünftige Pläne und Handlungen herleitet. Wenn die gemeinsame, gegenwärtige Denk- und Fühlarbeit intensiviert wird, nennt man diese Interventionskompetenz „Aktualisieren". Der Fokus auf das „Hier-und-Jetzt" lässt es zu, sonst „selbstverständliche" und/oder „unveränderliche" Denkgrundlagen in Frage zu stellen. Aktualisieren ermöglicht das Suchen mit allen Freiheitsgraden, die notwendig sind; denn bekanntlich ist das Selbstverständliche unsichtbar, und das Unveränderliche darf im Denken nicht existieren.

Wir sehen es als wesentlich an, dass ein Coach die Fertigkeit entwickelt, mit dem Coaching-Klienten die Grenzlinie zwischen Wissen und Ahnen und insbesondere das Metawissen („Ich weiß, dass dies … dies … und dies … als gesicherte Grundlage gelten kann …") präzise zu kennzeichnen vermag. Manchmal werden solche Wissensbestände und einzelne Erfahrungsaspekte zu verankern sein: Der Coach erarbeitet mit dem Coaching-Klienten ein Bild, eine Metapher, eben einen „Anker" (der meist auch eine spezielle Körperempfindung einbezieht), um kognitive Strukturen zu markieren.

Andererseits hat es sich als hilfreich herausgestellt, in bestimmtem Umfang körperorientierte Erfahrungsmöglichkeiten im Coaching mit einzubringen. Es gibt eine breite Palette von Entspannungsverfahren und darüber hinaus verweisende Körperübungen (Vaitl/Petermann 1993). Mit dem Stichwort Embodiment (Storch 2010) werden gegenwärtig weitere Möglichkeiten der Körperarbeit belegt, wie sie schon lange durch Feldenkrais-Arbeit (Klinkenberg 2000) und gegenwärtig vor allem unter den Stichworten Achtsamkeit (Lehrhaupt/Meibert 2010, Heidenreich 2009) in den Bereich der Selbstmanagement-Techniken integrierbar gemacht werden. Solche komplexen Qualifikationen können nicht als Teil unseres Curriculums erworben werden. Sie müssen mitgebracht oder parallel erarbeitet werden. Im fünfwertigen Coaching muss Sicherheit darüber herrschen, wann, wie und in welchem Umfang solches Können mit einzubringen ist.

Dies galt ganz besonders im komplexen Coachingprozess, in welchem wir Dr. Edmund de Beauvoir begleiteten. Er war Mediziner aus Leidenschaft, aus einer Arztfamilie stammend. Er hatte sich in der Forschung so weit vorgewagt, dass er gemeinsam mit seinem betriebswirtschaftlich qualifizierten Bruder ein kleines forschendes

Hi-Tech-Unternehmen aufgebaut hatte. Die Gründungsschwierigkeiten waren überwunden, mehrere Patente sicherten die Grundlage und nun ging es an die Entwicklung eines Produktes, das in der vorausgeahnten Entwicklung elektrisch betriebener Fahrzeuge eine herausragende Rolle spielen könnte. Eine präzisere Darstellung dessen, was damals fast produktionsreif vorlag, verbietet sich. Da es in der Beschreibung aber ab und zu um genau dieses zukünftig auf den Markt zu bringende Produkt gehen wird, versehen wir es hier mit einem Phantasienahmen, wir nennen es Cybernese.

Dr. de Beauvoir war verheiratet und hatte drei Kinder – er war engagierter, liebevoller Vater und verstand sich auch als Firmeneigner als väterlicher Chef. Seine Zeit war so knapp bemessen, dass ich bereit war – auch weil die Firma im Studienort einer meiner Söhne lag und ich so eine privat / geschäftlich Kombination von Treffen realisieren konnte – die Coachingtreffen in seiner Heimatumwelt zu verabreden. Wir trafen uns in einem kleinen Konferenzraum eines guten Hotels, das für ihn ideal zwischen Firma und seiner Wohnung lag. Da er als Firmeninhaber sich selbst das Coaching verfügt hatte, wusste niemand außer dem Personalchef, der uns ausgewählt hatte, zu welcher Art von Termin er sich hier traf.

So lernte ich einen gut gekleideten Herrn Anfang 50 kennen mit einer beeindruckenden Offenheit:

K: Sie müssen wissen, diese ganze Firma ist der Versuch, einige meiner frühen Visionen als Student der Technik umzusetzen. Ich bin da auf Wirkzusammenhänge gestoßen, die durch die Grundlagenforschung als Mechanismen des ‚so löst die Natur das Problem' aufgedeckt wurden. Anscheinend war ich in diesem Feld jedenfalls der erste, der sich sagte, dass wir dann die ähnlich liegenden Probleme bei der Steuerung elektrischer Antriebe ähnlich beeinflussen können müssten.

Die weitere Einführung in den fachlichen Hintergrund klammere ich wieder aus, denn tatsächlich suchte Herr Dr. de Beauvoir auch keinen Braintrust-Mitarbeiter zur Vertiefung / Konkretisierung / Prüfung seiner Ideen (als solche haben wir in anderen Coachings schon deutliche Erfolge gehabt), sondern befand sich in einem doppelten Dilemma, das mit nahestehenden Personen zu tun hatte:

K: Es war genau richtig, die Firma gemeinsam mit meiner Schwester aufzubauen – doch in den letzten Jahren ergeben sich Spannungen zwischen uns, die ich als lähmend erlebe und die mich nach langem Grübeln dazu bewegen, dass ich mich von ihr trennen will. Die Ideen, die ja das eigentliche Kapital sind, kommen von mir, und so habe ich in diesem Punkt nicht wirklich ein schlechtes Gewissen – und ich bin überzeugt, dass meine Schwester in einem anderen Umfeld – beispielsweise wenn sie selbst verantwortlich für eine eigene Firma wäre – durchaus erfolgreich sein wird. Dennoch erlebe ich es als quälend und traurig, dass es uns nicht gelingt, beisammen zu bleiben.

Also hier will ich mich trennen. Das andere Dilemma ist privat, ich fürchte nach all den glücklichen Jahren der Ehe – unser Ältester ist 18, die Jüngste 10 – will meine Frau sich von mir trennen. Sie ist jedenfalls unglücklich und das macht mich ebenfalls wehrlos unglücklich.

Herr de Beauvoir hatte ruhig, jedoch mit jener getriebenen Dynamik gesprochen, die als Zuhörendenverhalten nur genaues anblicken und hinhorchen, aber keine Reaktion erforderte. Ich sah, dass er gleich noch weiter gesprochen hätte, um mir weitere Informationen zu geben. Mir war es jedoch wichtig, einen ersten Kontakt herzustellen, und so ergriff ich mit einem herzlichen Lächeln das Wort.

In bestätigendem Tonfall leicht fragend gesprochen versuchte ich zu bebildern, was ich meinte, verstanden zu haben und zugleich zu ermutigen, genauso offen weiter zu sprechen: „Eine doppelte Zwickmühle – einerseits als Kapitän den langvertrauten Steuermann wegschicken, andererseits den Hafen verlassen zu sollen, in welchem sie auf Dauer vor Anker gehen wollten. Da taucht die Angst auf, etwas falsch zu machen und die traurige Frage, etwas möglicherweise übersehen zu haben?“

Als Interventionskompetenz beschrieben versuchte ich Wärme und Wertschätzung auszudrücken. Es war mir eine erste tiefe Begegnung gelungen, denn Herr De Beauvoir sah die beiden Nöte zwar als voneinander unabhängige Bedrängnisse, hatte sich aber so deutlich noch nicht dem gestellt, was da an Unsicherheit in ihm nun von mir begrüßt wurde. Für mich war klar, dass er nun entscheiden müsse, welchem Thema er sich zuerst zuwenden wolle. Ich bot ihm zunächst eine Differenzierung an:

C: Angst ist ein guter Ratgeber und wird Sie daran hindern, leichtfertig Ihre Schwester zu kränken. Ihre Trauer bezieht sich auf die Distanzierung, die von Ihrer Frau ausgeht, die Sie eher erleiden. Wenn Sie heute am Einstieg unserer Arbeit wählen müssten: Was ist Ihnen derzeit wichtiger – wie Sie aktiv die gewünschte Trennung organisieren oder wie Sie die drohend zu erleidende Trennung angehen?

Mit dieser Art zu differenzieren hatte ich zugleich sicher gestellt, dass Herr de Beauvoir jedenfalls über sich als „Handelnder“ und nicht als „Erleidender“ reflektieren würde. Coaching ist oft auch Begleitung bei der Verarbeitung von Vorgaben (neuen Richtlinien, Firmenpolitiken, Mitarbeitern die eingearbeitet sein wollen usw.), zumeist jedoch wird der Coach darauf Wert legen, dass sein Coaching-Klient sich erfährt als Mittelpunkt frei gewählter Aktion: Coaching will immer auch ein Beitrag zur Selbstentfaltung von Höchstleistern sein.

K: Ganz unabhängig sind die Themen nicht. Wenn ich das mit meiner Schwester nicht klar bekomme, gefährde ich mein Unternehmen; wenn ich hier versagen werde, geht meine Frau jedenfalls. Aber Sie haben Recht, ich kann nicht beide Seiten gleichzeitig ansehen – beginnen wir mit dem Führungsproblem. Meine Schwester begreift nicht, dass ein Unternehmen wie unseres finanziell davon abhängt, dass die Idee sich als richtig erweist – unsere Geldgeber können durch unsere Ergebnisse darin bestärkt werden, ‚an Bord zu bleiben'; wenn wir jedoch weitere Mittel benötigen, dann müssen sie an unsere Idee glauben. Da helfen keine Wirtschaftlichkeitsberechnungen und antizipierende Markstudien bei diesem oder jenem Alleinstellungsmerkmal. Und dennoch drängt sie mich dazu, mich unsichtbar zu machen, weil sie doch die für die Wirtschaftsseite und Geldbeschaffung Zuständige sei.
C: Was ist hier stärker ihr Bauchgrimmen: die Angst, sie könne es nicht schaffen die Geldgeber zu gewinnen, oder der Ärger, dass sie sie ‚ausbooten', unsichtbar machen möchte?
K: Die Angst, sie könnte es nicht schaffen.

Herr de Beauvoir hatte das Letzte so schnell und beschwörend gesagt, dass ich wahrzunehmen glaubte, dass diese Angst nicht der wirkliche Kern seiner emotionalen Beurteilung war. Ich griff zu jenem Mikroskop, unter das Emotionen gelegt werden können, um sie genauer auf ihre Komponenten zu überprüfen, ich aktualisierte:

C: Gut, bleiben wir bei dieser Angst. Spüren Sie sie ganz intensiv. Meist macht Angst einen veränderten, flacheren Atem, oft wird einem kalt. Lassen Sie die Angst vor der Gefährdung Ihres Unternehmens durch den wirtschaftlichen Alleinvertretungsanspruch ihrer Schwester zu. Versuchen Sie sie zu verstärken.
K: Mir wird ganz schwindelig, wenn ich mir vorstelle, wie sie Herrn Dr. X, den Mann, der mir die meisten Mittel anvertraute, plötzlich so anspricht, als sei der nur an der wirtschaftlichen Entwicklung interessiert. Der gibt uns das Geld AUCH wegen der hoffnungsvollen Langzeitperspektive in der Sache, nicht nur im Markt.
C: Die Angst hat Argumente. Spüren Sie ihr weiter nach. Schwindel nimmt Ihnen die Handlungsfähigkeit.
K: Genau. Ich muss mich setzten, bekomme quasi Nichtstun verordnet. Erst wenn ich jemand an meiner Seite habe, der weiß, dass wir die Idee einer technischen Verbesserung schaffen wollen, kann unser dynamischer Aufbau weiter gehen. Dass wir dann auch das Cybernese verkaufen wollen, ist selbstverständlich.
C: Mit diesem Seitenhieb verlassen Sie die Angst?
K: Ja, wenn ich meine Angst ganz tief betrachte, taucht die Wut darüber auf, dass ein Erkenntnisfortschritt nur als verkäufliches Produkt geronnen gesehen wird.

Der Dissens mit seiner Schwester hatte noch andere Dimensionen, die wir ebenfalls ausleuchten mussten. Das ging zurück bis in die Struktur der Geschwisterrollen in der Herkunftsfamilie. Für dieses Konfliktpotenzial war es jedoch wichtig zu unterscheiden:

C: Wenn es Sie an Ihrer Schwester ärgert, dass er so argumentiert wie alle Venturekapital-Geber, dann kann das nicht daran liegen, dass in unserer Gesellschaft Patente eben Gelddruckmaschinen sein können – das respektierten Sie selbst immer, indem Sie Ihre Erkenntnisse patentieren ließen.
K: Stimmt. Wenn ich einen fremden Finanzchef einstelle – und das werde ich – dann will ich natürlich, dass er genau dies im Blick behält und das nicht nur jetzt in der Phase der Entwicklung, sondern vor allem auch in der Vermarktung. Ich möchte nicht, dass wir ausgekauft werden. Aber dennoch erlebe ich meine Schwester zu wenig mit unserer Firma identifiziert.

Hier provozierte ich:

C: Sie meinen, Ihre Schwester könnte jede Art von Produkt vermarkten, soll jedoch nur für Cybernese, das Produkt ihres Bruders brennen?
K <betroffen, nachdenklich>: Hmmm, einerseits soll und darf sie für unser Produkt einstehen, denn es ensteht ja auch ‚in ihrem Namen' – wir haben einander immer geschwisterlich konkurrierend gefördert. Aber andererseits haben Sie mehr Recht, als Sie wissen können: Ich bin nämlich auch misstrauisch, ob sie, wenn sie für eine andere Firma tätig wäre, erfolgreich sein würde.
C: Ein verborgenes, tiefes Misstrauen?

Das lange Schweigen gab mir Recht. Er erklärte mir, dass es für ihn quasi ein Denkverbot gewesen war, die Eignung seiner Schwester in Zweifel zu ziehen.

K: Erst jetzt wird mir klar, dass ich einen Betriebswirt, der in der Technikbranche schon zuhause war, bevorzugt hätte, wenn ich den Job besetzt hätte. Meine Schwester könnte vielleicht in einem Warenhauskonzern, bei einem Sportartikelhersteller oder in der Chemiebranche erfolgreich sein, dass sie uns bisher nicht geschadet hat, führe ich mehr auf die Verbindung mit meinem Namen – den sie auch trägt – zurück.

Mit dieser harten, jedoch klärenden Position war eine Handlungsperspektive für die nächste Sitzung klar: Herr Dr. de Beauvoir hatte die Hausaufgabe, das Organigramm seiner Firmenführung, so wie es war, mit dem zu vergleichen, wie er es haben möchte, wenn er seine Schwester durch einen Externen ersetzen würde. Zugleich würde er das, was als schimpfende Trennungsdrohung schon zwischen ihnen beiden stand, in selbstöffnendem Gespräch zur Ankündigung eines Trennungsweges machen.

Kurz vor dem Terminabschluss (wir hatten 115 von 120 Minuten gearbeitet) sprach Herr de Beauvoir wieder das zweite Thema an:

K: Soviel zum Trennungsprojekt. Und was raten Sie mir in der Trennungsangst?

Coaches sind keine Seelsorger, die den Ratsuchenden bei der Hand nehmen können und in mitbeseelter Einmütigkeit aus dem gemeinsamen Glauben heraus tatsächlich zuraten können, was wünschenswertes Verhalten sei. Wir beraten, indem wir die Ratsuche des Fragenden soweit begleitend vertiefen, bis dieser sich seinen Rat ge- und / oder erfunden hat. Bei Berichten aus der Arbeitswelt kann es dazu kommen, dass wir umfassend berichtetes Handeln knapp zusammenfassen, indem wir in einer inhaltlichen Wiedergabe von Verhaltensweisen des Coaching-Klienten diesem deutlich machen, was er tut. Das hat dazu beigetragen, dass einer der wichtigsten Kompetenzbereiche jeden Coaches im „Spiegeln" gesehen wird. Wir vermeiden diesen Begriff, da geleistete Einfühlung, Ansprechen und Erfragen von Werten und die soeben angesprochen Dimension der Verhaltensbeschreibung und weitere Komponenten gemeinsam beim „Spiegeln" bedacht sein wollen – bis hin zum Widerspiegeln von Sitzhaltung und Mimik, Atemfrequenz und Bewegungsrhythmus. Ich griff also zu dieser Interventionskompetenz im Hier und Jetzt:

C: Sie machen den Sack mit der Trennungsperspektive zu und öffnen das Fass mit der Trennungsangst. Und so, wie Sie sich mir nun hier ausliefern, tun Sie, als ob die verabredete Hausaufgabe, die Sie sich vorgenommen haben, ‚mein Rat' gewesen sei und ich jetzt noch einen solchen draufsetzen sollte. Aber erinnern Sie sich: Was gegenüber Ihrer Schwester zu tun ist, haben Sie sich erarbeitet. Wie möchten Sie nun an die andere, verunsichernde, traurig machende und vor Ihnen liegende Arbeit der Beziehungsklärung mit Ihrer Frau herangehen?

Wir hatten noch vier Minuten, denn durch die Wahl des Ortes (ich musste zum Flughafen) und zugleich durch die Klarheit der Grenzsetzungen (die ich auch und gerade in den Zeitvorgaben sehe – selbstverständlich gibt es viele Coachingschritte, die mit offenem Ende verabredet werden können – dies war aber kein solcher) waren wir beide gebunden. Und als ein Coach mit viel Erfahrung wusste ich auch, dass Herr Dr. de Beauvoir mit diesem zweiten Thema nun sein Herzthema angegangen hatte, zu dessen Bearbeitung er erst mal Vertrauen in den Gesprächspartner entwickeln musste. Dies Vertrauen schien er gewonnen zu haben. Damit hatte er einen Weg zu mehr Selbstvertrauen zu ahnen begonnen, denn das wusste er, dass er mich dafür bezahlen würde, seine Probleme selbst lösen zu können. So war ich in der glücklichen Lage, eine Interventionskompetenz einzusetzen, die sonst nur sehr selten eingesetzt wird. Ich konnte sein Verhalten aus meiner Sicht bewerten:

C: Ich freue mich über das Vertrauen, das Sie mir mit dieser Anfrage zu Ende unseres Kennenlernens aussprechen. Sie hatten sich das Ausmaß Ihres Misstrauens gegen die Schwester bisher alleine nicht klar gemacht: Radikale Offenheit in unserem Gespräch hat Ihnen weitere Wege eröffnet – diese Offenheit wird Ihnen auch bei der anderen Frage – in unserem nächsten Treffen – weiterhelfen.

Die nächsten fünf 120 Minuten langen Sitzungen ergaben eine differenzierte Entwicklung an beiden Fronten. Die Organisationsentwicklung in der Führungsspitze wurde vorangetrieben und erfreut nahm Dr. de Beauvoir wahr, dass seine offen angesprochene Schwester sich sehr gut mit dem Antrag auf mehr Distanz anfreunden konnte.

K: Stellen Sie sich vor, meine Schwester meinte ihrerseits, dass sie sich eigentlich immer in meinem Schatten gefühlt habe und immer wieder dachte, *dass* es für sie nun irgendwann auch an der Zeit wäre, beruflich einen Sprung zu machen, um ‚im eigenen Namen' handeln zu können. Sie prüft derzeit die Möglichkeiten einer kleinen hochspezialisierten Finanzberatung und wie ich dies Existenzgründungsprojekt sehe, hat sie, obwohl man mit Unternehmensberatern Straßen pflastern könnte, doch auch gute Aussichten.

Weitere Gesichtspunkte des firmenbezogenen Coachings betrafen Elemente der Strukturentwicklung. Dr. de Beauvoir hatte in seinem Personaldirektor einen außerordentlich engagierten Mann mit einem sehr guten Gespür für „menschliche Ressourcen" – es gelang ihm immer, einen Kreis hochqualifizierter Kandidaten für die im Aufbau befindliche Firma zu finden. Ärgerlich war für ihn nur, dass manchmal sein Chef, der Firmeninhaber, in einer ihm nicht nachvollziehbaren Weise „misstrauisch" war. Auch Herrn de Beauvoir erschien dieses Ärgernis unerklärlich, er gestand jedoch zu, dass es vielleicht wirklich auf seiner Seite eine spezielle Brille geben könnte, die ihm einen Streich spielen könne. Schließlich galt es gerade, eine sehr wichtige Position im IT-Bereich zu besetzen, als er auf die Idee kam:

K: Könnten wir gemeinsam die Bewerberunterlagen durcharbeiten – ich lasse Sie wissen, worauf ich achte und wie sich in mir die Rangreihe bildet. Sie beobachten mich dabei, sehen sich die Unterlagen auch an und können mich dann vielleicht auf Einseitigkeiten der Wahrnehmung hinweisen?

Das war ein gelungenes Beispiel für Selbstcoaching und selbstverständlich willigte ich in diese Vorgehensweise ein, allerdings mit dem Hinweis, dass ich keine eigene Rangreihe zur vergleichenden Empfehlung erarbeiten würde, sondern mir die Unterlagen nur so anschauen würde, wie es nötig ist, um Herrn Dr. de Beauvoirs Urteile nachvollziehen zu können und ihn dabei dann auf weitere in seiner Sicht vielleicht auffällig anders gesetzte Gewichtungen hinzuweisen. Allein diese, eine ganze Sitzung füllende Arbeit könnte ein zentrales Stück Coachingprozess verdeutlichen – es würde jedoch nur in der so konkreten Beschreibung der Qualifikationen der Bewerber und den dazu ausgelösten Assoziationen durch Dr. de Beauvoir machbar sein, dass hier kein Anonymitätsschutz mehr gegeben sein könnte. Eine Entdeckung brachte ihn jedenfalls zu einem sehr veränderten und offeneren Zusammenstimmen mit seinem Personalchef:

K: Tatsächlich scheint mir eine Parteilichkeit für Männer mit Familien nachweisbar. Und dabei hielt ich mich immer für einen verkappten Feministen, der Frauen mehr Chancen einräumen will.

Wir lachten gemeinsam, denn diese Selbstkritik traf den Töchtervater (er hatte einen ältesten Sohn und zwei Töchter) sehr – und die Reflexion dieses Erkenntnisschrittes brachte ihm in unserer Darstellung auch den Namen jener großen Philosophin und Schriftstellerin, die das Wesen der Frau bedenkend dem Manne doch eine achtbare Rolle zuwies: „Der Mann hat zur Aufgabe, in der gegebenen Welt dem Reich der Freiheit zum Sieg zu verhelfen. Damit dieser höchste Sieg errungen wird, ist es unter anderem notwendig, dass Mann und Frau jenseits ihrer natürlichen Differenzierungen rückhaltlos geschwisterlich zueinander finden.“ (de Beauvoir 1968, 681).

Nun jedoch sozusagen zum zweiten Gleis dieser Coachingsreise: Hier war es offensichtlich, dass meine besondere Qualifikation (CMH), vielleicht aber auch mein höheres Lebens- und Erfahrungsalter, Herrn de Beauvoir das Gefühl gaben, in mir den kompetenten Ansprechpartner zu haben. Was erfolgen sollte, war klar eine Paarberatung. In allen Fällen, in denen ein Coach nicht zufällig – wie in diesem – auch hierfür sorgfältig ausgebildet ist, sollte der Coach es als wichtigstes Ergebnis seiner wegbegleitenden Arbeit sehen, den Klienten auf einschlägig qualifizierte Anbieter hinzuweisen und unter Umständen den Kontakt anzubahnen oder herzustellen.

Andererseits sind manche innerbetriebliche Konflikte genau das, was Partnerkrisen in Ehen bedeuten, und wir stellen daher auch dies zweite Gleis dar, statt es als „privat“ auszuklammern. Hatte es am Anfang die Unterscheidung zwischen Trennungswunsch (der Schwester gegenüber) und Trennungsangst (durch die Spannungen in der Ehebeziehung) gegeben, so wurde tatsächlich mit der konstruktiven Bewältigung des ersten auch die andere Seite geändert:

K: Seit ich klarer sehe, dass es mein Unternehmen ist, in das mir meine Schwester weder begehrend hineinregiert, noch das ich mich durch sie falsch vertreten befürchten muss, seither bin ich zuhause auch selbstsicherer – und das mag meine Frau.

Da ich auf diesen Hintergrund nun unverzichtbar eingehen musste, lag es nahe, eine Interventionskompetenz als „lebensgeschichtliche Frage" einzusetzen, die zur Mitteilung von Informationen einlädt, dabei jedoch zugleich eine starke Rückwirkung auf den Informationsgeber hat. Ich hätte natürlich direkt auffordern können, mit einer übliche Gesprächseröffnung in solch einem Fall: „Erzählen Sie mir alles, was ich wissen muss, um zu verstehen, was zwischen Ihrer Frau und Ihnen schief läuft." Mit der folgenden Vorgehensweise erhielt ich genau dasselbe, nur jeweils bereits reflektorisch geprüft, ob es sich um gesichertes Wissen, gefühlte Empörung, eigene Wertung oder polemische Verdrehungen handelte. Dies Ansprechen und Erfragen von Metawissen lautete:

C: Als Langzeitehepartner kennen Sie Ihre Frau in all ihrer Vielfalt. Sie haben viel episodisches Wissen – als Partnertherapeuten sprechen wir gerne von ‚der Liste', die Partner für- und vor allem gegeneinander führen – eines der zerstörerischsten Elemente in Partnerschaften. Sie haben aber auch jenes dahinter liegende Wissen darüber, was Ihnen diese Beziehung wert ist.

Es wurde eine berührende Erzählung. Herr Dr. de Beauvoir war mit einer Amerikanerin verheiratet, die aus sehr vermögenden und zugleich extrem konservativem Haus stammte. Als er sie als noch nicht fertiger Ingenieur kennen lernte, war er für diese Familie kein denkmöglicher Schwiegersohn und es war fast die romantische Entführung der Geliebten, die die beiden in eine glückhafte Bindung zusammenbrachte.

Die Geschichte der Ehe offenbarte eine wohl unzweifelhaft eingetretende depressive Erkrankung.

K: Ja, sie hat sich auch schon einweisen lassen und der Aufenthalt hat geholfen. Danach war sie in einer Selbsthilfegruppe – ist es heute noch. Auch hier weiß ich,

dass ich dies alles einfach gelten lassen muss. Und wenn ich einbezogen werde, dann bin ich sofort bereit, mich einzufinden. Aber das Schreckliche ist, sie kommt aus der Depression zu einer anderen Türe heraus, als sie hineingegangen ist. Sie kam aus unserem Haus und ist nun in der Gefahr, zurück in ihr kalifornisches Zuhause aufzubrechen.
C: Was in Ihrem Haus könnte Ihre Frau halten? Was an ihrer Herkunftsfamilie lockt sie?

Diese zweiseitige Frage griff Herr de Beauvoir zunächst dadurch auf, dass er von dem besonderen Verhältnis seiner Frau zu ihrem Vater erzählte, der inzwischen verstorben war und so der ganzen eng verbundenen Familie einen „Klimawandel" ermöglicht hatte. Und dann kam Herr de Beauvoir auf die gemeinsame Liebe zu den gemeinsamen Kindern zu sprechen, erzählte von der Bedeutung von Musik und Tanz im Leben seiner leidenschaftlichen Frau und ließ erkennen, dass all dies sie bisher sehr wohl hielt.

Auf seinen Wunsch hin folgte eine Sitzung gemeinsam mit seiner Frau. So lernte ich eine temperamentvolle Kalifornierin kennen, die aus der Überstrenge ihres väterlich dominierten Elternhauses in die Freiheit einer gelingenden Liebesbeziehung geflohen war und ihre eigenen Depression wie eine Strafe erlebte: „So nimmt mir mein Vater nun nachträglich alles wieder, was ich mir erkämpft hatte".

In den zwei Stunden der gemeinsamen Arbeit zeigte sie ihrem Mann und mir gemeinsam Bilder, die sie in der Klinik geschaffen hatte – Bilder voller drastischer, krasser Widersprüche, von denen sie selbst berichtete, dass sie bis weit hinter das erste Kennenlernen ihres Mannes zurückreichten. Die zweiseitige Frage, die ich Herrn de Beauvoir gestellt hatte, wurde in dieser Sitzung zur gemeinsamen Frage des Paares. In ihren Bildern fanden sich Spuren sowohl des Zueinander als auch der Trennungsperspektive.

Am beeindruckendsten für mich war es, dass viele der Bilder von Frau de Beauvoir beschrieben wurden, als seien sie Aufzeichnungen von Prozessen oder Choreographien von Bewegungen. Und da sie bereits in kreativen und auch bewegungsorientierten Vorgehensweisen geübt war, konnte ich leichthin den beiden einen Vorschlag machen, der ihnen im ersten Moment Staunen abverlangte, dann jedoch problemlos umgesetzt wurde:

C: Ich habe verstanden, dass vom Kennenlernen an Musik und Bewegung ein entscheidender Bestandteil Ihrer Beziehung war – Sie tanzten gemeinsam. Ich möchte Sie nun bitten, sich einander gegenüber zu stellen und die Augen zu schließen und so lange in sich hineinzuhören, bis Sie eine alte, vielleicht erste gemeinsam getanzte Melodie hören – dann bitte ich Sie, dass Sie aufeinander zugehen und einander so halten, wie Sie es damals taten – Sie brauchen nicht den Tanz zu imitieren, nur in diese Nähe und Haltung gehen und sie vielleicht einige Momente mit geschlossenen Augen erinnern. Danach habe ich einen zweiten Vorschlag, aber bitte versuchen Sie erst dies.

Das altvertraute Paar zierte sich nicht lange, sie gingen achtsam in Position und wenig später hatte Herr de Beauvoir, der gerade so groß wie seine Frau war, diese mit einem Griff „gepackt“, der seiner Vorstellung von Walzer entsprach. Sie ließ es zu, ihr Gesicht jedoch verriet, dass sie damit nicht glücklich war. Auf die Frage danach meinte sie: „Das ist eines der großen Probleme in unserer Geschichte – ich denke immer, er will mich zu sehr festhalten.“ Leicht verletzt, doch zustimmend meinte Herr de Beauvoir: „Ich will dich auch halten!“ Er hatte dabei Tränen in den Augen. Mein nächster Vorschlag richtete sich auf die Zukunft:

C: Ihre jüngere Tochter ist jetzt 10 Jahre, stellen Sie sich bitte ihren Abiturball vor und nehmen Sie eine Haltung ein, in welcher Sie dort vielleicht tanzen werden.

Auch die zweite Anregung zur bewegten gemeinsamen Haltung konnten sie annehmen, erlebten einander jedoch abermals beengt. Es folgten noch zwei weitere Partnersitzungen, ich hatte inzwischen dem Wunsch der Frau entsprechend eine psychotherapeutisch tätige Kollegin ausfindig gemacht, die als gebürtige Amerikanerin Frau de Beauvoir die Möglichkeit gab, einige Stunden in ihrer Muttersprache zu arbeiten. Der weitere Verlauf der Partnerberatung kann hier ausgeklammert werden, da für den Coachingprozess mit Herrn de Beauvoir die Weichen gestellt waren. Es war mir deutlich geworden, dass Herr de Beauvoir an einem zentralen Element seiner Haltung noch länger arbeiten würde: Als ältester Bruder war er der Fürsorgliche, als der Mann, der eine „Prinzessin“ aus dem „Schloss des Vaters entführte“, war er der Fürsorgliche – er musste nun für sich eine Handlungsfreiheit finden, die alle Fürsorge weiter gelten lässt, sie jedoch nicht als anklammernd / umklammerndes Behindern freier Perspektiven wirksam sein lässt.

Wenn man sich als Coach einer solchen Struktur im Klienten ganz sicher ist, so kann man deren Wirksamkeit aufdecken und dies sodann so verankern, dass der Klient die Möglichkeit hat, sich aus solcher struktureller Bindung frei zu kämpfen.

Ich schildere hier diese Intervention so, als hätte sie nur aus einem fortlaufend gesprochenen Text bestanden. In der realen Durchführung wird solch ein **Verankern** in mehreren Einzelschritten vorbereitet, erprobt und festgehalten.

C: Herr de Beauvoir, ich gehe davon aus, dass eine Ihrer liebenswerten und bitte weiter aufrecht zu erhaltenden Persönlichkeitseigenschaften Ihre Fürsorglichkeit ist. Sowohl in der Firma als auch in der Familie ist dies eine wichtige humane Ressource. Und zugleich hat unsere Arbeit erwiesen, dass in der Art, wie Sie sich dann sorgen, etwas enthalten sein kann, was andere einschränkt, herausfordert oder überfordert. Ich möchte gerne mit Ihnen eine neue Art ‚verankern‘, diese Fürsorglichkeit zu leben. Bitte stehen Sie auf und stellen sich so hin, wie Sie stehen werden, wenn Sie demnächst auf dem Technikkongress in USA Ihren Vortrag über Cybernese und die Forschungsperspektiven Ihrer Firma halten werden. Stellen Sie sich nun den Ablauf dieses Vortrages vor und erinnern Sie sich an Ihre bisherigen Rhetorikschulungen und die bewusst eingesetzten Elemente von Körpersprache. Sie sind ein guter Redner und Veranschaulicher. Nun möchte ich Sie bitten, ganz bewusst auf die Muskulatur der Oberarme zu achten, während Ihre Hände, so wie Sie das beeindruckend ruhig tun, an Ihrer Seite frei fallen lassen. Jetzt möchte ich Sie bitten, den Gedanken „Ich muss es schaffen, dass meine Botschaft gut ankommt" intensiv zu denken, dabei jedoch nur leicht die Muskulatur der Oberarme anzuspannen – als wollten Sie Ihren Bizeps spüren.

Und nun machen Sie bitte dieselbe Körperübung, während Sie sich vorstellen, gerade fürsorglich zu einem Ihrer Kinder, zu Ihrer Schwester, zu einem neuen Mitarbeiter zu sprechen.

Sorge spannt an. Fürsorglichkeit will anpacken und kann als eine zupackende Aktivität wahrgenommen werden – und so eingrenzend wirken. Herr de Beauvoir machte die Übung intensiv und gewann so in dieser Haltung der locker fallenden Arme mit den unsichtbar und dennoch für ihn spürbaren „Fürsorgemuskeln" des Oberarmes einen Anker dafür, seine jeweiligen Ansprechpartner frei zu lassen – sie standen einem Mann gegenüber, der weder nach ihnen griff noch gestikulierend Warnungen oder Wegweisungen in die Welt setzte. In einer Nachbesprechung ein halbes Jahr nach Abschluss unserer Coachingarbeit vertraute Herr de Beauvoir mir an:

K: Seit ich diesen ruhigen Stand beibehalte und spüre, dass meine Sorge in meinen Argumenten gut mitgeteilt wird, sonst aber in meiner Kraft verankert bleiben kann, werde ich viel öfter anerkennend als Autorität wahrgenommen. Das tut gut.

Die Offenheit für Mitmenschen, Aufgaben, Innovationen, die heute von Führungskräften verlangt wird, kann nur dann wirklich wachsen, wenn diese Personen einen Reflexionsort finden, an welchem sie zunächst einmal ganz geborgen die sein können, die sie sind, und auf dieser „schützenden Insel des sicheren Ortes" Strategien, Ziele und Änderungspläne entwerfen können. Coachingssitzungen sind solche sicheren Orte. Coaches ermöglichen es den Coaching-Klienten, sich selbst zu erleben: in der Sicherheit des Angenommen-Seins als Person und auf dieser Grundlage dann in der auch diagnostischen Reflexion der Wünsche und Ziele in jeder jeweils neuen Situation.

Die Weisheit, unterschiedlichste Wertesysteme gelten lassen zu können, kann nicht abstrakt verordnet werden – aber sie wächst dort, wo das eigene Wertesystem explizit gelten darf und als Grundlage für weitere wertvolle Orientierungen angenommen wird.

Weisheit kann nur durch Verzicht auf Besserwisserei induziert werden. Fürsorglichkeit als solche ist keine Besserwisserei – sie kann jedoch bedrängend wirken und muss daher zurückgenommen werden können.

5.6 Fall Wilhelm Watson: Selbsthilfe fördern und fordern – Dynamik, Methoden und Dramaturgie von Coaching-Prozessen

Wenn die Vorstellung eines gelungenen Coachings übertrieben zusammengefasst werden sollte, so würde das Bild von der zauberhaften Selbstgestaltung auftauchen: Kalif Storch konnte sich so verwandeln, dass er in der Gestalt des Storches an allen Lagerfeuern unauffällig alle notwendigen Informationen einholen konnte, um seinem Volk ein weiser und gerechter Herrscher zu sein; in vielen anderen Märchen gibt es magische Mittel, die den jeweiligen Helden jene Leistungen ermöglichen, die als Prüfungen von diesen zu erbringen sind. Coaches können die Funktion von Hinweisenden auf solche nutzbaren „magischen", verborgenen, bisher wenig genutzten Möglichkeiten haben. Ein Training in „aktivem Zuhören" wird heute bei jedem Personalentwickler vorauszusetzen sein; dass auch ganze Konzerne nur gut geführt werden können, wenn achtsam Informationsbeschaffung betrieben wird, soll hier kein Hinweis auf die Entfaltung von noch mehr Wirtschaftsspionage oder Datenmissbrauch sein, sondern ist als ernster (aus erstaunter Erfahrung begründeter) Hinweis darauf, zu verstehen, dass Coaching häufig zunächst einmal heißt, „Anleiten zum Hören lernen, Begleiten beim Hinschauen lernen".

Die in diesem Sinne zentrale förderliche und fordernde Seite der Coachingarbeit greift auf bereits betrachtete Interventionskompetenzen wie das Anregen von Denk- und Entscheidungsprozessen, die humorige Provokation oder das zuletzt erarbeitete Verankern zurück. Zentral jedoch ist für das Anregen von Handlungen, Problemlösungen und die Reflexion solchen Tuns: die Zusammenarbeit und die Anregung zur Rollenübernahme.

Rhetorikschulungen sind nicht Bestandteil von Coaching – jedoch werden spezielle Aspekte genau zu beachten sein. Ein amüsantes Beispiel geben Jiranek und Edmüller (2010, 46) für die Beobachtung und Differenzierung der Bilderwahl in der Alltagssprache einer Führungskraft mit der Darstellung des sogenannten „Bullshit Bingo". Sprach- und Sprechförderung kann auch spezielles Prozessgestalten eines Gesprächsablaufes beinhalten. So bietet das Strukturieren eines Gespräches die Möglichkeit, einen verwirrend im Kreis gehenden Konflikt durch disziplinierte Trennung der Aspekte zu klären.

Manchmal wird der Coach zu erlebnisaktivierenden Mitteln greifen, indem er beispielsweise eine Coaching-Sitzung mitten in einem überfüllten Bahnhofswartesaal stattfinden lässt (um eine Situation herzustellen, die echte Zentrierung und souveränes Ausblenden erfordert) oder es werden kritische Situationen bzw. kreative Potenziale durch Phantasiereisen antizipiert bzw. erschlossen.

Gerade bei der Arbeit mit der Imagination, mit Träumen und Tagträumen, ist der Vielfalt der Deutungen Tür und Tor geöffnet – wir gehen davon aus, dass vor allem in der Gestaltpsychologie die Zugänge entwickelt wurden, die dem Akteur selbst die Hoheit über die Bedeutung seiner Innenwelt zurückgeben.

Für Wilhelm Watson war es klar, dass er Coaching als begleitende Unterstützung bei seiner Führungsarbeit für sich nutzen wollte. Seiner hierarchisch hohen Stellung wegen, waren ihm für die zeitliche und budgetäre Gestaltung seiner eigenen Fortbildung kaum Grenzen gesetzt. Er brachte sich mir gegenüber mit einer bewundernswerten Mischung von Selbstvertrauen und Bescheidenheit ein.

K: Ich bin mir sicher, dass ich einen guten Job mache und bekomme das von meinem Umfeld auch so zurückgespiegelt, ich bin mir aber auch sicher, dass ich mir ab und zu im Wege stehe oder ganze Bretter vor dem Kopf habe, die man ja bekanntlich nicht immer sieht. Daher habe ich mich für Coaching entschieden. Und wenn mir das etwas bringt, dann können wir uns auch vier Jahre lang in gewissen Abständen treffen.

Und so kam es auch: Heute begleite ich (KHJ) Herrn Watson bereits fast über fünf Jahre, anfangs in einem Dreimonatsrhythmus, dann wurden daraus halbjährliche Sitzungen, die letzten beiden Jahre sehen wir uns ungefähr alle 10 Monate, dann aber einen vollen halben Tag (4 bis 5 Stunden). Ich stieg ein:

C: Nun verdecken die Bretter vor dem Kopf ja auch manchmal die Augen: Man kann nichts mehr sehen. Ich hab' hier mal ein paar Moderationskärtchen. Sie und ich könnten mal aufschreiben – stichpunktartig –, was das für Bretter sein könnten, woraus die gemacht sind, ganz gleichgültig, ob Sie das so erlebt haben oder nicht. Ist das in Ordnung für Sie?

Herr Watson macht sofort mit. Er übernimmt die Verantwortung für seinen Teil der Aufgabe. Da die implizite Aufforderung des Coaching-Klienten ja heißt, sich auch mit Perspektiven auseinanderzusetzen, die ihm nach eigener Beobachtung nicht zugänglich sind, konnte ich hier zum einen mit einer Thinking-out-of-the-box-Instruktion arbeiten und mich zum anderen auch als Perspektiv-"Lieferant" anbieten. Das aber macht nur Sinn, wenn durch dieses Setting keinerlei Entmündigungsverdacht aufkommt. Es entsteht eine kooperative Stimmung. Nach unserem Brainstorming setzen wir die Zusammenarbeit fort. Abwechselnd „präsentieren" wir unsere Ideen und sind beide überrascht über die Vielfalt der Perspektiven.

Dazu ein Beispiel: Auf einer der Karten hat Watson „Witz" notiert. Als ich ihn frage, erzählt er einen Sherlock-Holmes-Witz – der im Übrigen dazu geführt hat, ihn hier mit diesem Pseudonym zu taufen:
K: Sherlock Holmes und Dr. Watson zelten. Mitten in der Nacht wird Dr. Watson von Sherlock Holmes geweckt.

Holmes: „Was sehen Sie Dr. Watson?"
Watson: „Ich sehe Sterne am Himmel."
Holmes: „Und was schlussfolgern Sie daraus?"
Watson: „Dass es im Universum sehr viele Planeten – und sicherlich intelligentes Leben gibt."
Holmes: „Quatsch – man hat uns gerade das Zelt geklaut."
Sehen Sie, und genau diesen Verdacht habe ich manchmal auch gegen mich selbst – dass ich das Naheliegende nicht sehe. Unlängst hat meine Sekretärin mir drei Mal erzählt, dass Herr Conrad Geburtstag hat und ich hab nicht kapiert, dass Sie meinte, ich solle ihm als Chef gratulieren. So was, verstehen Sie? Da bin ich echt manchmal recht unsensibel, so scheint es.

Wir ordnen gemeinsam die Karten nach der vermuteten „Brettgröße". Auf den ersten beiden Plätzen finden sich: „Witz" und „zu schnelle Entscheidungen" (eine Karte von mir). Es folgen: „nicht richtig hinhören" (K), „(vermeintlich) wissen, wie's geht" (K), „kreatives Abheben" (C) und noch 18 (!) weitere. Wir einigen uns, dass „Witz" die Überschriftkarte darstellt, aber ich schlage vor, sie in „Grundthema" oder „Metapher" umzubenennen, weil Watson (und damit der Coaching-Klient) disqualifiziert und abgewertet wird.

K: Gut, dass Sie das sagen ... irgendwie klingt der Witz witzig, aber letztlich ist er es doch nicht – der Watson als Blödl.
C: Sie selbst als Blödl?
K: Ja ... wenn ich so mit meinen Ideen nicht rüberkomme. Ich meine, im Witz macht Watson sich ja Gedanken über das Universum und er hängt seinen romantischen Gefühlen nach.
C: So dass Holmes der eigentlich „Dumme" ist?
K: Ja, er ist im faktischen Klein-klein verstrickt, blickt nur bis zum Zeltrand.
C: Sie erleben Ihre Gesprächspartner auch manchmal so?
K: Ja, manchmal schon. Ich denke ans „big picture" und dann kommt irgendein Detail ins Spiel, und das kann ich dann gar nicht verstehen, eben als ob alle Beteiligten, auch ich, dann ein Brett vor dem Kopf hätten.

Wir überlegen, ob wir die Situation nachstellen oder nachspielen könnten. Herr Watson kategorisiert die Beobachtungsfelder in Einzelgespräche, Besprechungen und Telefonkonferenzen. Bei letzteren seien alle hoch priorisierten „Brett-Karten" gleichzeitig zu beobachten und auch die neu hinzugekommene Karte „Universum – Zelt" (jetzt Platz vier) könne man hier gut beobachten. Als Situationsgestaltung fällt mir ein:

C: Ich überlege mir gerade, ob es eine Möglichkeit gäbe, dass Sie eine Telefonkonferenz von hier aus, bei unserem nächsten Vormittags-Termin, führen könnten. Ich nähme dann die ersten fünf Karten und würde Ihnen „in vivo" zusehen können – danach könnten wir und über unsere Beobachtungen austauschen und hätten vermutlich genug Material, um an Ihrem Thema weiterzuarbeiten.

Watson ist begeistert, die technischen Möglichkeiten sind schnell geklärt und alles ist terminiert und vereinbart. Diese Art der Situationsgestaltung setzt Coaching-Klienten voraus, die das sind, was man in Bayern g'standen nennt, und die sich daher mit vollem Herzen auf Situationen wie diese einlassen können.

Tatsächlich liefert die teilnehmende Beobachtung viel Material für die weitere gemeinsame Arbeit. Es wird klar, dass Watson aus dem, was er hört, sehr schnell seine Schlüsse zieht. Er „geht nach innen", wägt dies und jenes ab, denkt assoziativ und kreativ weiter, verliert dabei die Aufmerksamkeit für den weiteren Verlauf der Diskussion, kommt dabei aber zu seinem Ergebnis. Kommt er schließlich aus seiner kreativen Trance zurück, versteht er nicht mehr, was die anderen Teilnehmer gerade diskutieren, eben als ob er ein Brett vor dem Kopf hätte. Hier kann **Rollenübernahme** helfen:

C: Sie kennen ja die vier anderen Teilnehmer sehr gut. Können Sie sich in die hineinversetzen?
K: Ich denke schon.
C: Könnten Sie sich dafür auf den anderen Stuhl setzen?
C: So, Herr Cormann, Sie haben ja an der Telefonkonferenz mit Herrn Watson teilgenommen. Was hatten Sie für einen Eindruck von ihm?
K: Na ja, der ist manchmal ein bisschen abwesend, und er versteht dann auch manchmal nicht, worum es mir geht.

Herr Watson ist sehr schnell dabei und schafft es tatsächlich, vier unterschiedliche Nuancen in der Rolle der vier anderen Telefonkonferenzteilnehmer darzustellen und nachzuempfinden. Als Coach überlege ich mir zwischendrin, ob das nicht zu viel und zu schnell ist, da Herr Watson aber sehr interessiert und neugierig mit den Rollen experimentiert, bleibe ich dabei. Danach, wieder auf dem angestammten Platz:

K: Das war interessant.
C: ...
K: Ich wusste es, aber ich wusste es nicht so. Wenn das so ist, dann ist es ja eine ziemliche Katastrophe. Ich meine, es war mir schon klar, dass ich manchmal weg

bin, aber wenn man sich das mal von außen betrachtet vorstellt, dann ist das schon noch mal etwas anderes. Und grade bei Frau Hürther, da kann es tatsächlich so sein, wie ich das gespielt hatte: Ich glaube, manchmal kränkt sie mein Verhalten.

Das Methodenspektum an Instruktionen, an Durchführungs- und Auswertungsmöglichkeiten der Grundfigur des Rollenwechsels ist groß. Doch schon in der hier vorgestellten einfachsten Variante entfaltet das Vorgehen große Chancen für soziales Lernen. Wittgenstein hat einmal gesagt, wer Tic-Tac-Toe einmal durchschaut habe, der könne es so nicht mehr spielen. Es sei dann zumindest ein anderes Spiel. Würde Dr. Watson noch einmal eine Telefonkonferenz mit derselben Haltung zu den Teilnehmenden einer Telefonkonferenz hinter sich bringen können?

Dr. Watson möchte sich den Problemen zuwenden, die er mit Frau Hürther – ganz unabhängig von der Telefonkonferenz – spürt. Seine Schilderung lässt schnell erkennen, dass es sich um eine recht konfliktäre Beziehung handelt. Mit offensichtlich großen Ambivalenzen auf beiden Seiten.

K: Wir kennen uns schon recht lange, aber immer noch bin ich hin- und hergerissen.
C: Sollen wir das Hin und das Her einmal genauer ansehen?
K: Ja, gerne!

„Unter dem Strukturieren einer Gesprächsphase wird die serielle Betrachtung der beiden Seiten eines Konfliktes verstanden", hatten wir definiert (Kap. 4). Nimmt man Ambivalenzen auf beiden Seiten an, dann verdoppeln sich die Betrachtungsfelder: Das Pro von A, das Kontra von A, das (vermutete) Pro aus der Sicht von B und das (vermutete) Kontra aus der Sicht von B. Das Sortieren (der Coach agiert hier recht bestimmt, weil er ein Hin- und Herspringen unterbindet und dem Klienten einen Spurwechsel verbietet) entlässt den Klienten aus seiner Ambivalenz, da er sich nicht gleichzeitig mit Feuer und Wasser beschäftigen muss, womit er Gefahr liefe, im Strudel seiner inneren Dialektik keine innere Ruhe zu finden.

C: Dann sehen wir uns zuerst ausschließlich alles an, was mit negativen Erlebnissen und Gefühlen bezüglich Frau Hürther verbunden ist.
K: Hm, irgendwie mag ich sie ja ganz gern.
C: Moment, alles nacheinander, erst einmal so, als gäbe es nur das Negative. In Ordnung?
K: In Ordnung. Da ist zunächst mal ihre Larmoyanz.
C: Die Sie wie beschreiben und erleben?

Gemeinsam gehen wir so alle vier Perspektiven miteinander durch. Wir sitzen vor einem Flip-Chart, und notieren die Überschriften auf kleine Klebezettel, die wir dann nach erlebten Bedeutung auf Seiten des Herrn Watson und nach vermuteter Wichtigkeit auf Seiten von Frau Hürther ordnen. Es wird klar, dass das Weinerliche, in das Frau Hürther ab und an verfällt, der alles überstrahlende Punkt auf der negativen Seite ist. Viel anderes findet sich dort nicht, die positiven Attribute sind deutlich in der Überzahl. So wie Dr. Watson es vermutet, liegt der Fall bei Frau Hürther anders: Dort halten Plus und Minus sich die Waage.

K: Interessant, sich das mal so präzise vor Augen zu führen. Und nun? Was mache ich nun mit diesen Erkenntnissen?
C: Das, was Sie als Manager auch tun.
K: Ja, aber da geht es ja um ganz handfeste Entscheidungen. Um sachlich-praktische Fragen, ums Faktische.
C: Arbeiten Sie manchmal mit der so genannten SWOT-Analyse?

Herr Watson kennt dies Instrument aus vielen Situationen. Es handelt sich um ein im wirtschaftlichen Umfeld häufig eingesetztes Instrument, mit dessen Hilfe eine Fragestellung in vier Teilfragen gegliedert wird: Die Stärken (Strengths), die Schwächen (Weaknesses), die Chancen (Opportunities) und die Bedrohungen (Threats).

K: Na klar.
C: Na ja, vier Felder hätten Sie ja bezüglich Frau Hürther auch, mal ganz abgesehen davon, dass ich Ihnen empfehlen würde, auch Emotionen den Stellenwert des Faktischen zuzugestehen.
K: <schmunzelnd> Da ist was dran, aber was heißt das?
C: Wie arbeiten Sie mit der SWOT-Analyse?
K: Ganz einfach: In jedem der vier Felder muss erst einmal der Zielzustand bestimmt werden <Watson erklärt das an einem Beispiel>, dann natürlich der Ist-Zustand, und dann überlegt man sich Maßnahmen, wie man vom Ist -Zustand zum Soll-Zustand kommen könnte. Realistisch natürlich, man muss das Machbare vom Wunsch unterscheiden.

Herr Watson sah mich zunächst nur fragend an, ich griff zum „Reflektieren von Problemlösungsverhalten“:

C: Dann mal los! Hier am Flip-Chart sind Ihre vier Felder: Wie ist das Ist, wie das Soll, wie die denkbaren Maßnahmen, und wie realistisch sind sie in der Durchführung?
K: Mann, klar! Das war wohl wieder mal eins der Bretter vor dem Kopf. Also: Los geht's.

Es macht mir Spaß, mit Dr. Watson zu arbeiten, und ihm offensichtlich auch. Er entfaltet, einmal angestoßen, viel Kreativität und viele Ideen. Beispielsweise entdeckt er, dass er sich von der Attitüde von Frau Hürther hat abhalten lassen, allzuviele Gespräche zu führen, selbst zu Themen, von denen er wusste, dass sie ihm mit ihrem Fachwissen große Unterstützung hätte bieten können. Und er erkennt, dass der Zuschnitt der Tätigkeiten nicht ganz mit dem Fähigkeitsprofil zusammenpasst. Das hat sie ihm wohl auch öfter „vorgejammert", er aber hatte mit dem Jammern wohl auch gleich den Inhalt zurückgewiesen. (*K: Schon wieder so ein Brett vor dem Kopf!*)

In einer anderen Sitzung kommt Watson noch einmal auf seine Telefonkonferenz zurück.

K: Tatsächlich konzentriere ich mich nun deutlich besser. Ich habe entdeckt, dass mir Notizen dabei sehr helfen. Ich versuche aufzuschreiben, worum es dem jeweiligen Teilnehmer geht. Aber eins läuft immer noch nicht gut: Irgendwie verstehen mich die Leute nicht; Sie hatten ja damals gesagt, dass wir auch noch andere Aspekte bearbeiten könnten, die Ihnen aufgefallen sind.
C: Ja, gerne, wir hatten das ja auf unserer Agenda. Mir fällt auf, dass Sie bei Ihrer Telefonkonferenz sozusagen auf eine andere Sprache umgeschaltet hatten.
K: Klar, ist ja auch ein ganz anderer Kontext. Aber was für Art von Sprache meinen Sie?
C: Ihre Sprache wird umständlicher und unverständlicher.
K: Wie hat sich das bemerkbar gemacht?

Mittels Sprach- und Sprechförderung werden durch Coaches die rhetorischen und inhaltlichen Aspekte der Nutzung von Sprache als Informationsmedium und Entscheidungstransportmittel unterstützt:

C: Verständlich heißt: Kurz, wenig Nebensätze, wenig Substantivismen, wenig Negationen, bildhaft und authentisch, das heißt, dass man auch Sie und Ihre Motive in dem wiederfinden sollte, was Sie sagen. Ich notiere Ihnen diese Punkte mal auf das Flipchart.

K: Das müssen Sie mir schon noch genauer erklären.
C: Klar. Ich habe mir hier einen Satz aus der Telko wörtlich notiert. Sie sagten: ‚Die Bedeutung der Reduktion unserer Sparbemühungen ist nicht nur, aber auch in unserer Verantwortung, wobei wir hier noch deutlich besser werden müssten.‘
K: Ne, ehrlich, so rede ich?

Wir bearbeiten gemeinsam diesen Satz, bis er schließlich heißt: ‚Wir können nicht so viel sparen, wie man von uns verlangt. Das wäre für unser zentrales Projekt gefährlich. Wir müssen das aber dem Vorstand noch viel klarer vermitteln.“ Gemeinsam gehen wir einige E-Mails durch, mit denen Herr Watson seinen Mitarbeitern die wichtigen Entscheidungen und Überlegungen zusammenfassen und erläutern wollte. Wir entdecken: Je wichtiger ihm etwas ist, umso komplexer geraten die Formulierungen. Watson verschreibt sich hier selbst die Hausaufgabe, einige seiner Unterlagen und Präsentationen umzuformulieren. Ich empfehle ihm dazu eine leicht lesbare Lektüre: „Was bleibt?“ (Heath / Heath 2010).

Durch das Anregen von Handlungen werden die Skripts und Handlungspläne bereichert, wenn die Mikroziele für den Coaching-Klienten dies sinnvoll erscheinen lassen:

C: Sie haben ja beste Erfahrungen mit Ihren Notizen während der Telefonkonferenzen gemacht. Ich denke gerade darüber nach, ob nicht eine zweite Spalte hilfreich wäre, mit der Frage, was will ich sagen und worum geht es mir dabei? Und jeder dieser Punkte wäre dann ein eigener kurzer Satz, in dem Sie auch deutlich machen, wo Sie stehen, was Sie wollen, worüber Sie sich sorgen, was Sie vorschlagen.
K: Super! Das werde ich mit Sicherheit tun, wahrscheinlich mit einer Spalte mehr: Eine zum Inhalt, eine zu dem, was ich rüberbringen will.

Dr. Watson erlebt nun seine sprachliche Kompetenz neu. Sein eigenes „Tool“ hilft ihm, das Was-sage-Ich und das Mit-welchem-Ziel-sage-ich-das zu differenzieren. Damit ändert sich auch sein Wie-sage-ich-das. Er erkennt, dass seine „private“ Sprache und seine „private“ Schreibe viel besser sind als das, was er sich in seinem Berufsumfeld angewöhnt hatte. Was das Sprechen betraf, war also kein Lernen nötig, sondern der Handlungsplan bestand im Ent-lernen.

Herr Watson ist voller Überraschungen: In einer anderen, späteren Coaching-Sitzung entspinnt sich folgender Dialog:

K: Es ist schon verrückt: Ich mache, was mir Spaß macht, ich fühle mich wohl in meinem Job, und doch sehe ich mich manchmal in einem ganz anderen Setting.
C: Eine Ihnen bekannte Phantasie? So eine Art Tagtraum?

K: Ja, was einem halt so durch den Kopf geht, wenn man seinen Gedanken nachhängt. Aber das ist ja Blödsinn.
C: Wollen Sie sich den „Blödsinn" mal näher ansehen?
K: Ja, warum nicht.

In der Arbeit mit Träumen, Tagträumen, gelenkten Phantasien, Alltagstrancen – einer Palette von Interventionskompetenzen – macht der Coach solche Angebote als Verbündeter auf der Suche nach unterschiedlichen Selbstdeutungen, er wird dem Coaching-Klienten als Deutungsverbündeter erlebbar:

C: Schließen Sie am besten die Augen und versuchen Sie, Ihren Tagtraum herzuholen.
K: <nach einer Pause> Ja, hab' ich.
C: Wie ist die Atmosphäre?
K: Toll, sehr entspannt, ich turne in einem Hawaii-Hemd herum, Leute um mich rum, ich bin irgendwie in der Mitte – ich glaube, ich bin der Chef, und wir strotzen alle nur so vor Kreativität. Ich kann nicht genau sehen, was wir da eigentlich machen, aber es ist kräftig, farbig, bunt.
C: Gut, lassen Sie alles so, wie Sie es sehen, Haltung, Kleidung, Stimmung...
K: Ja...
C: ...und versetzen nun die ganze Szene in Ihre Firma.
K: Grrr, da will alles grau werden.
C: Dann gehen wir wieder zurück. <...> Wieder alles bunt?
K: Ja...

Wir lenken den Tagtraum, es ist ein gemeinsames, interessiertes Spielen. Wird das Graue immer siegen, können wir uns das auch anders träumen? Herr Watson kann im gelenkten Tagtraum der Firmenumgebung bis zu einem gewissen Grad eine Hawaii-Hemd-Tönung geben.

K: Ja, da ist etwas dran! Mir fehlt die Kreativität, es ist zu viel Administration, zu viel Routine, vom Inhalt her Klasse, von der Gestaltungsmöglichkeit her nur „medium".

Durch den Tagtraum inspiriert tüftelt Dr. Watson an Möglichkeiten, mehr kreative Farbe in seinen beruflichen Alltag hineinzulassen. Einiges verwirft er sofort, anderes gefällt ihm, wieder anderes kann er nicht richtig einordnen.

K: Ja, aber da müsste ich meinem Chef auch mal ein paar Dinge sagen, weil er auch durch seinen Führungsstil dazu beiträgt, dass mein kreativer Raum kleiner ist, als er das sein müsste. Aber ich kann ihm das nicht einfach so sagen. Verstehen Sie: Nicht weil ich feige wäre oder weil ich nicht wüsste, wie ich mich artikuliere – daran haben wir ja schon gearbeitet.
C: Sondern?
K: Aus Loyalität. Immerhin habe ich ihm sehr viel zu verdanken. Ohne ihn wäre ich nicht da, wo ich heute bin. Er hat sehr, sehr viel für mich getan, er unterstützt mich auch heute noch. Nicht immer so, wie ich das will, aber er meint es verdammt gut mit mir.
C: Das heißt, Loyalität ist ein sehr hoher Wert für Sie?
K: Ja, wenn's nicht sogar der Wert ist.
C: Im Vergleich zu?
K: ... den anderen Überzeugungen, die ich habe.
C: Die da wären?
K: Humanität, Freundlichkeit, Ehrlichkeit, Verlässlichkeit, Hilfsbereitschaft – ich glaube, das wären die anderen, die mir sehr wichtig sind.
C: Haben Sie Lust, sich mit den eigenen Werten noch detaillierter zu beschäftigen?
K: Das geht?
C: Ja, das geht.
K: Dann gerne.

Das Ansprechen und Erfragen von Werturteilen verdeutlicht, dass es die Vielfalt der Werte gibt, und beschreibt damit die Freiheit der Wahl zielführender Werte. Mit solchen Reflexionen wird der Coach zum Verbündeten für Selbstverantwortung.

C: <nach einer kurzen Pause> Ich habe hier eine Liste möglicher Wertüberzeugungen, die ist natürlich nicht vollständig, es sind einfach mal 60 Vorschläge (moralische, ästhetische und religiös-spirituelle Werte), die Sie gerne ergänzen können. Ich lasse Ihnen Zeit, mal – sagen wir – die zehn für Sie wichtigsten auf diese Klebezettel zu übertragen.

Nach einer Stunde Recherche im Internet wird man genug Anregungen zur Wertkonzepten bekommen und eine solche Liste zusammenstellen können, so wie wir das gemacht haben. Wir geben hier keine bestimmte Quelle an, weil das Internet oft recht kurzlebig ist und Links auch rasch veralten können und weil einige der Listen zu einseitig sind, indem sie sich beispielsweise nur auf Motivations-Überzeugungen konzentrieren. Wir meinen, der Aufwand, eine eigene Sammlung zu erstellen, lohnt sich auf jeden Fall. Ein Kollege hat sich die Mühe gemacht, seine Sammlung auf Kärtchen zu drucken, wodurch ein sehr elegantes Handling möglich wird. Hall

(1995) bot bereits eine Aufstellung von 125 definierten Werten an, als er über die Möglichkeiten Wertkonzepte zu ändern referierte. Wir arbeiten intensiv an Watsons Auswahl, wobei vier Fragen handlungsleitend sind:

- Woher kommt die jeweilige Überzeugung? (Denn oft halten wir für eigene Werte, was sich nach genauerer Prüfung als das Ergebnis eines oft als selbstverständlich wahrgenommenen, aber externalen normativen Drucks herausstellt. Was tut „man"? Was tut „man" nicht?)
- Stimmt die den Wertformulierungen inhärente Generalisierung? Muss man immer ehrlich sein? Wo hat Hilfsbereitschaft ihre Grenzen? Wo wird Loyalität zum Kadavergehorsam? In diesem Arbeitsschritt kann das Wertequadrat, das Schulz von Thun (2003, 40f) illustriert, gut eingesetzt werden.
- Wie lassen sich die Werte in eine „gefühlte" Rangreihe bringen?
- Und wo das nicht geht: Wo liegen Wertekonflikte vor und wie geht der Coaching-Klient damit um?

Dr. Watson reflektiert mit hoher Motivation und innerer Aufmerksamkeit für sich selbst, wie sein Werte-"Universum" gestaltet ist. Was das Firmenumfeld betrifft, ergibt sich nun, dass sich für den Coaching-Klienten Loyalität, Autonomie und Kreativität gleichrangig anordnen, aber dass der Preis für Loyalität (so wie sie Watson versteht) mit einem partiellen, aber schmerzlichen Verlust von Autonomie und Kreativität bezahlt werden muss.

K: Ja, stimmt, das war mir gar nicht so klar. Ja, Autonomie und kreativ sein dürfen, das ist mir schon sehr wichtig. Das hat ja auch mit dem Hawaii-Hemd-Traum zu tun.
C: Dann lassen Sie uns mal etwas ausprobieren. Ich vertrete die Position, dass Loyalität bedeutet, seinen Chef nicht mit Ihrem Wunsch nach mehr Raum zu konfrontieren und Sie argumentieren, dass sich das keinesfalls ausschließt. Wir können dabei ohne weiteres extreme Positionen vertreten. Ok? Es geht los:
‚Jemanden, der so viel für Sie getan hat, dem kann man einfach nicht mitteilen, dass man mit ihm auch unzufrieden ist.'
K: ‚Ja wieso denn nicht! Wenn er wirklich zu mir steht, dann muss er doch auch das verstehen.'
C: ‚Muss er nicht. Er wird zutiefst verletzt sein.'
K: ‚Aber deswegen muss ich doch mein Leben nicht nach seiner Verletzbarkeit gestalten. usw.'

Nach einiger Zeit drehen wir die Pro- und Kontra-Rollen um. Der Coach muss sich hier der Werteentscheidung stellen. Den Klienten in die eine oder andere Richtung haben zu wollen oder gar ganz heimlich die eigenen Wertvorstellungen einzuschmuggeln, verbietet sich hier.

Keine Beliebigkeit und dennoch eine erschreckende Breite von Möglichkeiten der Selbstgestaltung kennt jeder Coach bei seinen Coaching-Klienten. Das Bündnis zur Unterstützung jener Selbstgestaltungen, die der Coaching-Klient (mit Begleitung) entwickelt, ist eine der faszinierendsten Seiten von Coaching-Arbeit. Coaches müssen professionell auf Machtausübung verzichten – in der Unterstützung der Persönlichkeitsentwicklung des Coaching-Klienten kann dieser seinen Trost finden.

Herr Watson reduzierte nach den vorhergeplanten 4 Jahren Begleitung das Coaching. Er hatte erreicht, was er erreichen wollte – in der Gegenwart konsultiert er mich (KHJ) in unregelmäßigen Abständen, wenn er das Gefühl hat, dass ihm irgendetwas derart „selbstverständlich" erscheint, dass er sich eines „Brettes vor dem Kopf" verdächtigt. Das sind inzwischen auch grundlegende Themen seiner Weltsicht – im Herbst 2011 fragte er mich beunruhigt, ob ich auch seiner Auffassung sei, dass die gegenwärtige Gesellschaft immer brutaler und gewalterfüllter werde und war verblüfft und dankbar, als ich ihn als Psychologe auf die aktuellste Zusammenfassung zu diesem Thema verweisen konnte, die zu dem wohlbegründeten Ergebnis kommt: „Die Gewalt ist über lange Zeiträume immer weiter zurückgegangen, und heute dürften wir in der friedlichsten Epoche leben, seit unsere Spezies existiert" (Pinker 2011, 11).

6 Zusammenfassung: Coaching ist lernbar

Wir haben versucht, jedem Kapitel übersichtliche „Verdichtungen“ beizugeben. Wenn Sie sich durch den ganzen Text gearbeitet haben, so sind Ihnen nun die fünf Wegweiser, von denen wir schreiben, vertraut.

Wir haben sechs Fallvignetten beschrieben. Ein Mann, dessen Angst vor Ablehnung ihn zu einem Menschen mit einer unangenehmen, explosiven Festung machte. Einer, der sich seine Erfolge nicht gerne selbst zuschrieb, als hätte er dann zu viel Verantwortung. Eine Frau, die ihre außerordentliche Kompetenz indirekt einzubringen lernen wollte und zugleich ihre Ehe zu gefährden begann. Eine brillante junge Vorstandsassistentin, die lernen musste, dass sie führen können wird. Ein kreativer, forschender Mediziner, der eine erfolgreiche Firma aufbaute und sich dann kaum traute, die Verantwortung für seine Erfolge selbst zu übernehmen, sich von der Schwester zu trennen und auch die gute Möglichkeit, seine Ehe als Langzeitprojekt zu retten. Ein Mann, der selbstkritisch erkennt, dass er dazu neigt, sich zu vereinseitigen („Bretter vor dem Kopf“ zu entwickeln) und sich einem Langzeitcoaching anvertraut, um zur mutigen, offenen Nutzung all seiner Kompetenzen zu finden.

Tabelle 6.1: *Übersicht der dokumentierten Fälle*

Name	Zentrales Thema	Coachingumfang
Dr. Siegfried Achilles	Angstbewältigung („Innere Festung verlassen“)	20 Stunden in fünf Sitzungen
Karl Proust	Selbstmächtigkeit glauben lernen – „ich habe meine Erfolge erarbeitet“	Fünf Sitzungen zu je 120 Minuten
Dr. Rosa Röntgen	„Ich lerne mein persönliches Engagement konstruktiv in die Firmenstrategie einzubetten, mich dadurch zu aktivieren und sodann dennoch ein Gleichgewicht zwischen Leistungslust und Lebensfreude zu behalten“	20 Doppelstunden als Langzeitprozess aufgeteilt, teils mit Kurzkontakten
Andrea Marx	„Ich lerne zu führen“	10 Sitzungen zu je 60 Minuten über längere Zeit gestreckt (1 Jahr)

Name	Zentrales Thema	Coachingumfang
Dr. Edmund de Beauvoir	Trennung dieses Firmeninhabers von einem Mitglied der Firmenleitung (einer Schwester) und Sicherung der privaten Verbindung (Partnerschaft) – letzteres als Modell für Konfliktbewältigung	40 Sitzungen in unterschiedlicher Länge und Zeitverteilung (normal 120 Minuten, manchmal 240 Minuten usw.)
Wilhelm Watson	Entfaltung einer selbstkritischen Absicht („ich will die Bretter vor meinem Kopf beseitigen") zur kreativen Nutzung aller persönlichen Ressourcen	14 Sitzungen in einem zunächst auf 4 Jahre angelegten, heute in losem Kontakt fortgesetzten Gesamtprozess

Würden wir diese Fälle jeweils als Einzelveröffentlichung gestaltet haben, so wäre in der Erzählung dieser Wegbegleitungen deutlich, was für eine befriedigende und anregungsreiche, jedoch auch verantwortungsvolle Tätigkeit Coaching ist. Wir hoffen, dass dies auch in der knappen gewählten Darstellungsform spürbar wird. Wir haben die Last des Coaching, die Forderung nach jener selbstkritischen Verantwortlichkeit, die Coaching vom beliebigem Zuarbeiten an Mächtige, von einer Förderung von „Psychofitness" bei Handlungen, die wir moralisch nicht akzeptieren können, nur angedeutet.

Das Gleichgewicht zwischen aufgabenorientierter Mobilisierung und persönlicher Lebensqualität ist eine zentrale Verantwortungsdimension für Coachingkönnen. Aber was nennen wir Lebensqualität und wer will sie messen? Was wäre gewesen, wenn Goebbels, Eichmann oder Himmler sich „einen Coach" gesucht hätten? Wie könnte ein Coach die Effektivität einer völkermordenden Absicht steigern? Wem darf Coaching dienen? Wir wollen diese Fragen, die im Kontext der sich entwickelnden ethischen Standards von Coaching zu bedenken sind, hier nur als Hintergrund nennen. Kein Psychologe darf Aufträge annehmen, welche die Menschenrechte missachten. Kein Coach darf Leistungssteigerung zum menschenverachtenden, unwürdigen Fetisch machen. Wenn wir dennoch Leistungssteigerung selbstverständlich positiv sehen, so dürfen wir andererseits nie vergessen, dass immer gilt: „Die Lust an der Lust des bewusstseinsfreien Leistens selbst kann süchtig machen" (Hockel 2003, 198). Coaching darf nicht zum Doping werden – es müsste sonst ebenso wie dieses verboten werden. So gesehen ist es auch eine Verantwortung des Coaches die mögliche Selbstgefährdung seiner Klienten durch ein Überengagement, eine potenzielle Selbst-„verbrennung" zu erkennen und ihr gegenzusteuern. Coaching ist nachhaltiger Leistung verpflichtet: Das gecoachte Individuum soll seine Höchstleistung entfalten können, ohne arbeitssüchtig und selbstschädigend zu werden.

Coachingkönnen ist lernbar. Die Ausbildung in Coaching muss eine Persönlichkeitsentwicklung von Könnern sein, die bereits gelernt haben, Führungsverantwortung zu tragen, und zu dieser Verantwortung stehen. Zu coachen erfordert dann genau jenen Machtverzicht, der nur leistbar ist, wenn man bereits verantwortlichen Umgang mit Macht gelernt hatte. Zu coachen meint, kompetent zu begleiten – dabei wird durch Selbstprüfung, Einfühlung, Wärme und Echtheit sowie mit Fördern und Fordern personzentrierte Entwicklung geleistet und induziert. Und diese Entfaltung der „human resource“ ist der zentrale Beitrag des Coaching zur Wirtschaftsdynamik.

Literatur

Asendorpf, J. (1999): Keiner wie der Andere – Wie Persönlichkeitsunterschiede entstehen. 2. Aufl. Edition Wötzel, Dreieich

Backhausen, W., Thommen, J.-P. (2006): Coaching – Durch systemisches Denken zu innovativer Personalentwicklung. 3. Auflage. Gabler, Wiesbaden

Bartlett, M. (2008): Contractions. Methuen Drama, London

Bayer, H. (1995): Coaching Kompetenz – Persönlichkeit und Führungspsychologie. Ernst Reinhard, München / Basel

Berufsverband Deutscher Psychologen (1978). Bundespsychologenordnung BPO. Selbstverlag, Bonn

– (Hrsg.) (1978). Report Psychologie 3. Hans Huber, Bern

– (Hrsg.) (1979). Report Psychologie 4. Hans Huber, Bern

Birgmeier, B. (Hrsg.) (2011a): Coachingwissen. 2. Aufl. VS, Wiesbaden

– (2011b): Coaching research ist die Gegenwart – Coaching science die Zukunft: Utopie oder Realität – Ein Ausblick? In: Birgmeier, B. (Hrsg.): Coachingwissen. VS, Wiesbaden, 421–432

–, Schmidt, H.-L. (2010): Führung sinn-voller machen? Reflexionen über Möglichkeiten und Grenzen von Management Coaching. In: Meier, U., Sill, B. (Hrsg.): Führung Macht Sinn. Pustet, Regensburg, 688–697

Bischof-Köhler, D. (1989): Spiegelbild und Empathie. Die Anfänge der sozialen Kognition – Nachdruck. Bern; Göttingen;Toronto; Seattle: Huber

– (2002): Von Natur aus anders – Die Psychologie der Geschlechtsunterschiede. Kohlhammer, Stuttgart

– (2011). Soziale Entwicklung in Kindheit und Jugend. Bindung, Empathie, Theory of mind. Stuttgart: Kohlhammer

Bischof, N. (1996): Das Kraftfeld der Mythen – Signale aus der Zeit, in der wir die Welt erschaffen haben. Piper, München

Böning, U. (2000): Coaching: Der Siegeszug eines Personalentwicklungs-Instruments. Eine 10-Jahres-Bilanz. In: Rauen, C. (Hrsg.): Handbuch Coaching. Hogrefe, Göttingen

Brinkmann, R. D. (1994): Mitarbeiter-Coaching. Sauer, Heidelberg

Buchner, D. (1995): Team-Coaching, Gemeinsam zum Erfolg. Gabler, Wiesbaden

Bundesanstalt für Arbeit (Hrsg.) (1999). Blätter zur Berufskunde. Bertelsmann, Bielefeld

Cialdini, R. B. (2010): Die Psychologie des Überzeugens – Ein Lehrbuch für alle, die ihren Mitmenschen und sich selbst auf die Schliche kommen wollen. 6. Aufl. Huber, Bern

Comelli, G., Rosenstiel von L. (2009): Führung durch Motivation – Mitarbeiter für Unternehmensziele gewinnen. 4. Aufl. München: Vahlen

Covey, S. R., Roger A., Merrill, R. R. (2007): Der Weg zum Wesentlichen. Campus, Frankfurt / M.

de Beauvoir, S. (1968): Das andere Geschlecht –Sitte und Sexus der Frau. Rororo, Reinbek

Deckstein, D. (2008): Führungskräfte und Coaches: Hofnarren überall. In Fritz, R., Glunk, F. (Hrsg.): Die Gazette – Das politische Kulturmagazin 5. Die Gazette Verlags GmbH, München, 45–49

Dörner, D. (1989): Die Logik des Mißlingens – Strategisches Denken in komplexen Situationen. Rowohlt, Reinbek

– (2001): Bauplan für eine Seele. Rowohlt Taschenbuch, Reinbek

Doppler, K., Lauterburg, C. (2002): Change Management – Den Unternehmenswandel gestalten. Campus, Frankfurt / M.

Ehbrecht, H. J., Jiranek, H., Walter, R., Wolf, C. (2002): Systemtheorie und Beratung – Ein Beispiel aus der Praxis. Books on demand

Ellis, A. (1977): Die Rational Emotive Therapie (Englisches Original 1962). Pfeiffer, München

Fischer-Epe, M. (2002): Coaching: Miteinander Ziele erreichen. Rowohlt, Reinbek

Freud, S. (Hrsg.) (1952). Gesammelte Werke (Bd. XIV). Fischer, Frankfurt / M.

– (1952): Die Zukunft einer Illusion. In: Freud, S. (Hrsg.): Gesammelte Werke (Bd. XIV). Fischer, Frankfurt / M., 323–380

Furmann, B. (1999): Es ist nie zu spät, eine glückliche Kindheit zu haben. Dortmund: Borgmann publishing GmbH

Gallup Pressemitteilung (2011). Gallup Engagement Index. In: http://eu.gallup.com / Berlin / 118645 / Gallup-Engagement-Index.aspx, 13.06.2012

Geißler, H. (2011): Die inhaltsanalytische „Vermessung" von Coachingprozessen. In: Birgmeier, B. (Hrsg.): Coachingwissen. VS, Wiesbaden, 95–127

Hall, B. P. (1995): Values shift – A guide to personal and organizational Transformation. Twin Lights, Rockfort, MA

Hayes, S. C., Strosahl, K. D., Wilson, K. G. (2007): Akzeptanz mit Commitment Therapie – Ein erlebnisorientierter Ansatz zur Verhaltensänderung. 2. Aufl. CIP, München

Heath, C., Heath, D. (2010): Was bleibt. Wie die richtige Story Ihre Werbung unwiderstehlich macht. Carl Hanser, München

Heidenreich, T., Michalak, J. (Hrsg.) (2009): Achtsamkeit und Akzeptanz in der Psychotherapie – Ein Handbuch. 3. Aufl. dgvt, Tübingen

Hockel, C. M. (1978): Ansätze zur Darstellung der Notwendigkeit Psychologische Behandlung als Heilkunde zu legalisieren. In: Berufsverband Deutscher Psychologen (Hrsg.): Report Psychologie 3. Hans Huber, Bern, 46–64

– (1979): Der Beruf des Diplom Psychologen. In: Berufsverband Deutscher Psychologen (Hrsg.): Report Psychologie 4. Hans Huber, Bern, 19–73

– (1994a): Gesellschaftlicher Rahmen der angewandten Psychologie. In: Rosenstiel, L. von, Hockel, C. M., Molt, W. (Hrsg.): Handbuch der Angewandten Psychologie II. Ecomed, Landsberg / Lech, 1

– (1994b): Institutionen der Angewandten Psychologie. In: Rosenstiel, L. von, Hockel, C. M., Molt, W. (Hrsg.): Handbuch der Angewandten Psychologie II. Ecomed, Landsberg / Lech, 1–15

– (1994c): Prävention und Gesundheitsförderung. In: Rosenstiel, L. von, Hockel, C. M., Molt, W. (Hrsg.): Handbuch der Angewandten Psychologie V. Ecomed, Landsberg / Lech, 1–10

– (1999a): Diplom Psychologe / Diplom Psychologin. 8.Aufl. In: Bundesanstalt für Arbeit (Hrsg.): Blätter zur Berufskunde. Bertelsmann, Bielefeld

– (1999b): Psychologischer Psychotherapeut / Psychologische Psychotherapeutin. 1.Aufl. In: Bundesanstalt für Arbeit (Hrsg.): Blätter zur Berufskunde. Bertelsmann, Bielefeld

– (1999c): Gesprächspsychotherapie – ein wissenschaftlich anerkanntes Verfahren. Deutscher Psychologen Verlag, Bonn

– (2002): Psychotherapeutische Strategien bei Zwangserkrankungen im Kindes- und Jugendalter. In: Metzmacher, B. (Hrsg.): Viele Seelen wohnen doch in meiner Brust – Identitätsarbeit in der Psychotherapie mit Jugendlichen. Verlag für Psychotherapie, Münster, 147–180

– (2003): Psychosomatik – In welchem Weltbezug liegt das Glück? In: Welser, M. von (Hrsg.): Zurück zur Zuversicht – Als das Leben vor meinen Augen verschwand. Bastei Lübbe, Bergisch Gladbach, 196–208
– (2008): Coaching – Gier ist geil. In: Glunk, F. (Hrsg.): Die Gazette – Das politische Kulturmagazin 4. Die Gazette Verlags GmbH, München, 49–50
– (2011): Personzentrierte Kinderpsychotherapie – Eine Einführung mit Falldarstellung. Ernst Reinhardt, München
Hüther, G. (2011): Was wir sind und was wir sein könnten. Ein neurobiologischer Mutmacher. Fischer, Frankfurt / M.

ifb-Jiranek (Hrsg.) (2003): Curd Michael Hockel – Fünfwertiges Coaching. Selbstverlag, München

Jankowski, P., Tscheulin, D., Fietkau, H.-J., Mann, F. (Hrsg.) (1976). Klientenzentrierte Psychotherapie heute. Hogrefe, Göttingen
Jiranek, H., Edmüller, A. (2010): Konfliktmanagement – Als Führungskraft Konflikten vorbeugen, sie erkennen und lösen. 3. Aufl. Rudolf Haufe, Planegg
Jonas, H. (1979). Das Prinzip Verantwortung. Insel, Frankfurt / M.

Kaltenthaler, B. (2008): Stop – Schluss mit dem Stress. Knaur, München
Kaluza, G. (2004): Stressbewältigung – Trainingsmanual zur psychologischen Gesundheitsförderung. Springer, Heidelberg
Kaminski, G. (1970): Verhaltenstheorie und Verhaltensmodifikation – Entwurf einer integrativen Theorie psychologischer Praxis am Individuum. Ernst Klett, Stuttgart
Kegan, R. (1986): Die Entwicklungsstufen des Selbst. Original 1982. Peter Kindt, München
Klinkenberg, N. (2000): Feldenkrais-Pädagogik und Körperverhaltenstherapie. Pfeiffer bei Klett-Cotta, Stuttgart
Kriz, W. C., Nöbauer, B. (2003): Teamkompetent – Konzepte, Trainingsmethoden, Praxis. Vandenhock & Ruprecht, Göttingen

Lehrhaupt, L., Meibert, P. (2010): Stress bewältigen mit Achtsamkeit – Zu innerer Ruhe kommen durch MBSR. Kösel, München
Lencioni, P. (2004): Mein Traum-Team – oder die Kunst, Menschen zu idealer Zusammenarbeit zu führen. campus, Frankfurt / New York
Leuzinger, M. (1980): Kognitive Prozesse bei der Indikation psychotherapeutischer Verfahren, Bericht 12. Abteilung Klinische Psychologie der Universität, Zürich
Looss, W. (1997): Unter vier Augen – Coaching für Manager. Moderne Industrie, Landsberg / Lech
Luhmann, N. (2000): Soziale Systeme. Suhrkamp, Berlin

Meier, U., Sill, B. (Hrsg.) (2010). Führung Macht Sinn. Pustet, Regensburg
Merath, S. (2012): Der Weg zum erfolgreichen Unternehmer – Wie Sie und Ihr Unternehmen neue Dynamik gewinnen. Offenbach: Gabal
Metzmacher, B. (Hrsg.) (2002). Viele Seelen wohnen doch in meiner Brust – Identitätsarbeit in der Psychotherapie mit Jugendlichen. Verlag für Psychotherapie, Münster
Müller, G., Hoffmann, K. (2002). Systemisches Coaching-Handbuch für die Beraterpraxis. Carl-Auer-Systeme, Heidelberg
Müller-Stewens, G., Lechner, C. (2003): Strategisches Management – Wie strategische Initiativen zum Wandel führen. Schäffer-Poeschel, Stuttgart

Neiman, S. (2004): Das Böse denken – Eine andere Geschichte der Philosophie. Suhrkamp, Frankfurt / M.
Neuberger, O. (2002): Führen und Führen lassen: Ansätze, Ergebnisse und Kritik der Führungsforschung. Lucius & Lucius, Stuttgart
Nussbaumer, V. (2006): Life-Balancing. In: Rauen, C. (Hrsg.): Coaching-Tools – Erfolgreiche Coaches präsentieren 60 Interventionstechniken aus ihrer Coaching-Praxis. 4.Aufl. Manager-Seminare-Verlag, Bonn, 280–286

Pinker, S. (2011): Gewalt: Eine neue Geschichte der Menschheit. S. Fischer, Frankfurt / M.
Pollmann, A. (2005): Integrität – Aufnahme einer sozialphilosophischen Personalie. Transcript, Bielefeld
Popper, K., Eccels, J. (1982): Das Ich und sein Gehirn. Piper, München

Quappen, K. (2008): Kann denn Coaching Führung sein? VS, Wiesbaden

Raddatz, S. (2008): Einführung in das systemische Coaching. Carl-Auer-Systeme, Heidelberg
Rauen, C. (2003): Coaching – Praxis der Personalpsychologie. Hogrefe, Göttingen
– (Hrsg.) (2000). Handbuch Coaching. Hogrefe, Göttingen
– (Hrsg.) (2006): Coaching-Tools – Erfolgreiche Coaches präsentieren 60 Interventionstechniken aus ihrer Coaching-Praxis. 4.Aufl. Manager-Seminare-Verlag, Bonn
Reich, K. (1998a): Die Ordnung der Blicke – Perspektiven des interaktionistischen Konstruktivismus. Bd. 1. Luchterland, Neuwied / Kriftel / Berlin
– (1998b): Die Ordnung der Blicke – Perspektiven des interaktionistischen Konstruktivismus. Bd. 2. Luchterland, Neuwied / Kriftel / Berlin
Rombach, H. (1987): Strukturanthropologie. Der menschliche Mensch. Karl Alber, Freiburg / München
– (1988): Über Ursprung und Wesen der Frage – Dissertation von 1945. Karl Alber, Freiburg / München
Rosenstiel, L. von, Hockel, C. M., Molt, W. (Hrsg.) (1994). Handbuch der Angewandten Psychologie II. Ecomed, Landsberg / Lech
Roth, G. (2009): Aus Sicht des Gehirns. Suhrkamp, Berlin

Sachse, R. (1997): Persönlichkeitsstörungen – Psychotherapie dysfunktionaler Interaktionsstile. Hogrefe, Göttingen
Schmidtchen, S. (Hrsg.) (1989). Handbuch der Klientenzentrierten Kinderpsychotherapie. Selbstverlag, Hamburg
–, Katz, S. (1989): Kategorien zur Beschreibung eines differentiellen Therapeutenverhaltens in der Kinderpsychotherapie. In: Schmidtchen, S. (Hrsg.): Handbuch der Klientenzentrierten Kinderpsychotherapie. Selbstverlag, Hamburg, 56–90
Schreyögg, A. (1995): Coaching. Eine Einführung für Praxis und Ausbildung. Campus, Frankfurt / M. / New York
–, Lehmeier, H. (2003): Personalentwicklung in der Schule. Deutscher Psychologen Verlag, Bonn
Schulz von Thun, F. (2007): Miteinander Reden 2, Stile, Werte und Persönlichkeitsentwicklung. Rowohlt, Reinbek
Schwarz, R. C. (2011): IFS – Das System der Inneren Familie. Books on Demand, Norderstedt
Simon, F. B. (2005): „Radikale“ Marktwirtschaft. Grundlagen des systemischen Managements. Carl-Auer-Systemverlag, Heidelberg
Spitzer, M. (2002): Lernen – Gehirnforschung und die Schule des Lebens. Spektrum Akademischer Verlag, Heidelberg, Berlin

Storch, M. (2010): Machen Sie doch, was Sie wollen. Wie ein Strudelwurm den Weg zu Zufriedenheit und Freiheit zeigt. Hans Huber, Bern

Tausch, R. (1976): Klientenzentrierte Gesprächspsychotherapie und personenzentrierte Encounter-Gruppen. In: Jankowski, P., Tscheulin, D., Fietkau, H.-J. u. Mann, F. (Hrsg.): Klientenzentrierte Psychotherapie heute. Hogrefe, Göttingen, 52–59

Tikart, J. (2001): Ökonomie der Führung – Materialbuch. Wertstatt, München / Köln

Tscheulin, D. (Hrsg.) (1983): Beziehung und Technik in der klientenzentrierten Therapie. Beltz, Weinheim, Basel

– (1992): Wirkfaktoren psychotherapeutischer Intervention. Hogrefe, Göttingen

Vaitl, D., Petermann, F. (Hrsg.) (1993): Handbuch der Entspannungsverfahren. Bd. 1: Grundlagen und Methoden. Psychologie Verlags Union, Weinheim

Welser, M. von (Hrsg.) (2003). Zurück zur Zuversicht – Als das Leben vor meinen Augen verschwand. Bastei Lübbe, Bergisch Gladbach

Zimbardo, P. G. (1988): Psychologie. Springer, Berlin

Sachregister

Leseprobe

Leseprobe aus

Inghard Langer / Friedemann Schulz von Thun / Reinhard Tausch : Sich verständlich ausdrücken

Einleitung: »Das habe ich nicht verstanden«

Was hat uns veranlasst, dieses Buch zu schreiben? Ein wichtiger Grund war: Uns selbst fiel es oft schwer, Sachbücher und Sachtexte richtig zu verstehen. Viele Stunden haben wir uns vergeblich bemüht, komplizierte Darstellungen zu begreifen. Oft waren wir verzweifelt und entmutigt. Einer von uns – Reinhard Tausch – erlebte besonders eindringlich die schlechte Verständlichkeit von Schulbüchern: »Es war für mich ein Schlüsselerlebnis. Meine eigenen Kinder baten mich des Öfteren bei ihren Schularbeiten um Hilfe, in Erdkunde, Physik, Geschichte oder Fremdsprachen. Aber auch ich konnte ihre Schulbücher nicht verstehen. Ich konnte ihnen anhand ihrer Lehrtexte z.B. nicht erklären, was es mit den Strahlengesetzen oder der Mondfinsternis auf sich hatte – obwohl ich Professor an einer Universität war.«

Ein zweiter wichtiger Grund für unser Buch: Wir hatten oft in Schulen beobachtet, dass ein Teil der Lehrer sich ziemlich unverständlich ausdrückte – auch bei einfachen Informationsinhalten. Daraus ergaben sich viele Schwierigkeiten zwischen Lehrern und Schülern. Die Schüler erreichten nur geringe Leistungen und waren – ebenso wie ihre Lehrer – unzufrieden mit dem Unterricht. Da nützte es auch nichts, wenn ein Lehrer freundlich und hilfsbereit war und sich den Schülern gegenüber partnerschaftlich verhielt – das konnte seine Schwerverständlichkeit nicht ausgleichen. Mancher Lehrer drohte zu scheitern, nur weil er nicht geübt war, sich verständlich auszudrücken. Und drittens: Auch außerhalb von Schule und Hochschule gibt es oft Gelegenheit, zu sagen: »Das habe ich nicht verstanden.« Denn vieles Wichtige wird geschrieben und gesprochen: von der Arbeitsplatzbeschreibung bis zur Zukunftsplanung, über Neuigkeiten in der Welt, Beschreibungen von Vorgängen, Erklärungen von Sachverhalten, Regelungen von Rechten und Pflichten. All dies zu einer Fülle von Gebieten: Politik, Wirtschaft, Wissenschaft, Technik, Hygiene, Recht, Zusammenleben. Bücher, Zeitungen, Zeitschriften, Formulare, Protokolle, Prospekte, Broschüren sind voll davon. Jeder Bürger muss viel lesen und verstehen, um sachkundig handeln zu können. Aber das wird ihm nicht leicht gemacht. Er muss sich hindurchbeißen durch verschachtelte Satzkonstruktionen und durch unnötig komplizierte Wörter und Wortgebilde. Er muss verworrene Gedankengänge der Autoren mitmachen und ihnen bei den Irrfahrten weitschweifiger und umständlicher Erklärungen folgen. Hier stöhnt fast jeder. Viele bleiben auf der Strecke. Etliche geben es ganz auf, sich zu informieren.

Das ist schade; denn wer sich unzureichend informiert, wird leicht benachteiligt – in materieller Hinsicht und in der Nutzung von Rechten. Hunderttausende von Arbeitnehmern z. B. lassen sich größere Geldbeträge entgehen, wenn es um den Lohnsteuerjahresausgleich oder das prämienbegünstigte Sparen geht. Die Antragsformulare und die Erläuterungen dazu sind zu schwer verständlich. Sie schrecken viele ganz ab und verhindern bei anderen – weil nur Teile verstanden werden – die volle Nutzung gesetzlich geschaffener Vorteile. Denken wir weiterhin an Schulbücher, Hochschultexte, Fernlehrkurse, behördliche Verordnungen, Politik- oder Wirtschaftsteile anspruchsvoller Zeitungen, an die Verkündung neuer

Ideen über Staat und Gesellschaft, an Gebrauchsanweisungen für Haushaltsgeräte – dann steht uns das Problem in seiner ganzen Bedeutung plastisch vor Augen: die Schwerverständlichkeit von Texten.

Warum sind viele Texte so schwer zu verstehen?

Früher glaubten wir, unsere Verständnisschwierigkeiten lägen an uns selbst – an unserer mangelnden Begabung, komplizierte Sachverhalte zu begreifen. Oft hörten wir auch das Argument: »Der Grund für Schwerverständlichkeit liegt in der Sache. Schwierige Dinge lassen sich eben nicht einfach erklären.«

Als wir uns aber näher mit dem Problem der Verständlichkeit befassten, gewannen wir allmählich einen anderen Eindruck. Heute ist unsere Auffassung: Wenn ein Text schwer zu verstehen ist, so liegt das in den wenigsten Fällen an seinem Inhalt. Der Inhalt ist meistens gar nicht so kompliziert. Er wird erst kompliziert gemacht – durch eine schwer verständliche Ausdrucksweise. Und auch wirklich schwierige Sachverhalte lassen sich bei einigem Bemühen oft mit einfachen Worten verständlich erklären. Schwerverständlichkeit beruht weniger auf dem Was, sondern auf dem Wie, nicht auf dem Inhalt, sondern auf der Form eines Textes.

Warum drücken sich viele so schwer verständlich aus?

Manchen ist das Problem gar nicht bewusst. Sie schreiben darauflos, wie ihnen die Sätze und Worte einfallen, wie ihnen „der Schnabel gewachsen ist". Sie berücksichtigen nicht, wie ihre Ausdrucksweise beim Leser ankommt.

Andere Schreiber oder Redner streben absichtlich Schwerverständlichkeit an. Sie glauben, ein schwer zu verstehender Text mache mehr Eindruck und erwecke

Leseprobe

Ehrfurcht und Achtung beim Leser oder Zuhörer. Indem sie sich schwer verständlich ausdrücken, wollen sie sich als Personen mit großen geistigen Fähigkeiten darstellen. Wir hoffen, dass in Zukunft eine solche Textgestaltung keine Ehrfurcht mehr erweckt, sondern den Eindruck: Dieser Autor ist ziemlich rücksichtslos oder unfähig, sich in seine Leser und Zuhörer hineinzuversetzen. Wir hoffen, dass Leser und Zuhörer künftig nicht mehr bereit sind, diese Art des Schreibens und Redens hinzunehmen, dass sie es vielmehr leid sind, unnötig und zusätzlich zu arbeiten, um einen Text zu „entschlüsseln".

Leseprobe (S. 15 – S. 17) aus:

Inghard Langer / Friedemann Schulz von Thun /
Reinhard Tausch
Sich verständlich ausdrücken
9., neu gestaltete Auflage 2011. 222 Seiten.
Innenteil zweifarbig. (978-3-497-02205-2) kt

reinhardt
www.reinhardt-verlag.de

Im Alltag gezielt kommunizieren

Hartwig Eckert
Sprechen Sie noch oder werden Sie schon verstanden?
Persönlichkeitsentwicklung durch Kommunikation
3., aktual. Aufl. 2012. 223 S.
18 Abb. Mit zahlr. praktischen Übungen. Mit 31 Hörbeispielen auf Audio-CD
(978-3-497-02332-5) kt

Hat eine Veränderung von individuellen Sprechmustern und Stimmausdruck Auswirkungen auf unsere Persönlichkeitsentwicklung? Ja, behauptet der Autor dieses Buches. Auf dem Weg dorthin lernen Leserinnen und der Leser zunächst, kreativ zuzuhören: Unterstützt von Hörbeispielen auf CD werden sie angeleitet, die Botschaften von Stimme und Wörtern, die einander manchmal widersprechen, optimal zu erfassen. Im zweiten Schritt erfahren wir, wie sich unsere Persönlichkeit in der Wahl der Wörter und in der Stimmmodulation formt. Indem wir beides zielorientiert verändern, können wir unsere Identität aushandeln und stärken sowie unsere Absichten klarer zum Ausdruck bringen.
Ein nützliches Lesevergnügen für alle, die Mut zur Veränderung haben!

reinhardt
www.reinhardt-verlag.de